计算机系列教材

郎振红 曹志胜 主 编
丁明浩 赵 慧 副主编

MySQL数据库基础与应用教程(微课版)

清华大学出版社
北 京

内容简介

本书主要介绍MySQL数据库系统的基本概念、原理、设计方法以及数据库应用系统开发中所涉及的各类知识。以设计、创建、使用、优化、管理及维护数据库的操作流程为主线,以典型工作任务引导知识点讲解的教学方法为导向,讲练结合,合理安排各章节的具体内容。本书秉承理论够用、注重实践的原则,凸显适用性,每一章的内容都与实例讲解、课后拓展训练紧密结合,有助于读者对数据库知识的理解与应用,较好地实现学以致用的教学目的。

本书是微课版教材,各章节主要内容均配备了微视频,可用微信扫描二维码观看。本书可作为高职院校、应用型本科以及各类初学者首选的MySQL数据库学习教材,同时可作为数据库开发者的必备使用手册,以及数据库系统管理及相关人员的参考资料。

图书在版编目(CIP)数据

MySQL数据库基础与应用教程:微课版/郎振红,曹志胜主编. —北京:清华大学出版社,2021.8
计算机系列教材
ISBN 978-7-302-58283-0

Ⅰ. ①M… Ⅱ. ①郎… ②曹… Ⅲ. ①SQL语言—程序设计—高等学校—教材 Ⅳ. ①TP311.132.3

中国版本图书馆CIP数据核字(2021)第105887号

责任编辑:白立军
封面设计:常雪影
责任校对:郝美丽
责任印制:刘海龙

出版发行:清华大学出版社
网　　址:http://www.tup.com.cn, http://www.wqbook.com
地　　址:北京清华大学学研大厦A座　　**邮　　编**:100084
社 总 机:010-62770175　　**邮　　购**:010-83470235
投稿与读者服务:010-62776969, c-service@tup.tsinghua.edu.cn
质量反馈:010-62772015, zhiliang@tup.tsinghua.edu.cn
课件下载:http://www.tup.com.cn,010-83470236
印 装 者:三河市君旺印务有限公司
经　　销:全国新华书店
开　　本:185mm×260mm　　**印　　张**:16.75　　**字　　数**:387千字
版　　次:2021年8月第1版　　**印　　次**:2021年8月第1次印刷
定　　价:49.80元

产品编号:087596-01

前　　言

随着大数据时代的到来，对数据库知识的掌握与应用迫在眉睫，作为目前较为流行的关系数据库管理系统之一的 MySQL，以其体积小、速度快、总体拥有成本低、源码开放等特点，深受数据库初学者及中小型网站用户的欢迎。

本书是以典型工作任务为驱动，引入知识点讲解，并提供微课视频，用微信扫描二维码即可观看。秉承 1+X 课证融通式编写理念，将数据库程序员岗位技能考核要求考虑在内。选用版本先进、功能齐全、兼容性好、使用便捷、易于操作、界面友好的 MySQL 开发平台，以便实现学以致用的教学目标。借助校企合作的优势，充分考虑案例的实用性，以真实项目为基础，结合教材编写的需求做进一步的改进和完善，以电子学校系统数据库为主讲案例，从数据库系统的规划设计、概念模型的绘制、逻辑模型的转化、物理模型的生成，到最终在 MySQL 数据库平台上将其实现，按照设计、创建、使用、优化、管理、维护数据库系统的主线进行相关知识点的介绍。以电子商务网站系统数据库为实训项目案例，为每一章配备相应的实训练习，达到将 MySQL 知识点举一反三、融会贯通的目的，强化学习效果。

全书共分 9 章，具体内容包括数据库系统与数据库设计认知、电子学校系统数据库设计、MySQL 的安装与启动、创建与管理电子学校系统数据库、创建与维护电子学校系统数据表、查询电子学校系统数据表、优化电子学校系统数据库、编程实现对电子学校系统数据表的处理、维护电子学校系统数据库的安全性。知识点安排上融入了 1+X 前端考核中有关数据库的考试要点，书中主讲案例与实训案例均以实践项目为载体，较好地实现了理论与实践的有机结合。

本书突出循序渐进、深入浅出、实例丰富、图文并茂、注重实用性等特色，彰显以企业需求为统领，以职业教育培养目标为核心，以操作技能提升为重点，以就业为导向，全面提升读者数据库应用项目的开发能力。本书适合计算机及相关专业理工科高职学生和应用型本科学生，在进行专业课学习时选作为主讲教材。此外，作为通识教材，也适合于非计算机专业的学生进行数据库领域知识和技术的学习，同时还可以作为数据库开发人员必备的使用参考资料。

本书语言表达严谨，逻辑性强，采用理论与实践一体化编写理念，将知识讲解与技能训练巧妙融于“教、学、做”一体化授课过程之中，体现“做中学、学中做”的职业教育教学思想。主讲案例与实训案例均提供了详细的操作步骤，便于学习者模仿练习，以此提高实践动手能力。另外，本书提供了配套的学习资源，主要包括授课 PPT 课件、习题及答案、微课视频、电子教案、主讲和实训数据库等。读者可登录清华大学出版社网站下载本书配套的教学资源。

在编写本书时编者已经竭尽全力，但是，由于水平有限，书中的疏漏和不完善之处在所难免，敬请广大读者批评指正。

编　者
2021 年 3 月

目　录

第 1 章　数据库系统与数据库设计认知

任务描述

数据库技术是现代信息科学与技术的重要组成部分，是计算机数据处理与信息管理系统的核心。为了更好地掌握数据库方面的知识，需要先对数据库系统和数据库设计有基本的认知，主要包括数据描述与数据处理、数据管理技术的发展历程、数据库系统概述和数据模型等概念。

学习目标

(1) 了解数据管理技术的发展。
(2) 掌握数据库系统的组成。
(3) 理解结构化查询语言。
(4) 理解数据模型的概念。
(5) 掌握常用的数据模型类型。
(6) 了解逻辑模型的结构分类。

学习导航

主要讲解数据库系统涉及的基础知识，通过本任务的学习，可以对数据库有最基本的认识。依据对数据库管理技术、数据库系统、结构化查询语言、数据模型和逻辑模型等知识点的理解，为数据库应用系统的设计、开发、使用和管理奠定基础。

任务 1.1　数据描述与数据管理技术

任务说明：数据描述的 2 种不同形式和数据概念的定义；数据处理的定义、数据处理的 8 个主要方面和数据处理的作用；数据管理技术经历了人工管理、文件系统和数据库系统 3 个阶段。

1.1.1　数据描述与数据处理

1. 数据描述

常用的数据描述有物理数据描述和逻辑数据描述 2 种形式。物理数据描述是指数据在存储设备上的存储方式的描述，物理数据是实际存放在存储设备上的数据。逻辑数据描述指以程序员或用户操作的数据形式的描述，是抽象的概念化数据。

数据（Data）是对现实世界的描述。由于计算机不能直接处理现实世界中的具体事物，因此必须先把具体事物转换为计算机能够处理的信息。从具体事物及其特征到计算机能够描述、存储的数据，经历了从现实世界到信息世界、计算机世界的过程。在计算机系统中，各种字母、数字符号的组合，语音，图形，图像等统称为数据，数据经过加工后就成为信息。在计算机科学中，数据是指所有能输入计算机并被计算机程序处理的符号，是用于输入电子计算机进行处理，具有一定意义的数字、符号、字母和各种文字集合的通称。

数据描述在数据处理中涉及不同的范畴。从事物的特性到计算机中的具体表示，共经历了概念设计中的数据描述、逻辑设计中的数据描述和物理存储介质中的数据描述 3 个阶段。

2. 数据处理

数据处理（Data Processing）主要指对数据的采集、存储、检索、加工、变换和传输。数据处理的基本目的是从大量的，可能是杂乱无章、难以理解的数据中抽取并推导出对于某些特定场合和特定人群来说有价值、有意义的数据。

数据处理是一项经计算机收集、记录数据，加工产生新的信息形式的技术。计算机数据处理主要包括以下 8 方面。

（1）数据采集：采集所需的信息。

（2）数据转换：把信息转换成机器能够接收的形式。

（3）数据分组：指定编码，按有关信息进行有效分组。

（4）数据组织：整理数据或用某些方法安排数据，以便进行处理。

（5）数据计算：进行各种算术和逻辑运算，以便得到进一步的信息。

（6）数据存储：将原始数据或计算的结果保存起来，供以后使用。

（7）数据检索：按用户的要求找出有用的信息。

（8）数据排序：把数据按一定要求排好次序。

数据处理的过程大致分为数据的准备、处理和输出 3 个阶段。在数据准备阶段，可以将数据输入各种不同的存储介质中。早期的存储介质主要包括穿孔卡片、纸带、软盘和磁带等，现阶段的存储介质主要是指光盘、DVD、硬盘、闪存、SD 卡等。这个阶段也可以称为数据的录入阶段。数据录入以后，就要由计算机对数据进行处理。为此，要由用户预先编制程序并把程序输入计算机中，计算机按程序的指示和要求对数据进行处理。所谓处理，就是上述 8 方面工作中一个或若干个的组合。最后输出的是各种文字和数字的表格和报表。

数据处理系统已广泛用于企事业单位，内容涉及薪金支付、票据收发、信贷和库存管理、生产调度、计划管理、销售分析等很多方面。它能产生操作报告、金融分析报告和统计报告等。数据处理技术涉及文件系统、数据库管理系统、分布式数据处理系统等方面的技术。

此外,由于数据或信息大量地应用于各类企事业单位,信息化社会中已形成一个独立的信息处理产业。如今,数据和信息已经成为人类社会中极其宝贵的资源。随着云计算技术和大数据技术的不断发展,数据处理技术将会进一步发展,并且将会进一步推动整个信息化社会的发展。

1.1.2 数据管理技术发展历程

数据管理技术发展历程

数据管理技术是应数据管理任务的需求而产生的。随着计算机技术的发展,数据管理任务对数据管理技术也不断提出更高的要求。数据管理技术先后经历了人工管理、文件系统和数据库系统3个阶段,下面分别进行介绍。

1. 人工管理阶段(初等数据文件阶段)

(1) 时期:20世纪50年代中期以前,计算机主要用于科学计算。
(2) 硬件状况:外存只有纸带、卡片、磁带,没有磁盘等直接存取的设备。
(3) 软件状况:没有操作系统,没有管理数据的软件。
(4) 数据处理方式:批处理。
人工管理数据特点如下。
(1) 数据不保存。
(2) 使用应用程序管理数据。
(3) 数据冗余,数据无法共享。
(4) 数据不具有独立性。

2. 文件系统阶段(独立文件管理系统)

(1) 时期:20世纪50年代后期到20世纪60年代中期。
(2) 硬件方面:拥有磁盘、磁鼓等直接存取设备。
(3) 软件方面:操作系统中已经有专门的数据管理软件,一般称为文件系统。
(4) 数据处理方式:批处理,联机实时处理。
文件系统管理数据特点如下。
(1) 数据长期保存。
(2) 文件系统管理数据由专门的软件即文件系统进行数据管理,文件系统把数据组织成相互独立的数据文件,利用"按文件名访问,按记录存取"的管理技术,可以对文件进行修改、插入、删除等操作。
(3) 文件系统实现了记录内的结构性,但是整体无结构。
(4) 数据共享性差,冗余度大。在文件系统中,一个文件基本上对应于一个应用程序,即文件仍然是面向应用的。
(5) 数据独立性差。
一旦数据的逻辑结构改变,就必须要修改应用程序和文件结构的定义。例如,应用程序改用不同的高级语言时,将引起文件的数据结构改变,因此数据与程序之间仍缺乏独立性。

3. 数据库系统阶段

(1) 时期:20 世纪 60 年代后期以来。

(2) 硬件方面:拥有大容量磁盘,硬件价格下降。

(3) 软件方面:软件价格上升,为编制和维护系统软件及应用程序的成本相对增加。

(4) 数据处理方式:具有统一管理数据的专门软件系统,即数据库管理系统。

数据库系统(Database System,DBS)可以满足多用户、多应用共享数据的需求,比文件系统具有明显的优势,它的出现标志着数据管理技术的飞跃。

数据库系统构成

任务 1.2 数据库系统概述

1.2.1 数据库系统构成

数据库系统是采用数据库技术的计算机系统,是由数据库、数据库管理系统、数据库管理人员、支持数据库系统的硬件和软件(应用开发工具、应用系统等)以及用户构成的运行实体。下面从硬件、软件和人员 3 个角度来说明。

1. 硬件

构成计算机系统的各种物理设备,包括存储所需的外部设备。硬件的配置应满足整个数据库系统的需要,要求有足够大的空间存储操作系统,数据库管理系统的核心模块、数据缓冲区和应用程序,而且需要较高的通道能力。

2. 软件

软件主要包括操作系统、数据库管理系统、应用程序以及核心开发工具。数据库管理系统是数据库系统的核心软件,它具有数据库接口的高级语言和相应的编译系统,主要是为应用程序开发,数据获取、数据存储以及数据维护提供支持。

3. 人员

人员主要包括以下 4 类。

1) 系统分析员和数据库设计人员

系统分析员负责应用系统的需求分析和规范说明,他们和用户及数据库管理员一起确定系统的硬件配置,并参与数据库系统的概要设计。数据库设计人员负责数据库中数据的确定、数据库各级模式的设计。

2) 应用程序员

应用程序员负责编写使用数据库的应用程序。

3）最终用户

最终用户会利用系统的接口或查询语言访问数据库。

4）数据库管理员

数据库管理员(DataBase Administrator,DBA)负责数据库的总体管理和控制,DBA的具体职责如下。

(1) 数据库中的信息内容和结构管理。

(2) 定义数据库的存储结构和存取策略。

(3) 定义数据库的安全性要求和完整性约束条件。

(4) 监控数据库的使用和运行,负责数据库的性能改进。

(5) 数据库的重组和重构,以提高系统的性能。

1.2.2 数据库管理系统简介

数据库管理系统(DataBase Management System,DBMS)是一种操纵和管理数据库的大型软件,用于建立、使用和维护数据库。它对数据库进行统一的管理和控制,以保证数据库的安全性和完整性。用户通过 DBMS 访问数据库中的数据,数据库管理员通过 DBMS 进行数据库的维护工作。DBMS 支持多个应用程序和用户用不同的方法同时或不同时去建立、修改和查询数据库。大部分 DBMS 提供数据定义语言(Data Definition Language,DDL)和数据操纵语言(Data Manipulation Language,DML),供用户定义数据库的模式结构与权限约束,实现对数据的追加、删除等操作,它的主要功能包括以下7方面。

1. 数据定义

DBMS 提供数据定义语言 DDL,供用户定义数据库的三级模式结构、二级映像以及完整性约束和保密限制等约束。DDL 主要用于建立、修改数据库的库结构。DDL 所描述的数据库结构仅仅给出了数据库的框架,数据库的框架信息被存放在数据字典(Data Dictionary)中。

2. 数据操作

DBMS 提供数据操纵语言 DML,供用户实现对数据的追加、删除、更新、查询等操作。

3. 数据库的运行管理

数据库的运行管理功能主要包括多用户环境下的并发控制、安全性检查和存取限制控制、完整性检查和执行、运行日志的组织管理、事务的管理和自动恢复,主要作用是要保证事务的原子性。这些功能保证了数据库系统的正常运行。

4. 数据组织、存储与管理

DBMS 分类组织、存储和管理各种数据,包括数据字典、用户数据、存取路径等,需确定以何种文件结构和存取方式在存储级上组织这些数据，如何实现数据之间的联系。数据组织和存储的基本目标是提高存储空间利用率，选择合适的存取方法提高存取效率。

5. 数据库的保护

数据库中的数据是信息社会的战略资源，所以数据的保护至关重要。DBMS 对数据库的保护通过 4 方面来实现：数据库的恢复、数据库的并发控制、数据库的完整性控制以及数据库的安全控制。DBMS 的其他保护功能还有系统缓冲区的管理以及数据存储的某些自适应调节机制等。

6. 数据库的维护

这一部分包括数据库数据的载入、转换、转储，数据库的重组和重构以及性能监控等，这些功能分别由不同的应用程序来完成。

7. 通信

DBMS 具有与操作系统的联机处理、分时系统以及远程作业输入的相关接口，负责处理数据的传送。对网络环境下的数据库系统，还应该包括 DBMS 与网络中其他软件系统的通信功能以及数据库之间的互操作功能。

常见的数据库管理系统主要有 4 类：文件管理系统、层次数据库系统、网状数据库系统和关系数据库系统，其中关系数据库系统的应用最为广泛。

1.2.3 数据库系统的体系结构

1. 三级模式

1975 年，美国国家标准协会/标准计划和需求委员会为数据库管理系统建立了三级模式结构，即外模式、概念模式和内模式。

（1）外模式：又称关系子模式或用户模式，是数据库用户看见的局部数据的逻辑结构和特征的描述，即应用程序所需要的那部分数据库结构。外模式是应用程序与数据库系统之间的接口，是保证数据库安全的一个有效措施。用户可使用数据定义语言和数据操纵语言来定义数据库的结构和对数据库进行操作。对于用户而言，只需要按照所定义的外模式进行操作，而无须了解概念模式和内模式等内部细节。一个数据库可以有多个外模式。

（2）概念模式：又称模式/关系模式/逻辑模式，是数据库整体逻辑结构的完整描述，包括概念记录模型、记录长度之间的联系、所允许的操作以及数据完整性、安全性约束等数据控制方面的规定。概念模式位于数据库系统模式结构的中间层，不涉及数据的物理存储细节和硬件环境，与应用程序、开发工具及程序设计语言无关。一个数据库只能有一个概念模式。

(3) 内模式：又称存储模式，是数据库内部数据存储结构的描述。它定义了数据库内部记录类型、索引和文件的组织方式以及数据控制方面的细节。一个数据库只能有一个内模式。

2. 二级映像

外模式/模式映像：模式描述的是数据的全局逻辑结构，外模式描述的是数据的局部逻辑结构，同一个模式可以有任意多个外模式。对于每个外模式，数据库系统都有一个外模式/模式映像，它定义了该外模式与模式之间的对应关系。这些映像定义通常包含在各自外模式的描述中。

模式/内模式映像：该映像是唯一的，它定义了数据库全局逻辑结构与存储结构之间的对应关系。该映像定义通常包含在模式描述中。

3. 两级数据独立性

数据独立性是指应用程序和数据库的数据结构之间相互独立，不受影响。

(1) 逻辑数据独立性。当模式改变时，由数据库管理员对各个外模式/模式影响做相应改变，可以使外模式保持不变。应用程序是依据数据的外模式编写的，因而应用程序不必修改，保证了数据与程序的逻辑独立性。

(2) 物理数据独立性。当数据库的存储结构改变，由数据库管理员对模式/内模式映像做相应改变，可以保证模式保持不变，因而应用程序也不必修改，保证了数据与程序的物理独立性。

特定的应用程序是在外模式描述的数据结构上编制的，它依赖于特定的外模式，与数据库的模式和存储结构相独立。不同的应用程序可以共用同一外模式。数据库的二级映像保证了数据库外模式的稳定性。从而从底层保证了应用程序的稳定性。除非应用需求本身发生变化，否则应用程序一般不需要修改。

4. 外部体系结构

从数据库最终用户角度看，数据库系统的结构分为集中式(单用户应用结构、主从式结构)、分布式(客户机/服务器结构)和多层数据库应用结构，即数据库系统的外部体系结构。

(1) 单用户应用结构：是运行在个人计算机上的结构模式，常称为桌面 DBMS。属于桌面 DBMS 的主要产品有 Microsoft Access、Paradox、Fox 系列。桌面 DBMS 的功能在数据的一致性维护、完整性检查及安全性管理上是不完善的。桌面 DBMS 中功能比较完善的有 Microsoft Access、Paradox，它们基本实现了 DBMS 应该具有的功能。

(2) 主从式结构：是以大型主机为中心的结构模式，也称为分时共享模式，它是面向终端的多用户计算机系统。该结构以一台主机为核心，将操作系统、应用程序、DBMS、数据库等数据和资源放在该主机上，所有的应用处理均由主机承担，每个与主机相连接的终端都只作为主机的一种 I/O 设备。由于是集中式管理，主机的任何错误都可能导致整个系统瘫痪。因此，这种结构对系统主机的性能要求比较高，维护费用也较高。

(3) 客户机/服务器结构：是随着计算机网络的广泛应用而出现的结构模式。该结构将一个数据库分解为客户机(称为前端)、应用程序和服务器(称为后端)3 部分，通过网络连接应用程序和服务器。由于客户机/服务器结构的本质是通过对服务功能的分布实现分工服务，因而又称为分布式服务模式。人们将客户机/服务器结构称为二层结构的数据库应用模式。

(4) 多层数据库应用结构：将应用程序放在服务器端执行；客户机端安装统一的前端运行环境，通常是浏览器(Browser)；在客户机和服务器之间增加一层用于转换的服务器，形成三层结构的数据库应用模式，这就是互联网环境下数据库的应用模式。三层结构是由二层结构(客户机/服务器)扩展而来的，这种三层结构也称为浏览器/Web 服务器/数据库服务器(B/W/S)结构。

结构化查询语言

1.2.4 结构化查询语言

为了从数据库中更为简单有效地读取数据，1974 年，由 Boyce 和 Chamberlin 提出了一种称为 SEQUEL 的结构化查询语言。1976 年，在 IBM 公司研制的关系数据库系统 SystemR 上实现，将其修改为 SEQUEL2，即目前的结构化查询语言(Structured Query Language, SQL)。由于它具有功能丰富、使用方便灵活、语言简洁易学等突出的优点，深受计算机领域和计算机用户的欢迎。1980 年 10 月，经美国国家标准学会(ANSI)数据库委员会批准，将 SQL 作为关系数据库语言的美国标准，同年公布了标准 SQL。

SQL 集数据查询(Data Query)、数据定义(Data Definition)、数据操纵(Data Manipulation)和数据控制(Data Control)功能于一体，充分体现了关系数据库语言的特点。

SQL 的核心部分相当于关系代数，但又具有关系代数所没有的许多特点，如聚集、数据库更新等。它是一个综合的、通用的、功能极强的关系数据库语言，其特点如下。

1. 综合统一

SQL 不是某个特定数据库供应商专有的语言，所有关系数据库都支持它。SQL 的风格和语法都是统一的，可以独立完成数据库生命周期中的全部活动，包括定义关系模式、录入数据以及建立数据库、查询、更新、维护、数据库重构、安全性控制等一系列操作，这就为数据库应用系统的开发提供了良好的环境。

2. 以同一种语法结构提供两种使用方式

SQL 有两种使用方式：一种是联机交互使用，这种方式下的 SQL 实际上是作为自含式语言使用的；另一种是嵌入某种高级程序设计语言(如 C 语言等)中使用。前一种方式适合于非计算机专业人员使用，后一种方式适合于专业计算机人员使用。这种以统一的语法结构提供两种不同使用方式的特点，为用户带来了极大的灵活性与便利性。

3. 高度非过程化

SQL是第四代语言(4GL)之一,用户只需要提出“干什么”,无须具体指明“怎么干”,像存取路径选择和具体处理操作等均由系统自动完成。这不但大大减轻了用户负担,而且有利于提高数据独立性。

4. 语言简洁,易学易用

尽管SQL的功能很强,但语言十分简洁。为了完成核心功能,只用了包括SELECT、CREATE、INSERT、UPDATE、DELETE、GRANT等几个命令。SQL的语法接近英语口语,所以用户很容易学习和使用。SQL目前已成为应用最广泛的关系数据库语言。

任务1.3 数据模型

任务说明:详细介绍了数据库系统是由硬件、软件和人员三大部分构成;对数据库管理系统进行了定义,同时介绍了它的主要功能;在数据库体系结构中包括了三级模式、二级映像概念;常见的数据库管理系统体系结构有单用户应用结构、主从式结构、客户机/服务器结构和多层数据库应用结构;描述了结构化查询语言和它的特点。

1.3.1 数据模型的应用层次

模型是对现实世界的抽象。在数据库技术中,人们用模型的概念描述数据库的结构与语义,对现实世界进行抽象。表示实体类型及实体间联系的模型称为“数据模型”(Data Model)。

数据模型按不同的应用层次分成3种类型,分别是概念数据模型、逻辑数据模型和物理数据模型。

1. 概念数据模型

概念数据模型(Conceptual Data Model)是一种面向用户、面向客观世界的模型,主要用来描述世界的概念化结构。它是数据库的设计人员在设计的初始阶段,摆脱计算机系统及DBMS的具体技术问题,集中精力分析数据以及数据之间的联系等,与具体的DBMS无关。概念数据模型必须换成逻辑数据模型,才能在DBMS中实现。

概念数据模型用于信息世界的建模,一方面应该具有较强的语义表达能力,便于直接表达应用中的各种语义知识;另一方面它还应该简单、清晰,易于用户理解。在概念数据模型中最常用的有E-R模型、扩充的E-R模型、面向对象模型及谓词模型。较为知名的是E-R模型。

2. 逻辑数据模型

逻辑数据模型(Logical Data Model)是一种面向数据库系统的模型,是具体的DBMS

所支持的数据模型，如网状数据模型、层次数据模型等。此模型既要面向用户，又要面向系统，主要用于 DBMS 的实现。

3. 物理数据模型

物理数据模型（Physical Data Model）是一种面向计算机物理表示的模型，描述了数据在存储介质上的组织结构。它不但与具体的 DBMS 有关，而且还与操作系统和硬件有关。每一种逻辑数据模型在实现时都有其对应的物理数据模型。DBMS 为了保证其独立性与可移植性，大部分物理数据模型的实现工作由系统自动完成，而设计者只设计索引、聚集等特殊结构。

1.3.2 数据模型的组成要素

数据模型是数据库中数据的存储结构，是反映客观事物及其联系的数据描述形式。它通常由数据结构、数据操作和完整性约束 3 部分组成。

1. 数据结构

数据结构是所研究的对象类型的集合。这些对象是数据库的组成成分，数据结构指对象和对象间联系的表达和实现，是对系统静态特征的描述。对象包括数据的类型、内容、性质，以及数据之间的相互关系。

2. 数据操作

数据操作是对数据库中对象的实例允许执行的操作集合，主要指检索和更新（插入、删除、修改）两类操作。数据模型必须定义这些操作的确切含义、操作符号、操作规则（如优先级）以及实现操作的语言。数据操作是对系统动态特性的描述。

3. 完整性约束

完整性约束是一组完整性规则的集合，规定数据库状态及状态变化所应满足的条件，以保证数据的正确性、有效性和相容性。

1.3.3 逻辑模型的结构分类

逻辑模型中层次模型和网状模型是较早的数据模型，统称为非关系模型。20 世纪 80 年代以来，面向对象的方法和技术在计算机各个领域中得到广泛应用，出现了一种新的模型，即面向对象的数据模型。

最常用的逻辑模型有层次模型、网状模型和关系模型。这 3 种逻辑模型的根本区别在于数据结构不同，即数据之间联系的表达方式不同，层次模型用树结构来表示数据之间的联系；网状模型用图结构来表示数据之间的联系；关系模型用二维表来表示数据之间的联系。

1. 层次模型

层次模型(Hierarchical Model)描述事物及其联系的数据组织形式像一棵倒置的树。它由节点和连线组成,其中节点表示实体。树有根、枝、叶,在这里都称为节点,根节点只有一个,向下分支,它是一对多的关系。

现实世界中很多事物是按层次组织起来的。层次数据模型的提出,首先是为了模拟这种按层次组织起来的事物。层次数据库也是按记录来存取数据的。层次数据模型中最基本的数据关系是基本层次关系,它代表两个记录之间一对多的关系,也叫作双亲子女关系。数据库中有且仅有一个记录无双亲,称为根节点。其他记录有且仅有一个双亲。在层次模型中从一个节点到其双亲的映射是唯一的,所以对每一个记录(除根节点外)只需要指出它的双亲,就可以表示出层次模型的整体结构。图 1.1 所示为一个学院信息化系统管理的层次模型,灰色背景框是实体之间的联系,其后所列是按层次模型组织的数据示例。

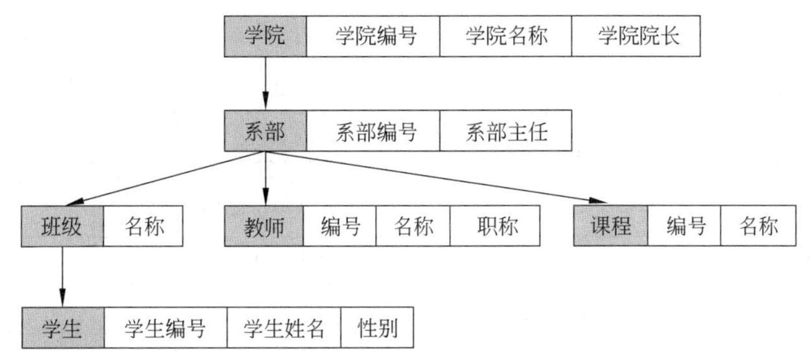

图 1.1　学院信息化系统管理的层次模型

此种类型数据库的优点是结构清晰,节点间联系简单、直接;缺点主要是不能直接表示两个以上的实体间复杂的联系和实体间的多对多联系,对数据的插入和删除的操作限制太多,同时树节点中任何记录的属性只能是不可再分的简单数据类型,因此不利于数据库系统的管理和维护。

2. 网状模型

通常情况下,用有向图结构表示实体类型及实体间联系的数据模型称为网状模型(Network Model)。有向图中的节点是记录类型,有向边表示从箭尾一端的记录类型到箭头一端的记录类型间是 1∶N 联系。该模型节点之间是平等的,无上下层关系。图 1.2 所示为按网状模型组织的数据示例。

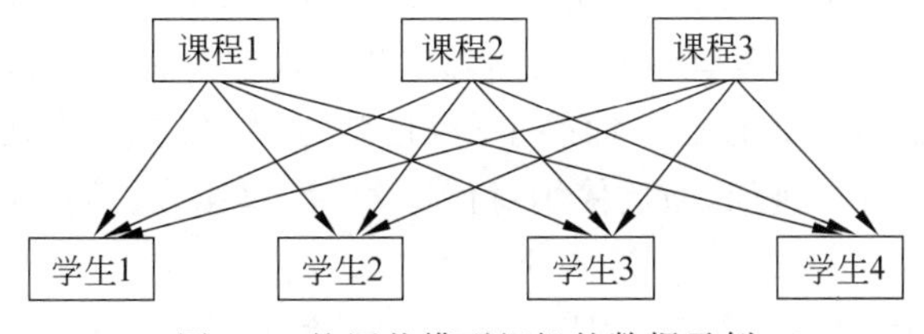

图 1.2　按网状模型组织的数据示例

此种类型数据库的优点是它能很容易地反映实体之间的关联,同时它还避免了数据的重复;缺点是这种类型的数据模型关联错综复杂,而且数据库很难对结构中的所谓关系进行维护。

3. 关系模型

关系模型(Relational Model)的主要特征是用二维表格结构表达实体集,用外键表示实体间联系。与前两种模型相比,关系模型概念简单,容易为初学者理解。关系模型是由若干个关系模式组成的集合。关系模式相当于前面提到的记录类型,它是实例化的关系,每个关系实际上是一张二维表格。表 1.1 和表 1.2 所示为简单的关系模型,这两个关系名称分别是教师关系和课程关系。

表 1.1　按关系模型组织的数据示例——教师关系

教师编号	教师姓名	职　称	所在系部
10201253	王杰	讲师	计算机系
10201256	刘大伟	教授	物理系
10201259	李建成	副教授	经济管理系

表 1.2　按关系模型组织的数据示例——课程关系

课程编号	课程名称	教师编号	学　分
20203546	Python 语言	10201253	4
20204895	大学物理	10201256	3
20206985	商务英语	10201259	4

在关系模型中,基本数据结构就是二维表,不用像层次模型或网状模型那样的链接指针。记录之前的联系是通过不同关系中同名属性来体现的。例如,要查找王杰老师所授课程,可以先在教师关系中根据姓名找到王杰老师的教师编号 10201253,然后在课程关系中找到教师编号为 10201253 的任课教师所对应的课程名称“Python 语言”。通过上述查询过程,同名属性教师编号起到了连接两个关系的纽带作用。由此可见,关系模型中的各个关系模式不应是孤立的,也不是随意拼凑的一堆二维表,它必须满足以下要求。

(1) 数据表通常是由行和列组成的二维表。

(2) 数据表中的行称为记录或元组,它表示众多具有相同属性的对象中的一个。

(3) 数据表中的列称为字段或属性,它代表相应数据库中存储对象共有的属性。

(4) 主键和外键。数据表之间的关联实际是通过键实现的。所谓键就是指数据表中的一个字段。键分为主键和外键两种,它们都在数据表连接过程中起着重要的作用。

① 主键:是数据表中具有唯一性的字段,也就是说,数据表中任意两条记录都不可能拥有相同的主键字段。例如,通过使用身份证号、教师编号、学生学号等字段作为相应表的主键。

② 外键:被其所在的数据表使用以连接到其他数据表,通常该外键字段在其他数据

表中会作为主键字段出现。

（5）一个关系表必须符合如下某些特定条件，才能成为关系模型的一部分。

① 存储在单元中的数据必须是原始的，每个单元只能存储一条数据。

② 存储在字段或列中的数据必须具有相同的数据类型。

③ 字段或列没有顺序关系，但是有一个唯一的名称。

④ 每行数据是唯一的，行也是没有顺序的。

⑤ 实体完整性原则（主键保证），不能为空。

⑥ 引用完整性原则（外键保证），不能为空。

任务 1.4　应用系统数据库设计步骤

应用系统数据库设计步骤

任务说明：本任务介绍系统数据库设计的主要步骤，包括需求分析、概念结构设计、逻辑结构设计、物理结构设计、数据库实施阶段，以及数据库运行与维护阶段。

对于基于结构化的数据库系统开发方法而言，应用系统数据库的设计主要有以下6个步骤。

1. 需求分析

需求分析是数据库设计的第一步，也是整个设计过程的基础，本阶段的主要任务是对现实世界要处理的对象（公司、部门及企业）进行详细调查，在了解现行系统的概况、确定新系统功能的过程中，收集支持系统目标的基础数据及其处理方法。需求分析是在用户调查的基础上，通过分析，逐步明确用户对系统的需求，包括数据需求和围绕这些数据的业务处理需求等。

2. 概念结构设计

此阶段不仅需要进行数据库概念结构设计（也可简称数据库概念设计）工作，即数据库结构特性设计；而且还需要确定数据库系统的软件系统结构，进行模块划分，确定每个模块的功能、接口以及模块间的调用关系，即进行数据库行为特性的设计过程。数据库的概念结构设计主要使用E-R（实体-联系）模型。

概念结构设计的主要特点包括如下。

（1）概念模型是对现实世界的一个抽象描述。

概念模型能真实、充分地反映现实世界，能满足用户对数据的处理要求。

（2）概念模型易于理解。

概念模型只有被用户理解后，才可以与设计者交换意见，参与数据库的设计。

（3）概念模型易于更改。

由于现实世界（应用环境和应用要求）会发生变化，这就需要改变概念模型，易于更改的概念模型有利于扩充。

（4）概念模型易于向数据模型转换。

概念模型最终要转换为数据模型。设计概念模型时应当注意，使其有利于向特定的数据模型转换。

3. 逻辑结构设计

逻辑结构设计(见图 1.3)的目的是把概念设计阶段设计好的全局 E-R 模型转换成与选用的数据库系统所支持的数据模型相符合的逻辑结构。同时,可能还需为各种数据处理应用领域产生相应的逻辑子模式。这一步设计的结果就是"逻辑数据库"。

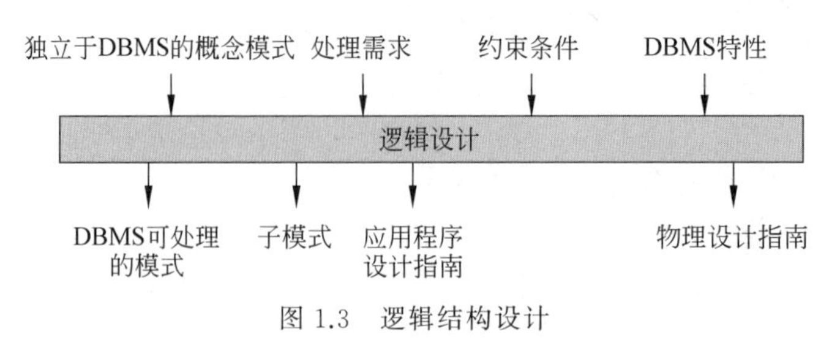

图 1.3 逻辑结构设计

(1) 在逻辑设计阶段主要输入以下信息。

① 独立于 DBMS 的概念模式。这是概念设计阶段产生的所有局部和全局概念模式。

② 处理需求。需求分析阶段产生的业务活动分析结果。这里包括数据库的规模和应用频率,用户或用户集团的需求。

③ 约束条件。即完整性、一致性、安全性要求及响应时间要求等。

④ DBMS 特性。即特定的 DBMS 所支持的模式、子模式和程序语法的形式规则。

(2) 在逻辑设计阶段主要输出以下信息。

① DBMS 可处理的模式。一个能用特定 DBMS 实现的数据库结构的说明,不包括记录的聚合、块的大小等物理参数的说明,但要对某些访问路径参数(如顺序、指针检索的类型)加以说明。

② 子模式。与单个用户观点和完整性约束一致的 DBMS 所支持的数据结构。

③ 应用程序设计指南。根据设计的数据库结构为应用程序员提供访问路径选择。

④ 物理设计指南。完全文档化的模式和子模式。在模式和子模式中应包括容量、使用频率、软硬件等信息。这些信息将在物理设计阶段使用。

4. 物理结构设计

对于一个给定的逻辑数据模型,选取一个最适合应用环境的物理结构的过程,称为数据库的物理结构设计。所谓数据库的物理结构,主要指数据库在物理设备上的存储结构和存取方法。它当然是完全依赖给定的计算机系统的。

在物理结构中,数据的基本单位是存储记录。存储记录是相关数据项的集合。一个存储记录可以与一个或多个逻辑记录对应。在存储记录中,还应包括必要的指针,记录长度及描述特性的编码模式。也就是说,为了包含实际的存储格式,存储记录扩充了逻辑记录的概念。

5. 数据库实施阶段

在数据库实施阶段运用 DBMS 提供的数据语言(如 SQL)及宿主语言(如 C、Java、C#等),根据逻辑设计和物理设计的结果建立数据库,编制与调试应用程序,组织数据入库,进行试运行。

6. 数据库运行与维护阶段

数据库应用系统经过试运行后即可投入正式运行,在运行过程中需要不断对其进行调整、修改与完善。

拓展实训:数据库系统设计认知

1. 实训任务

了解常用的数据库产品以及数据库系统设计的主要步骤。

2. 实训目的

(1) 了解常用的数据库产品。
(2) 掌握数据库系统设计的步骤。
(3) 了解数据库系统设计中各阶段完成的主要工作。

3. 实训内容

(1) 对常用的数据库产品进行介绍(Oracle、MS SQL Server 和 MySQL)。
(2) 描述数据库系统设计的主要步骤。
(3) 描述数据库系统设计各阶段的主要内容。

本章小结

本章主要介绍了数据库技术的一些基本概念和原理,重点涵盖数据管理技术的发展历程、数据库系统的构成和数据库的体系结构、结构化查询语言的主要特点、数据模型的概念、常见的数据模型、逻辑模型的结构分类以及应用系统数据库的设计步骤等内容。

课后习题

1. 填空题

(1) 从数据管理发展的角度,数据库系统的发展经历________、________和________共 3 个阶段。

(2) 数据库系统是由________、________和________组成的。

（3）结构数据模型有________、________和________ 3 种模型。

（4）数据库系统体系结构中的三级模式分别是________、________和________。

（5）数据模型是由________、________和________ 3 个基本要素组成的。

2. 简答题

（1）简述什么是数据库。

（2）概念结构的主要特点有哪些？

第2章　电子学校系统数据库设计

任务描述

设计一个性能良好的数据库系统，需要采用规范科学的方法，通常数据库设计包括需求分析、概念结构设计、逻辑结构设计和物理结构设计几个阶段，本章将以电子学校系统为例，对每个阶段进行详细阐述。

学习目标

(1) 理解需求分析的任务与目标。
(2) 了解获取需求分析的方法和步骤。
(3) 理解 DFD 和 DD 方法。
(4) 了解概念模型的基本要素与设计步骤。
(5) 掌握概念模型的 E-R 图表示方法。
(6) 会使用 E-R 图设计系统的 E-R 模型。
(7) 理解关系模型完整性与规范化操作。
(8) 掌握 E-R 模型向关系模型转换的规则。
(9) 掌握如何通过关系模型设计出数据库存储结构。
(10) 理解数据库实施的步骤。
(11) 理解数据库维护中的重组和重构。

学习导航

本任务主要讲解如何设计一个数据库系统。通过对数据库系统设计各个阶段的讲解，使得学生学会如何获取用户需求的方法和注意事项，然后通过概念设计和逻辑设计，最后设计出数据库系统的物理结构。数据库设计学习导航如图 2.1 所示。

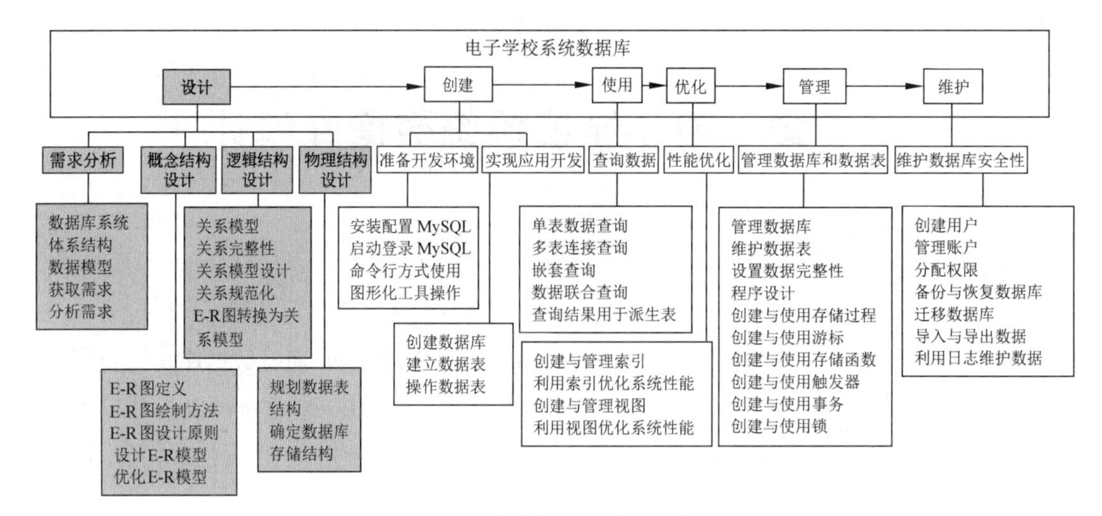

图 2.1　数据库设计学习导航

任务 2.1　需求分析

任务说明：需求分析的主要任务和目标，利用结构化分析方法获取需求；使用数据流图和数据字典来描述系统；获取需求分析的 3 个步骤，分别是用户需求的收集、用户需求的分析和撰写需求说明书；电子学校系统功能的说明和分析。

2.1.1　需求分析的任务与目标

设计一个性能良好的数据库系统，明确应用环境对数据库的要求是首要的和基本的，因此，应该把对用户需求的收集和分析作为数据库设计的第一步。

需求分析的主要任务是通过详细调查要处理的对象，包括某个组织、某个部门、某个企业的业务管理流程等，充分了解原手工或计算机系统的工作概况及工作流程，明确用户的各种需求，产生数据流图和数据字典，然后在此基础上确定新系统的功能，并产生需求说明书。需要注意的是，新系统必须要充分考虑将来的扩充和改变，不能仅从当前应用需求来设计数据库。

因此，需求分析的目标主要是要充分获取用户的信息要求和对各种业务场景的业务需求，要能够完全满足日常工作需要，并具备良好的扩展性。获取需求时要注意全面和完整。

2.1.2　获取需求的方法与步骤

1. 获取需求的方法

在众多分析和表达用户需求的方法中，常用的是结构化分析（Structured Analysis，

SA)方法，它是一个简单且实用的方法。SA 方法用自顶向下、逐层分解的方式分析系统，用数据流图(Data Flow Diagram，DFD)和数据字典(Data Dictionary，DD)来描述系统。除了数据流图方法外，还可以用 IDEF0、UML 的用例模型等方法来建立系统的模型。

1）数据流图

数据流图是软件工程中专门描绘信息在系统中流动和处理过程的图形化工具。因为数据流图是逻辑系统图形表示，即使不是专业的计算机技术人员也容易理解，所以是极好的需求交流工具。数据流图中核心就是数据流，从应用数据流着手以图形方式刻画和表示一个具体业务系统中的数据处理过程和数据流。

数据流图方法由以下 4 种基本元素(模型对象)组成，如图 2.2 所示。

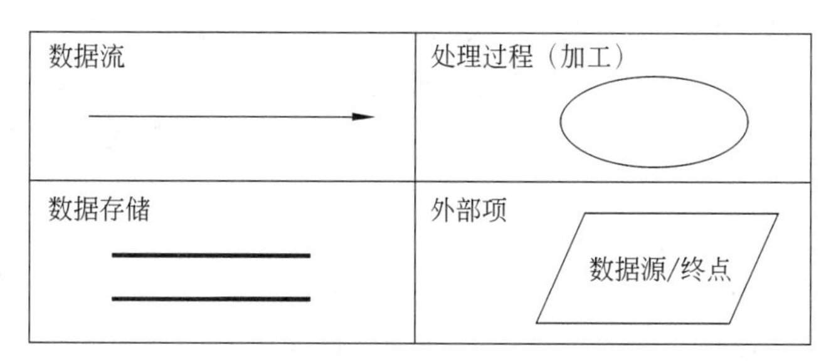

图 2.2　数据流图中的基本元素符号

(1) 数据流(Data Flow)：数据流用一个箭头描述数据的流向，箭头上标注的内容可以是信息说明或数据项。

(2) 处理过程(Process)：又称“加工”，表示对数据进行的加工和转换，在图中用椭圆或圆圈来表示。指向处理的数据流为该处理的输入数据，离开处理的数据流为该处理的输出数据。

(3) 数据存储：表示用数据库形式(或者文件形式)存储的数据，对其进行的存取分别以指向或离开数据存储的箭头表示，可以代表文件、文件的一部分、数据库的元素等。

(4) 外部项：也称为数据源或者数据终点。描述系统数据的提供者或者数据的使用者，如教师、学生、采购员、某个组织、部门或其他系统，在图中用矩形或平行四边形框表示。

外部实体：它表示数据的外部来源和最后去向，需要注明数据源点或汇点的名字。

通过数据流图方法建立系统的模型，通常会先明确目标，确定系统范围，然后建立顶层的数据流图，再构建第一层数据流图分解图，从而逐步完成数据流图各层的结构图，最后对数据流图进行检查和确认。因此，数据流图的画法可归纳为自外向内、自顶向下、逐层细化、完善求精。

2）数据字典

数据字典是指对数据的数据项、数据结构、数据流、数据存储、处理逻辑等进行定义和描述，其目的是对数据流图中的各个元素做出详细的说明。简而言之，数据字典是描述数据的信息集合，是对系统中使用的所有数据元素的定义的集合。它也是结构化系统分析的另一重要工具，是对数据流图的重要补充和注释。

数据字典最重要的作用是作为分析阶段的工具，是对于数据模型中的数据对象或者项目的描述的集合。在结构化分析中，数据字典的作用是给数据流图上每个成分加以定义和说明。换句话说，数据流图上所有成分定义和解释的文字集合就是数据字典，而且在数据字典中建立的一组严密一致的定义，非常有助于提高数据库设计人员和用户之前的沟通效率。

数据字典由数据项、数据结构、数据流、数据存储、处理过程和外部实体几部分组成。

（1）数据项：数据项是不可再分的数据单位，是数据流图中涉及数据结构中的数据项说明。

对数据项的描述通常包括以下内容：

数据项描述＝{数据项名，数据项含义说明，别名，数据类型，长度，取值范围，取值含义，与其他数据项的逻辑关系}

其中，“取值范围”“与其他数据项的逻辑关系”定义了数据的完整性约束条件，是设计数据检验功能的依据。

若干个数据项可以组成一个数据结构。

（2）数据结构：数据流图中数据块的数据结构说明。

数据结构反映了数据之间的组合关系。一个数据结构可以由若干个数据项组成，也可以由若干个数据结构组成，或由若干个数据项和数据结构混合组成。对数据结构的描述通常包括以下内容：

数据结构描述＝{数据结构名，含义说明，组成：{数据项或数据结构}}

（3）数据流：数据流图中流线的说明。

数据流是数据结构在系统内传输的路径。对数据流的描述通常包括以下内容：

数据流描述＝{数据流名，说明，数据流来源，数据流去向，组成：{数据结构}，平均流量，高峰期流量}

其中，“数据流来源”是说明该数据流来自哪个过程或系统，即数据的来源。“数据流去向”是说明该数据流将到哪个过程去，即数据的去向。“平均流量”是指在单位时间（每天、每周、每月等）里的传输次数。“高峰期流量”则是指在高峰时期的数据流量。

（4）数据存储：数据存储是数据结构停留或保存的地方，也是数据流的来源和去向之一。

对数据存储的描述通常包括以下内容：

数据存储描述＝{数据存储名，说明，编号，流入的数据流，流出的数据流，组成：{数据结构}，数据量，存取方式}

其中，“数据量”是指每次存取多少数据，每天（或每小时、每周等）存取几次等信息。“存取方法”包括是批处理，还是联机处理；是检索还是更新；是顺序检索还是随机检索等。另外“流入的数据流”要指出其来源，“流出的数据流”要指出其去向。

（5）处理过程：数据流图中功能块的说明，主要描述做什么（并不是怎样做）。

数据字典中只需要描述处理过程的说明信息，通常包括以下内容：

处理过程描述＝{处理过程名，说明，输入：{数据流}，输出：{数据流}，处理：{简要说明}}

其中，“简要说明”中主要说明该处理过程的功能及处理要求。“功能”是指该处理过程用来做什么(并不是怎么做);“处理要求”包括处理频度要求,如单位时间里处理多少事务、多少数据量、响应时间要求等,这些处理要求是后面物理设计输入及性能评价的标准。

(6) 外部实体:数据流图中输入数据和输出数据的说明。数据字典中可以通过数据项和数据结构来描述外部实体,通常情况下对于重要的外部实体会进行详细的描述。

2. 获取需求的步骤

需求分析具体可按以下步骤进行。

(1) 用户需求的收集。

(2) 用户需求的分析。

(3) 撰写需求说明书。

需求分析的重点是调查、收集和分析用户数据管理中的信息需求、处理需求、安全性与完整性要求。信息需求是指用户需要从数据库获取信息的内容和性质。由用户的信息需求可以导出数据需求,即在数据库中应该存储哪些数据。处理需求是指用户需要完成什么处理功能,对某种处理要求的响应时间,处理方式指是单机处理、联机处理还是批处理等。明确用户的处理需求,有利于后期应用程序模块的设计。

调查、收集用户需求的具体做法如下。

(1) 了解组织机构的情况,调查这个组织由哪些部门组成,各部门的职责是什么,为分析信息流程做准备。

(2) 了解各部门的业务活动情况,调查各部门输入和使用什么数据,如何加工处理这些数据。输出什么信息,输出到哪些部门和系统,以及输出的格式等。

(3) 确定新系统的边界。确定哪些功能由计算机系统完成或将来准备让计算机系统完成,哪些活动由人工完成。其中由计算机系统完成的功能就是新系统应该要实现的功能。

在调查过程中,根据不同的问题和条件,可采用的调查方法有很多,如跟班作业、咨询业务负责人、设计调查问卷、查阅历史工作记录文档等。但无论采用哪种方法,都必须有用户的积极参与和配合。强调用户的参与是数据库设计的一大特点。

收集用户需求的过程实质上是数据库设计者对各类管理活动进行调查研究的过程。在这个过程中,由于用户缺少对软件设计方面的专业知识,而设计人员往往又不熟悉业务知识,要准确地确定需求很困难。针对这种情况,设计人员应该帮助用户了解数据库设计的相关基本概念,建议采用原型方法来帮助用户确定他们的需求。也就是说,先给用户设计一个比较简单的、易调整的真实系统,让用户在熟悉使用它的过程中不断发现需求,而设计人员则根据用户的反馈调整原型,反复验证最终协助用户发现和确定他们的真实需求。

调查了解用户的需求后,还需要进一步分析和抽象用户的需求,可以借助 SA 方法使之转换为后续各设计阶段可用的形式。

2.1.3 电子学校系统功能说明

电子学校系统数据库中主要涉及学生、教师、课程、成绩、班级、系部和宿舍等对象。

这些对象之前的关系是，每个系部有多个班，每个班可以有多位学生，每位学生都对应一个宿舍号和多门课程，每位学生的每门课程都会有一个成绩，每位教师都会对应一个系部，每位教师都可以给不同的班上不同的课。

根据以上的分析，电子学校系统数据库需要记录学生信息，包括学号、姓名、性别、政治面貌、出生年月、身份证号、家庭住址、邮政编码、联系电话、电子邮箱、个人简介、是否贫困生、入学成绩、个人照片等；需要记录教师信息，包括教师代码、教师姓名、职称、所在系部代码、参加工作时间、聘任岗位、研究领域；需要记录课程信息，包括课程代码、课程名称、任课教师代码、课程学分、课程性质、开课学期、课程简介；需要记录成绩信息，包括学号、课程代码、考试成绩、考试时间、考试地点；同时还需要记录学生和教师所在的系部信息，学生所在的班级信息以及学生所对应的宿舍信息。

任务 2.2　概念结构设计

任务说明：数据模型的定义和常用的数据模型；数据模型组成的 3 个要素；E-R（实体-联系）图方法定义以及构成 E-R 图的 3 个基本要素，分别是实体、属性和联系；一对一联系、一对多联系和多对多联系；设计并优化电子学校系统的 E-R 模型图。

2.2.1　概念模型基本要素与设计步骤

模型是对现实世界的抽象。在数据库技术中，用模型的概念描述数据库的结构与语义，对现实世界进行抽象。表示实体类型及实体间联系的模型称为“数据模型”（Data Model）。

目前广泛使用的数据模型可分为两种：一种是独立于计算机系统的模型，完全不涉及信息在系统中的表示，只是用来描述某个特定组织所关心的信息结构，这类模型称为“概念数据模型”；另一种模型是直接面向数据库的逻辑结构，它是现实世界的第二层抽象，这种模型涉及计算机系统和数据库管理系统，又称为“结构数据模型”，例如层次、网状、关系、面向对象等模型。这种模型有严格的形式化定义，以便于在计算机系统中实现。

一般而言，数据模型是一组严格定义的概念的集合。这些概念精确地描述了系统的静态特征（数据结构）、动态特征（数据操作）和完整性约束条件，这就是数据模型的 3 个要素。

采用 E-R 图方法进行数据库概念设计，可以分 3 步进行：首先设计局部 E-R 模式，然后把各局部 E-R 模式综合成一个全局的 E-R 模式，最后对全局 E-R 模式进行优化，得到最终的 E-R 模式，即概念模式。

概念模型 E-R 图表示方法

2.2.2　概念模型 E-R 图表示方法

1. E-R 图的定义

E-R 图（Entity Relationship Diagram）即实体-联系图，提供了表示实体类型、属性和联系的方法，用来描述现实世界的概念模型。它是描述现实世界关系概念模型的有效方法，是表示概念关系模型的一种方式。在E-R图中有5个基本成分。

（1）矩形框，表示实体类型（考虑问题的对象）。

（2）菱形框，表示联系类型（实体间的联系）。

（3）椭圆形框，表示实体类型和联系类型的属性。

（4）相应的命名均记入各种框中。对于关键码，在属性名下画一横线。

（5）连线：实体与属性之间、实体与联系之间、联系与属性之间用直线相连，并在直线上标注联系的类型。

2. E-R图的基本要素

构成E-R图的3个基本要素是实体、属性和联系。

1）实体

一般认为，客观上可以相互区分的事物就是实体，实体可以是具体的人和物，也可以是抽象的概念与联系。关键在于一个实体能与另一个实体相区别，具有相同属性的实体具有相同的特征和性质。用实体名及其属性名集合来抽象和刻画同类实体。在E-R图中用矩形表示，矩形框内写明实体名，例如学生张三、学生李四都是实体。如果是弱实体，在矩形外面再套实线矩形。

2）属性

属性指实体所具有的某一特性，一个实体可由若干个属性来刻画。属性不能脱离实体，属性是相对实体而言的。在E-R图中用椭圆表示，并用无向边将其与相应的实体连接起来，例如学生的姓名、学号、性别都是属性。如果是多值属性，在椭圆外面再套实线椭圆。如果是派生属性则用虚线椭圆表示。

3）联系

联系也称关系，信息世界中反映实体内部或实体之间的关联。实体内部的联系通常是指组成实体的各属性之间的联系；实体之间的联系通常是指不同实体集之间的联系。在E-R图中用菱形表示，菱形框内写明联系名，并用无向边分别与有关实体连接起来，同时在无向边旁标上联系的类型（1∶1、1∶N或M∶N）。例如教师给学生授课存在授课关系，学生选课存在选课关系。如果是弱实体的联系则在菱形外面再套菱形。

3. 联系型的一般性约束

实体-联系数据模型中的联系型，存在3种一般性约束。

1）一对一联系（1∶1）

对于两个实体集A和B，若A中的每一个值在B中至多有一个实体值与之对应，反之亦然，则称实体集A和B具有一对一的联系。

一所学校只有一个正校长，而一个校长只在一所学校中任职，则学校与校长之间具有一对一联系。

2）一对多联系（1∶N）

对于两个实体集A和B，若A中的每一个值在B中有多个实体值与之对应，反之B中每一个实体值在 A 中至多有一个实体值与之对应,则称实体集 A 和 B 具有一对多的联系。

例如,某校教师与课程之间存在一对多的联系“教”,即每位教师可以教多门课程,但是每门课程只能由一位教师来教。一个专业中有若干名学生,而每个学生只在一个专业中学习,则专业与学生之间具有一对多联系。

3) 多对多联系($M:N$)

对于两个实体集 A 和 B,若 A 中每一个实体值在 B 中有多个实体值与之对应,反之亦然,则称实体集 A 与实体集 B 具有多对多联系。

例如,表示学生与课程间的联系“选修”是多对多的,即一个学生可以学多门课程,而每门课程可以有多个学生来学。联系也可能有属性。例如,学生“选修”某门课程所取得的成绩,既不是学生的属性也不是课程的属性。由于“成绩”既依赖于某名特定的学生又依赖于某门特定的课程,所以它是学生与课程之间的联系“选修”的属性。

实际上,一对一联系是一对多联系的特例,而一对多联系又是多对多联系的特例。

设计电子学校系统 E-R 模型

2.2.3 设计电子学校系统 E-R 模型

(1) 首先确定实体类型。电子学校系统中主要的实体有学生、教师、课程、成绩等实体。

(2) 确定实体间的联系类型。

① 学生和课程的关系是多对多的关系。

② 教师和课程的关系是多对多的关系。

(3) 确定实体类型和联系类型的属性。

① 学生(学号,姓名,性别,出生年月,身份证号,家庭住址)。

② 课程(课程代码,课程名称,课程学分)。

③ 教师(教师代码,教师姓名,职称)。

④ 成绩(学号,课程代码,考试成绩,考试时间,考试地点)。

(4) 确定实体类型的键,在属于键的属性名称下画一横线。

电子学校系统 E-R 模型如图 2.3 所示。

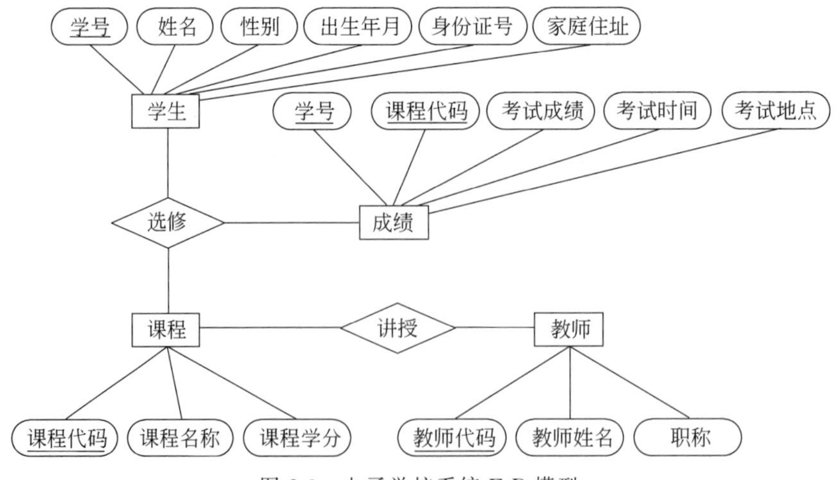

图 2.3 电子学校系统 E-R 模型

2.2.4 优化电子学校系统 E-R 模型

除图 2.3 中确定的电子学校系统中主要的实体外，通常电子学校系统还会涉及班级、系部和宿舍等实体。

(1) 系部(系部编号，系部名称，系主任)。

(2) 班级(班级编号，班级名称，班长)。

(3) 宿舍(宿舍楼编号，房间编号)。

实体间还会有以下关系。

(1) 班级和系部的关系是多对一的关系。

(2) 学生和班级的关系是多对一的关系。

(3) 学生和宿舍的关系是多对一的关系。

(4) 教师和系部的关系是多对一的关系。

将系部、班级和宿舍 3 个实体及相应的关系加入，并标注出实体的对应关系，优化后的电子学校系统 E-R 模型如图 2.4 所示。

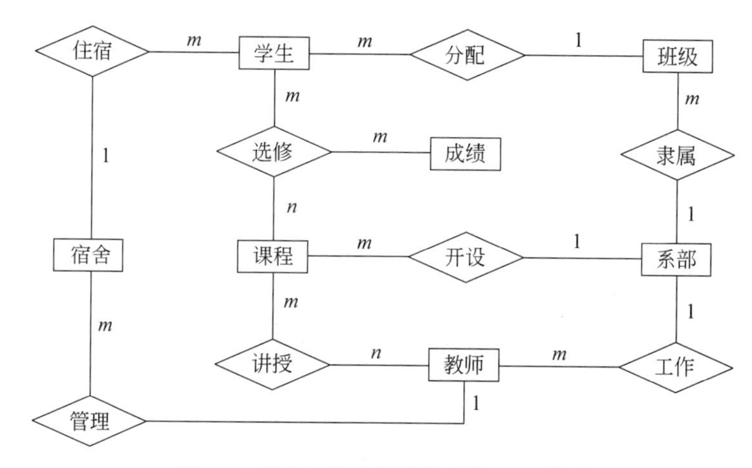

图 2.4　优化后的电子学校系统 E-R 模型

任务 2.3　逻辑结构设计

任务说明：关系模型是由二维表、行、列、主键和外键等部分构成；关系模型允许定义实体完整性、参照完整性，以及用户定义的完整性约束；关系模式的规范化主要有第一范式、第二范式、第三范式、BC 范式、第四范式等。

2.3.1 关系模型构成与特点

数据库的逻辑结构设计就是把概念结构设计阶段设计好的基本 E-R 图，转换为与选用的数据库管理系统产品所支持的数据模型相符合的逻辑结构。逻辑结构是独立于任何一种数据模型的，在实际应用中，一般所用的数据库环境已经给定（如 SQL Server、Oracle 或 MySQL）。由于目前使用的数据库基本上都是关系数据库，因此首先需要将 E-R 图转换为关系模型，然后根据具体数据库管理系统的特点和限制转换为指定数据库管理系统支持下的数据模型，最后进行优化。

关系模型使用的存储结构是多个二维表格，即反映事物及其联系的数据描述是以平面表格形式体现的。

在关系模型中，基本数据结构就是二维表，不用像网状模型和层次模型那样的链接指针。记录之间的联系是通过不同关系中同名属性来体现的。关系模型中的各个关系模式不应是孤立的，也不是随意拼凑的一堆二维表，它的构成和特点如下。

(1) 数据表通常是一个由行和列组成的二维表，它说明数据库中某一特定方面或特定部分的对象和属性。

(2) 数据表中的行通常叫作记录或元组，它代表具有相同属性的对象中的一个。

(3) 数据表的列通常叫作字段或属性，它代表相应数据库中存储对象共有的属性。

(4) 主键和外键。数据表之间的关系实际上是通过键(Key)实现的。所谓的“键”，是指数据表的一个字段。键有超键、候选键、主键(Primary Key)和外键(Foreign Key)，其中主键和外键在数据表连接的过程中起着重要的作用。

在关系中能唯一标识元组的属性集称为关系模式的超键。

不含有多余属性的超键称为候选键。也就是在候选键中，若再删除属性，就不是键了。

主键是数据表中具有唯一性的字段，也就是说，数据表中任意两条记录都不可能拥有相同的主键字段。通常可以选任意一个候选键作为主键。

外键将被其所在的数据表使用以连接到其他数据表，但该外键字段在其他数据表中将作为主键字段出现。

(5) 一个关系表必须符合如下某些特定条件，才能成为关系模型的一部分。

① 存储在单元中的数据必须是原始的，每个单元只能存储一条数据。

② 存储在列下的数据必须具有相同的数据类型；列没有顺序，但有一个唯一的名称。

③ 每行数据是唯一的；行没有顺序。

④ 主键不能为空。

⑤ 如果有外键，外键也不能为空。

2.3.2 关系数据完整性与规范化操作

1. 数据完整性

关系模型允许定义 3 类数据约束，它们是实体完整性、参照完整性以及用户定义完整性约束，其中前 2 种完整性约束由关系数据库系统自动支持。

(1) 实体完整性约束要求关系的主键中属性值不能为空，这是数据库完整性的最基本要求，因为主键是唯一决定元组的，如为空则会破坏其唯一性。例如，若属性 A 是基本关系 R 的主属性，则属性 A 不能取空值。

例如，在课程表（课程号，课程名，教师，周课时数，备注）中，“课程号”属性为主键，则“课程号”不能取相同的值，也不能取空值。

（2）参照完整性约束是关系之间相关联的基本约束，它不允许关系引用不存在的元组，也就是说在关系中的外键要么是所关联关系中实际存在的元组，要么是空值。

例如，职工（职工号，姓名，性别，部门号，上司，工资，佣金）、部门（部门号，名称，地点）中，职工号是“职工”关系的主键，部门号是外键，而“部门”关系中部门号是主键，则职工关系中的每个元组的部门号属性只能取两类值。第一类：空值，表示尚未给该职工分配部门；第二类：非空值，但该值必须是部门关系中某个元组的部门号值，表示该职工不可能分配到一个不存在的部门中，即被参照关系“部门”中一定存在一个元组，它的主键值等于该参照关系“职工”中的外键值。

（3）用户定义完整性是针对具体数据环境与应用环境由用户具体设置的约束，涉及数据库中的数据必须满足的约束条件。如约定学生成绩的数据必须小于或等于 100 等。

2. 关系模式的规范化

关系数据库中的关系必须满足一定的规范化要求，对于不同的规范化程度可用范式来衡量。范式是符合某一种级别的关系模式的集合，是衡量关系模式规范化程度的标准，达到的关系才是规范化的。

范式的概念最早是由 E. F. Codd 提出的。1971—1972 年期间，他先后提出了 1NF、2NF、3NF 的概念，1974 年，他又和 Boyee 共同提出了 BCNF 的概念，1976 年 Fagin 提出了 4NF 的概念，后来又有人提出了 5NF 的概念。在这些范式中，最重要的是 3NF 和 BCNF，它们是进行规范化的主要目标。一个低一级范式的关系模式，通过模式分解可以转换为若干个高一级范式的关系模式的集合，这个过程称为规范化。实际上，关系模式的规范化主要解决的问题是关系中数据冗余及由此产生的操作异常。而从函数依赖的观点来看，即是消除关系模式中产生数据冗余的函数依赖。

目前主要有 6 种范式：第一范式、第二范式、第三范式、BC 范式、第四范式和第五范式。

满足最低要求的叫第一范式，简称为 1NF。在第一范式的基础上进一步满足一些要求的为第二范式，简称为 2NF。其余以此类推。显然各种范式之间存在联系。$1NF \supset 2NF \supset 3NF \supset BCNF \supset 4NF \supset 5NF$，通常把某一关系模式 R 为第 n 范式简记为 $R \in n$NF。

1）第一范式（1NF）

如果关系模式 R 中每个属性值都是一个不可分解的数据项，则称该关系模式满足第一范式（First Normal Form，1NF），记为 $R \in 1NF$。第一范式规定了一个关系中的属性值必须是“原子”的，它排斥了属性值为元组、数组或某种复合数据的可能性，使得关系数据库中所有关系的属性值都是“最简形式”，这样要求的意义在于可能做到起始结构简单，为以后复杂情形讨论带来方便。一般而言，每一个关系模式都必须满足 1NF，1NF 是对关系模式的基本要求。

2）第二范式(2NF)

如果一个关系模式 $R\in 1NF$，且它的所有非主属性都完全函数依赖于 R 的任一候选键，则 $R\in 2NF$。

3）第三范式(3NF)

如果一个关系模式 $R\in 2NF$，且所有非主属性都不传递函数依赖于任何候选键，则 $R\in 3NF$。

4）BC 范式(BCNF)

如果关系模式 $R\in 1NF$，对任何非平凡的函数依赖 $X\rightarrow Y$，X 均包含码，则 $R\in BCNF$。BCNF 是从 1NF 直接定义而成的，可以证明，如果 $R\in BCNF$，则 $R\in 3NF$。

由 BCNF 的定义可以看到，每个 BCNF 的关系模式都具有如下 3 个性质。

(1) 所有非主属性都完全函数依赖于每个候选键。

(2) 所有主属性都完全函数依赖于每个不包含它的候选键。

(3) 没有任何属性完全函数依赖于非码的任何一组属性。

规范化的基本思想是逐步消除数据依赖中不适合的部分，使各关系模式达到某种程度的“分离”，即“一事一地”的模式设计原则。尽量让一个关系描述一个概念、一个实体或一种联系。若有多于一个概念的，就把它“分解”出去。因此，所谓规范化实质上是概念的单一化。

5）第四范式(4NF)

如果一个关系模式 $R\in BCNF$，且不存在多值依赖，则 $R\in 4NF$。

6）第五范式(5NF)

如果一个关系模式 R 中的每一个连接依赖均由 R 的候选键所隐含，则 $R\in 5NF$。

2.3.3 电子学校系统 E-R 模型转换成关系模型

实体集转换的规则：概念模型中的一个实体集转换为关系模型中的一个关系，实体的属性就是关系的属性，实体的码就是关系的码，关系的结构就是关系模式。

E-R 模型中的主要成分是实体类型和联系类型，对于 E-R 模型向关系模型的转换，可以按下面的说明进行：将每个实体类型转换成一个关系模式，实体的属性即为关系模式的属性，实体标识符即为关系模式的键。

对于联系类型，就要视 1∶1、1∶N 和 M∶N 三种不同的情况做不同的处理。

(1) 若实体间的联系是 1∶1 的，当两个实体类型转换成两个关系模式时，可以在其中任意一个关系模式的属性中加入另一个关系模式的键和联系类型的属性。

例如，班级和班长间存在 1∶1 的联系，即一个班级只有一个班长，一个班长也只负责一个班级的管理。

其关系模式设计如下。

① 班级模式(班级编号，班级名称，班级人数，班长)

② 班长模式(姓名，年龄，性别，政治面貌，出生年月)

(2) 若实体间的联系是 1∶N 的，则在 N 端实体类型转换成的关系模式中加入 1 端实体类型转换成的关系模式的键和联系类型的属性。

例如，教师和系部的关系存在 1∶N，即一个系部会有多名教师，转换成关系模式如下。

① 教师(教师编号，教师姓名，职称，所在系部编号，参加工作时间)

② 系部(系部编号，系部名称)

(3) 若实体间的联系是 M∶N 的，则将联系类型也转换成关系模式，其属性为两端实体类型的键加上联系类型的属性，而键为两端实体键的组合。

例如，学生与课程的成绩关系存在 M∶N，转换成关系模式如下。

① 学生(学号，姓名，性别，政治面貌，出生年月)

② 课程(课程编号，课程名称，课程学分，课程性质)

③ 成绩关系(学号，课程编号，考试成绩)

除将 E-R 模型转换为关系模型，常用的数据模型还有层次模型和网状模型，无论是采用哪种数据模型，都是先将 E-R 模型形成数据库逻辑模式，再根据用户处理的要求、安全性的考虑在基本表的基础上建立必要的视图，形成数据的外模式。

对于电子学校系统的关系模型，除上面提及的学生、教师、课程、系部、成绩、班级关系模式外，还有宿舍模式、教师管理宿舍的关系模式、班级与系部的隶属关系模式、学生与宿舍的住宿模式等。

2.3.4 电子学校系统关系模型规范化

电子学校系统中实体集转换为关系模型的关系，包括以下关系模式，其中实体的码转换为关系的码，也就是关系的键，在关系模式中所有的码都标注下画线，其中 1∶1 和 1∶N 的联系类型不用新增关系模式，全部在已有的关系模式中体现。

(1) 学生(**学号**，姓名，性别，政治面貌，出生年月，身份证号，家庭住址)

对于课程关系模式，假设每门课程只有一名教师承担教学任务，则可以在课程模式中加入任课教师编号。

(2) 课程(**课程编号**，课程名称，**任课教师编号**，课程学分，课程性质)

对于教师与系部的关系，由于一个教师只能在一个系部工作，因此将系部编号也添加到教师模式中。

(3) 教师(**教师编号**，教师姓名，职称，**所在系部编号**，参加工作时间，聘任岗位，研究域)

(4) 系部(**系部编号**，系部名称，系部主任，办公电话，办公室)

(5) 班级(**班级编号**，班级名称，专业编号，**所在系部编号**，班级人数，班长，班主任，入学年份)

在班级模式中的班长和班主任，也可以将学生和教师模式中的学号和教师编号引入过来，因为班长和班主任的信息是通过学生和教师实体来体现的。

(6) 宿舍(宿舍楼编号，**房间编号**，**学号**，床位号)

电子学校系统中实体间多对多的联系类型需要新增以下关系模式。

学生的成绩，涉及课程和学生两个实体，它们的关系是多对多的关系，必须通过新的成绩关系模来表示：

成绩关系（**学号**，**课程编号**，考试成绩，考试时间，考试地点）

通过上述对电子学校系统关系模型的规范化，就把电子学校系统 E-R 模型中涉及的主要实体集和联系类型转换为了关系模型。

如果要使电子学校系统的功能更加强大，数据库将来的可扩展性更强，还可以加入教师与宿舍的管理关系模型、系部与课程的开设关系模型，以及新加入专业、宿舍楼等实体及相关联的其他联系类型。

任务 2.4　物理结构设计

任务说明：物理结构依赖于给定的数据库管理系统和硬件系统，根据 MySQL 数据库管理系统的内部特征确定电子学校系统数据库存储结构，记录是数据的基本存储单位，数据都存放在表中，一个数据库中有多张表。

2.4.1　选择数据库存取方法

对于一个给定的逻辑数据模型，选取一个最适合应用环境的物理结构的过程，称为数据库的物理设计。所谓数据库的物理结构，主要指数据库在物理设备上的存储结构和存取方法。当然，它是完全依赖给定的计算机系统的。

在物理结构中，数据的基本单位是存储记录。存储记录是相关数据项的集合。一个存储记录可以与一个或多个逻辑记录对应。在存储记录中，还应包括必要的指针，记录长度及描述特性的编码模式。也就是说，为了包含实际的存储格式，存储记录扩充了逻辑记录的概念。

物理结构依赖于给定的数据库管理系统和硬件系统，因此设计人员必须充分了解所用数据库管理系统的内部特征、存储结构、存取方法。数据库的物理设计通常分为两步：第一，确定数据库的物理结构；第二，评价实施空间效率和时间效率。

确定数据库的物理结构包含以下 4 方面内容。

（1）确定数据的存储结构。

（2）设计数据的存取路径。

（3）确定数据的存放位置。

（4）确定系统配置。

数据库物理设计过程中需要对时间效率、空间效率、维护代价和各种用户要求进行权衡，选择一个优化方案作为数据库物理结构。在数据库物理设计中，最有效的方式是集中地存储和检索对象。

对于关系数据库（如 MySQL、SQL Server、Oracle 等）来说，通常都是在一台数据库服务器中创建很多数据库（每个项目至少会创建一个数据库），在数据库中会创建很多张表（每个实体会创建一张表），在表中会有很多记录（一个对象的实例会添加一条新的记录）。

2.4.2 确定数据库存储结构

电子学校系统数据存储结构

设计数据库存储结构，主要包括记录的组成、数据项的类型和长度，以及逻辑记录到存储记录的映射。

根据前面的需求分析、概念结构设计、逻辑结构设计，我们可以将电子学校系统的数据存储表结构设计为表2.1～表2.7所示。

表2.1 学生信息表(student)

字段名	类型	长度/b	主键	允许空
stu_no	char	12	y	n
stu_name	char	20	n	n
stu_sex	char	2	n	n
stu_politicalstatus	varchar	20	n	y
stu_birthday	date	默认	n	n
stu_identitycard	varchar	8	n	n
stu_speciality	varchar	40	n	n
stu_address	varchar	50	n	y
stu_postcode	char	6	n	y
stu_telephone	varchar	18	n	n
stu_email	varchar	30	n	n
stu_resume	text	默认	n	y
stu_poor	tinyint	1	n	n
stu_enterscore	float	默认	n	n
stu_fee	int	11	n	n
stu_photo	blob	默认	n	y

表2.2 教师信息表(teacher)

字段名	类型	长度/b	主键	允许空
tea_no	char	12	y	n
tea_name	char	20	n	n
tea_profession	char	10	n	n
tea_department	varchar	12	n	n
tea_worktime	datetime	默认	n	n
tea_appointment	varchar	50	n	n
tea_research	varchar	80	n	n

表 2.3　课程信息表(course)

字 段 名	类 型	长度/b	主 键	允 许 空
cou_no	char	8	y	n
cou_name	char	20	n	n
cou_teacher	char	12	n	n
cou_credit	decimal(3,1)	默认	n	n
cou_type	varchar	20	n	n
cou_term	tinyint	4	n	n
cou_introduction	text	默认	n	y

表 2.4　系部信息表(department)

字 段 名	类 型	长度/b	主 键	允 许 空
dep_no	char	12	y	n
dep_name	char	30	n	n
dep_head	char	10	n	y
dep_phone	char	12	n	y
dep_office	varchar	30	n	y

表 2.5　班级信息表(class)

字 段 名	类 型	长度/b	主 键	允 许 空
class_id	char	15	y	n
class_name	varchar	30	n	n
class_num	int	11	n	n
class_monitor	char	15	n	y
class_teacher	char	12	n	y
class_enteryear	datetime	默认	n	n

表 2.6　宿舍信息表(dormitory)

字 段 名	类 型	长度/b	主 键	允 许 空
dor_serialid	char	15	y	n
dor_floorid	char	15	n	n
dor_roomid	char	15	n	n
dor_bedid	char	3	n	n
dor_stuid	char	12	n	n

表 2.7 成绩信息表(grade)

字 段 名	类 型	长度/b	外 键	允 许 空
gra_stuid	char	12	y	n
gra_couno	char	8	y	n
gra_score	float	默认	n	n
gra_time	datetime	默认	n	n
gra_classroom	varchar	30	n	n

任务 2.5 数据库系统的实施、运行与维护

任务说明：数据库实施的步骤包括定义数据库结构，数据的转入和应用程序的编码与调试。数据库运行与维护的主要工作从对数据库性能的监测、数据库的备份和恢复、维护数据库的安全性和完整性，以及数据库的重组和重构等方面进行。

2.5.1 数据库系统的实施

在完成数据库的概念设计、逻辑设计和物理设计之后，需要在此基础上实现设计，进入数据库实施阶段。

数据库的实施一般包括以下几个步骤。

1. 定义数据库结构

在确定数据库的逻辑结构和物理结构之后，接着就要使用所选定数据库管理系统提供的各种工具来建立数据库结构。当数据库结构建立好后，就可以开始运行数据库管理系统提供的数据操纵语言及其宿主语言编写数据库的应用程序。

2. 数据的载入

数据库结构建立之后，可以向数据库中装载数据。组织数据入库是数据库实施阶段的主要工作。来自于各部门的数据通常不符合系统的格式，需要对数据格式进行统一，同时还要保证数据的完整性和有效性。

3. 应用程序的编码与调试

数据库应用程序的设计应与数据库的设计同时进行。也就是说，编制与调试应用程序的同时，需要实现数据的入库。如果调试应用程序时，数据的入库尚未完成，可先使用模拟数据。

在将一部分数据加载到数据库后，就可以开始对数据库系统进行联合调试，这个过程又称为数据库试运行。这个阶段要实际运行数据库应用程序，执行对数据库的各种操作，

测试应用程序的功能是否满足设计要求。如果不满足数据库建设要求，则要对应用程序进行修改、调整，直到满足设计要求为止。此外，还要对系统的性能指标进行测试，分析其是否达到设计目标。

当应用程序开发与调试完毕后，就可以对原始数据进行采集、整理、转换及入库，并开始数据库的试运行。由于在数据库设计阶段，设计者对数据库的评价多是在简化了的环境条件下进行的，因此设计结果未必是最佳的。在试运行阶段，除了对应用程序做进一步的测试之外，重点执行对数据库的各种操作，实际测量系统的各种性能，检测是否达到设计要求。如果在数据库试运行时，所产生的实际结果不理想，则应回过头来修改物理结构，甚至修改逻辑结构。

2.5.2 数据库系统的运行与维护

数据库系统投入正式运行，意味着数据库的设计与开发阶段基本结束，运行与维护阶段开始。数据库的运行和维护是个长期的工作，是数据库设计工作的延续和提高。在数据库运行阶段，完成对数据库的日常维护，工作人员必须掌握 DBMS 的存储、控制和数据恢复等基本操作，而且要经常性地涉及物理数据库，甚至逻辑数据库的再设计。因此，数据库的维护工作仍然需要具有丰富经验的专业技术人员（主要是数据库管理员）来完成。

数据库的运行和维护阶段的主要任务是保证数据库系统安全、可靠且高效率地运行。数据库的运行除了 DBMS 与数据库外，还需要各种系统部件协同工作。首先必须有各种相应的应用程序；其次是各应用程序与 DBMS 都需要在操作系统的支持下工作。

数据库的运行和维护阶段的主要工作如下。

1. 对数据库性能的监控、分析和改善

数据库的监控分析：指管理员借助工具监控 DBMS 的运行情况，掌握系统当前或以往的负荷、配置、应用等信息，并分析监控数据的性能参数和环境信息，评估 DBMS 的整体运行状态。

（1）根据监控分析实现的不同，分为两种监控机制。

① 数据库系统建立的自动监控机制，由 DBMS 自动监控数据库的运行情况。

② 管理员手动实施的监控机制。

（2）根据监控对象不同，分为两种监控。

① 数据库架构体系的监控。监控空间基本信息、空间使用率与剩余空间大小等。

② 数据库性能监控。监控数据缓冲区命中率、库缓冲、用户锁、索引使用、等待事件等。

2. 数据库的备份和恢复

DBMS 通常会采用有效的措施来维护数据库的可靠性和完整性。但是在数据库的实际使用过程当中，仍存在一些不可预估的因素，造成数据库运行事务的异常中断，从而影响数据的正确性，甚至会破坏数据库，导致数据库中的数据部分或全部丢失。数据库系

统提供了备份和恢复策略来保证数据库中数据的可靠性和完整性。

3. 维持数据库的安全性和完整性

数据库的安全性是指保护数据库防止恶意的破坏和非法的存取。

数据库的完整性是指防止数据库中存在不符合语义的数据，防止错误信息的输入和输出，即所谓垃圾进垃圾出造成的无效操作和错误结果。

总之，数据库安全性措施的防范对象是非法用户和非法操作，数据库完整性措施的防范对象是不符合语义的数据。

4. 数据库的重组和重构

1）数据库的重组

人们使用数据库较长一段时间后，因为一些增加、删除、修改等操作，使得数据的分布索引及相关数据会变得比较凌乱，从而影响数据库的效率。数据库的重组是将数据库的相关信息重新组织，以提高数据库的效率。数据库的重组通常包括索引的重组、单表的重组和数据表空间的重组等。

重组是比较底层且比较费时的操作，在重组时会停止前端业务，把数据库中表的数据放到磁盘的空闲空间上，删除原有的表或索引，重建空的表或索引后，再把数据导入新表或索引中，这个过程无误即数据库重组成功。但也有导入数据失败的情况，所以数据库重组的风险也比较大。

2）数据库的重构

数据库的重构是对数据库模式的简单变更，在保持原有行为语义和信息语义的情况下改进数据库设计。简单理解为既不添加新功能也不减少原有功能，既不添加新数据也不改变原有数据的含义。

数据库模式包括结构（例如表和视图）和功能（例如触发器和存储过程）。重构要保持需求上的原有性，即从信息使用者的角度来讲数据库不能有所变动。重构主要包括结构重构、参照完整性重构、架构重构等。

重组和重构二者本质的区别是重组不涉及模式的变更，而重构是对模式的简单变更但保持原有需求不变。另外，重组不涉及任何代码重构，而对模式的变更却要求做相应的代码重构，以实现原有功能的不变。二者的联系是重构一定会重组，但重组不一定会重构。

拓展实训：电子商务网站数据库的需求分析与系统设计

1. 实训任务

完成电子商务网站数据库的需求分析和系统设计（注：本书以“电子商务网站数据库”为实训案例，如果没有特殊说明，该实训数据库贯穿本书始终）。

2. 实训目的

（1）掌握需求分析的任务和目标。

（2）掌握概念模型的设计步骤。

（3）掌握 E-R 图表示方法。

（4）掌握 E-R 模型转换为关系模型。

（5）掌握常用的数据库范式。

（6）掌握数据库表结构的设计方法。

3. 实训内容

1）需求分析

完成电子商务网站数据库需求分析后，描述出整个电子商务网站的功能。电子商务网站涉及的主要对象有消费者、供应商、商品以及订单等。其中供应商负责商品的供应和生产，消费者通过网站对要购买的商品下单，网站还应提供注册和登录功能。

2）概念结构设计

电子商务网站中涉及的主要实体有地域信息（如洲、国家）、供应商、商品、消费者、订单等。使用概念模型 E-R 图设计电子商务网站 E-R 模型。

3）逻辑结构设计

完成电子商务网站 E-R 模型到关系模型的转换。

4）物理结构设计

完成数据库和数据表结构的设计，参照的数据表信息如下。

（1）洲信息表（洲代码，洲名称，注释说明）。

（2）国家信息表（国家编号，国家名称，所属洲代码，注释说明）。

（3）供应商信息表（供应商编号，供应商名称，供应商地址，所在国家编号，供应商电话，账户余额，注释说明）。

（4）商品信息表（商品编号，商品名称，生产商编号，品牌名称，商品种类，规格大小，包装方式，零售价格，注释说明）。

（5）消费者信息表（消费者编号，消费者名称，消费者地址，所属国家编号，联系电话，消费者账户金额，所在市场分类，注释说明）。

（6）订单信息表（订单编号，消费者编号，订单状态，订单总价，订单日期，订单优先级，订单登记人员，送货优先级，注释说明）。

（7）订单详情信息表（订单详情编号，订单编号，商品编号，供应商编号，购买数量，扩展价格，折扣率，税费，返回状态，订单运输状态，订单提交时间，发货时间，收货时间，交付方式，送货方式，注释说明）。

本章小结

本章主要介绍数据库系统的设计，以电子学校系统为例，从需求分析、概念结构设计、逻辑结构设计和物理结构设计等方面详细讲解设计数据库的步骤和方法。在需求分析阶段讲解了 SA 方法中的数据流图，在概念结构设计阶段重点介绍 E-R 模型，在逻辑结构设计阶段详细讲解如何把 E-R 模型转换为关系模型。通过本章学习，使大家对数据库设计有较深入的了解和认识，为后面章节的学习奠定技术基础。

课后习题

1. 单选题

(1) 在众多分析和表达用户需求方法中，最常用的是(　　)方法。

A. DFD　　B. DD　　C. IDEF0　　D. SA

(2) (　　)不是DFD方法中的基本元素。

A. 数据流　　B. 处理　　C. 数据存储　　D. 控制流

(3) (　　)工作不属于需求分析阶段要完成的工作。

A. 调查、收集和分析用户数据管理中的信息需求、处理需求等

B. 制作局部的E-R图

C. 了解各部门的业务活动情况，调查各部门输入和使用什么数据

D. 了解组织机构的情况，调查这个组织由哪些部门组成

(4) 以下选项不是E-R图的基本构成要素的是(　　)。

A. 模型　　B. 实体　　C. 属性　　D. 联系

(5) 以下说明中错误的是(　　)。

A. 范式的概念最早是由E. F. Codd提出的

B. BCNF里所有非主属性都完全函数依赖于每个候选键

C. BCNF比4NF要求还要严格

D. 2NF中它的所有非主属性都完全依赖于任意一个候选键

2. 填空题

(1) 在结构化分析方法中，通过用________和________来描述系统。

(2) 数据字典由数据项、数据结构、________、________、处理过程和实体几个部分组成。

(3) E-R图中基本的组成成分有矩形框、________、________和________等。

(4) E-R模型向关系模型转换时，对于每个联系类型，要视________、________和________3种不同的情况进行不同的处理。

(5) 关系模型中的3类数据约束分别是实体完整性、________和________。

3. 简答题

(1) 简述需求分析的重要性。

(2) 简述关系模式的规范化有哪些。

(3) 简述数据库实施的步骤。

(4) 简述数据库重组和重构的区别及联系。

第 3 章　MySQL 的安装与启动

任务描述

在完成数据库需求分析和数据库设计之后，就可以把设计好的数据库存储结构体现在具体的数据库中，本任务将完成 MySQL 数据库的下载、安装、配置、启动和登录，以及通过命令行、图形化管理工具等方式登录 MySQL 服务器。

学习目标

（1）了解 MySQL 的特征与优势。
（2）了解 MySQL 的主要版本。
（3）了解 MySQL 常用的数据库管理工具。
（4）掌握 MySQL 安装包的下载和安装。
（5）掌握 MySQL 环境的配置。
（6）掌握 MySQL 服务器的启动与停止。
（7）掌握使用多种方式登录 MySQL 服务器。

学习导航

本任务主要讲解如何从 MySQL 官方网站下载 MySQL Community Server 社区版；如何在 Windows 平台上安装和配置 MySQL 服务器；安装成功后如何开启和停止 MySQL 服务；通过 Windows 命令行方式、MySQL command line client 方式和图形化管理工具登录 MySQL。准备开发环境学习导航如图 3.1 所示。

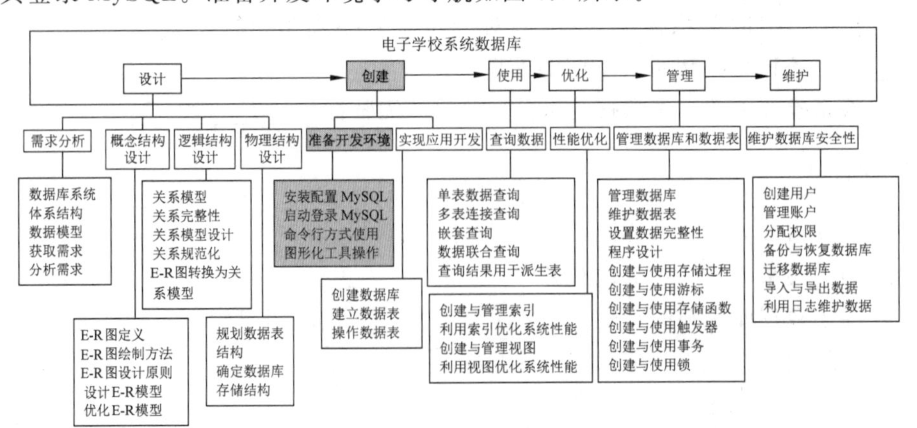

图 3.1　准备开发环境学习导航

任务3.1 MySQL简介

任务说明：对MySQL的特征和优势进行描述，介绍MySQL的主要版本，其中社区版本是最常用且是完全开源免费的；MySQL数据库管理工具有很多，常用的有phpMyAdmin、MySQLDumper、Navicat和SQLyog等。

3.1.1 MySQL的特征与优势

MySQL是一种开放源代码的关系数据库管理系统(RDBMS)，使用最常用的结构化查询语言进行数据库管理，任何人都可以在General Public License的许可下下载并根据个性化的需要对其进行修改。MySQL因为其速度、可靠性和适应性而备受关注。

它可以支持多种操作系统；它为多种编程语言提供了API接口，如C、C++、Python、Java、PHP、Ruby等；它支持多线程，可以充分利用CPU资源；使用优化的SQL查询算法，有效地提高查询速度；提供多语言支持，同时可以作为大型的数据库，可以处理拥有上千万条记录的大型数据库；与MS SQL Server、Oracle等数据库相比，它的体积小、速度快，同时它的总体拥有成本低，源码开放。基于以上这些特征，MySQL已经成为中大型网站和应用系统开发的首选数据库产品。

与其他的关系数据库相比，MySQL最大的优势就是它的体积较小、开源免费，同时跨平台支持性好。因此，它的使用范围越来越广。

3.1.2 MySQL的版本

目前MySQL的主要版本如下。

MySQL Community Server：社区版，开源免费，但不提供官方技术支持。

MySQL Enterprise Edition：企业版，需要付费，可以试用30天。

MySQL Cluster：集群版，开源免费。可将几个MySQL Server封装成一个Server，提供更加强大的功能。

MySQL Cluster CGE：高级集群版，需要付费。

MySQL Workbench(GUITOOL)：一款专为MySQL设计的数据库建模工具。它是著名的数据库设计工具DBDesigner4的继任者。MySQL Workbench又分为两个版本，分别是社区版(MySQL Workbench OSS)、商用版(MySQL Workbench SE)。

其中，MySQL Community Server是人们通常用的MySQL的版本，根据不同的操作系统平台细分为多个版本，主要有Windows和Linux两个版本。

3.1.3 MySQL的工具

MySQL的使用非常广泛，常用的MySQL数据库管理工具有很多，主要如下。

1. phpMyAdmin

phpMyAdmin 是一款 MySQL 维护工具,管理数据库非常方便。不过这款软件也有缺点,就是不方便大数据库的备份和恢复。

2. MySQLDumper

MySQLDumper 是使用 PHP 开发的 MySQL 备份恢复程序,解决了使用 PHP 进行大数据库备份和恢复的问题,数百兆字节的数据库都可以方便地备份恢复,不用担心网速太慢导致中断的问题,非常方便易用。这个软件是德国人开发的,还没有中文语言包。

3. Navicat

Navicat 和 MS SQL Server 的管理器很像,不仅简单,而且实用。它的用户界面图形化,用户使用以及管理起来更加轻松。这款软件不仅支持中文,还提供免费版本。

4. MySQL GUI Tools

MySQL GUI Tools 是一款图形化管理工具,功能非常强大,但是没有中文界面。

5. MySQL ODBC Connector

MySQL 官方提供的 ODBC 接口程序,系统安装这个程序之后,就可以通过 ODBC 来访问 MySQL,这样就可以实现 MS SQL Server、Access 和 MySQL 之间的数据转换,还可以支持 ASP 访问 MySQL 数据库。

6. SQL Lite Manger

SQL Lite Manger 是基于 Web 的开源应用程序,用于管理无服务器、零配置 SQL Lite 数据库。该程序用 PHP 写成,可以控制多个数据库。SQL Lite Manager 主要用来查询数据,将 MySQL 查询转化为兼容 SQL Lite 数据库,并能创建和编辑触发器。

7. SQLyog

SQLyog 是一个快速且简洁的 MySQL 数据库图形化管理工具,它能够在任何地点有效地管理数据库,由业界著名的 Webyog 公司出品。使用 SQLyog 可以快速直观地让你从世界的任何角落通过网络来维护远端的 MySQL 数据库。

任务 3.2 MySQL 的安装与配置

任务说明:主要介绍如何从 MySQL 官方网站下载适合自己需求的安装包;如何安装 MySQL,以及对 MySQL 的环境进行配置和更改。

3.2.1 MySQL 安装包的下载

MySQL 安装包的下载

由于 MySQL 针对个人用户和商业用户提供不同版本的产品，其中社区版是供个人用户免费下载的开源数据库，而对于商业用户，有标准版、企业版、集群版等供选择，以满足特殊的商业和技术需求。

个人用户可以登录 MySQL 官方网站的 Downloads 页面直接下载相应的版本，将页面滚动到底部，如图 3.2 所示。

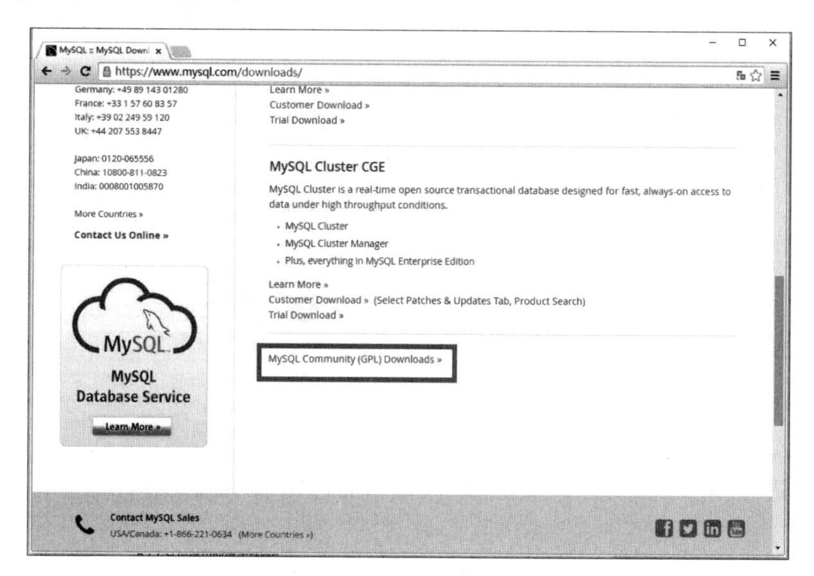

图 3.2　MySQL Downloads 页面

单击 MySQL Community(GPL) Downloads 超链接，进入如图 3.3 所示的页面。

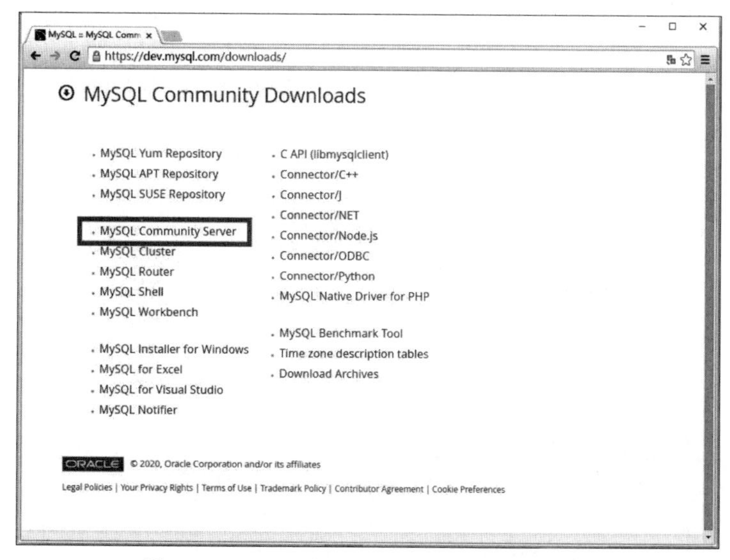

图 3.3　MySQL Community Downloads 页面

单击 MySQL Community Server 超链接，进入 MySQL Community Server 页面，如图 3.4 所示。

图 3.4　MySQL Community Server 页面

本书以针对 Windows 操作系统的 MySQL Server 为例介绍。单击 Go to Download Page 按钮，进入如图 3.5 所示的页面，根据自己的操作系统选择适合的安装文件。单击 Download 按钮后，开始下载。

图 3.5　MySQL Installer 页面

3.2.2 MySQL 的安装

MySQL 的安装

下载成功后会得到一个扩展名为 msi 的安装文件,双击该文件可以进行 MySQL 服务器的安装。本书以 5.5.43 版本为例进行安装,具体安装步骤如下。

(1) 双击 msi 安装包文件,在打开的安装向导界面中单击 Next 按钮,打开 End-User License Agreement 对话框,询问是否接受协议,这里选中 I accept the terms in the License Agreement 复选框,接受协议,如图 3.6 所示。

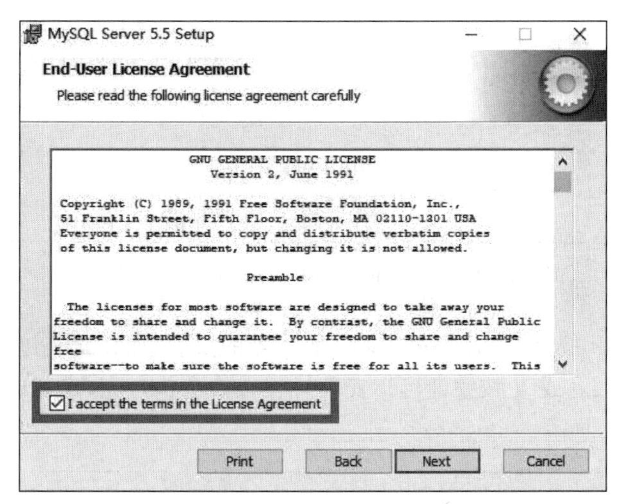

图 3.6 End-User License Agreement 对话框

(2) 单击 Next 按钮,打开 Choose Setup Type 对话框,该对话框中包括典型安装(Typical)、用户自定义安装(Custom)和完全安装(Complete)3 种安装类型,这里选择 Typical,如图 3.7 所示。

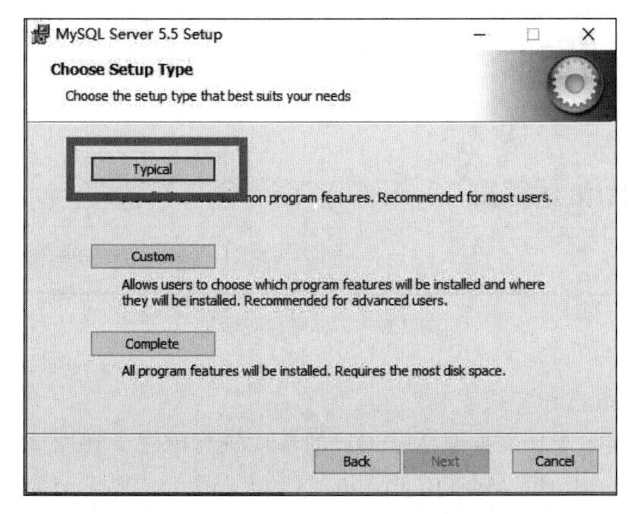

图 3.7 Choose Setup Type 对话框

（3）单击 Next 按钮，将打开如图 3.8 所示的 Ready to install MySQL Server 5.5 对话框。

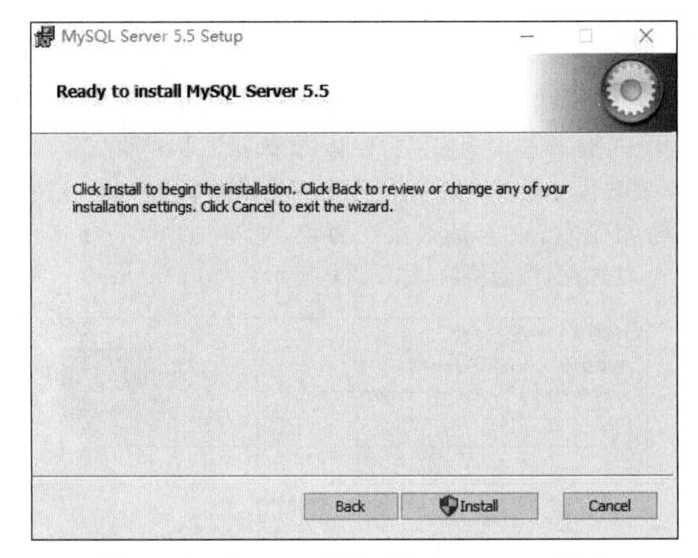

图 3.8　Ready to install MySQL Server 5.5 对话框

（4）单击 Install 按钮，将开始 MySQL 服务器的安装，如在安装过程中出现其他对话框或提示，均单击 Next 或 Y 按钮即可。安装过程很快会执行完，安装成功后出现如图 3.9 所示的对话框。

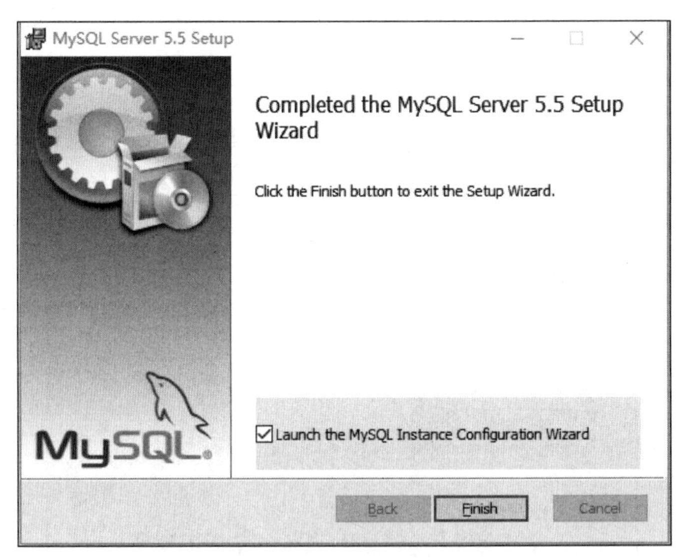

图 3.9　安装完成对话框

（5）单击 Finish 按钮完成安装。

安装成功后，接下来还需要对 MySQL 的环境进行配置。在图 3.9 安装完成的对话框中，默认选择 Launch the MySQL Instance Configuration Wizard 复选框将开启环境配置的操作界面。

3.2.3 MySQL 环境的配置

(1) 单击图 3.9 中的 Finish 按钮后,将默认开启如图 3.10 所示的 MySQL Server Instance Configuration Wizard 对话框。

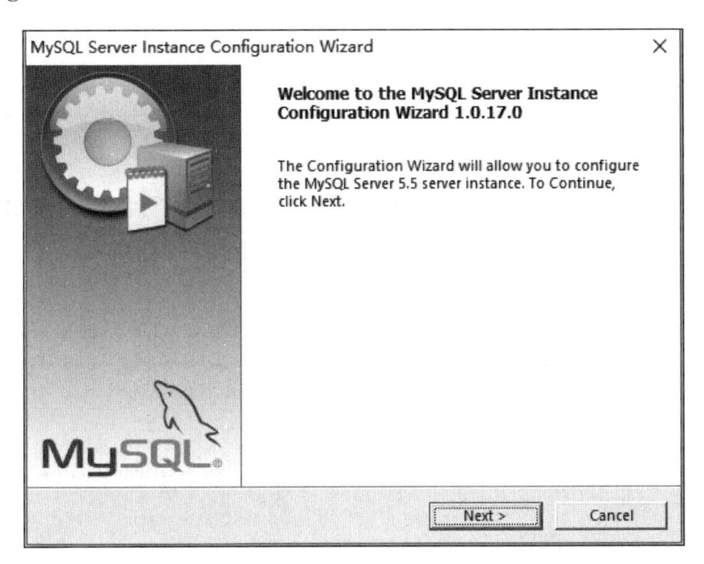

图 3.10　MySQL Server Instance Configuration Wizard 对话框

(2) 单击 Next 按钮后,出现如图 3.11 所示的 configuration type 对话框。

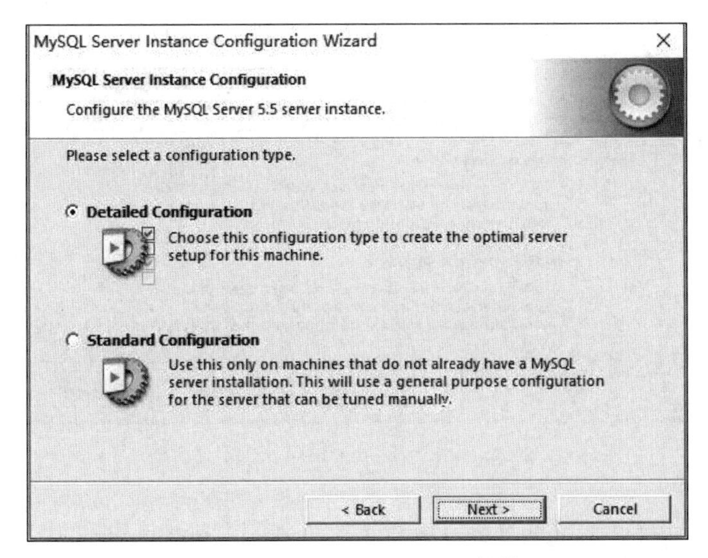

图 3.11　configuration type 对话框

(3) 选中 Detailed Configuration 单选按钮,单击 Next 按钮后,出现如图 3.12 所示的 select a server type 对话框。

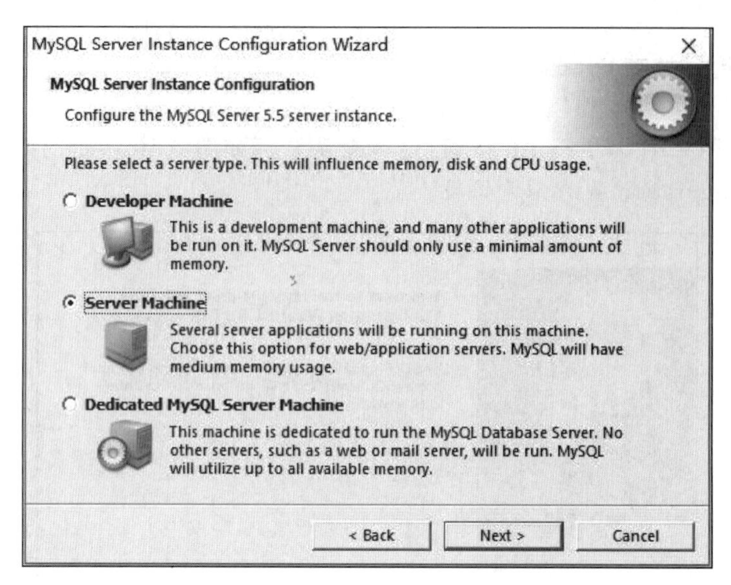

图 3.12　select a server type 对话框

（4）选中 Server Machine 单选按钮，单击 Next 按钮后，出现如图 3.13 所示 select the database usage 对话框。

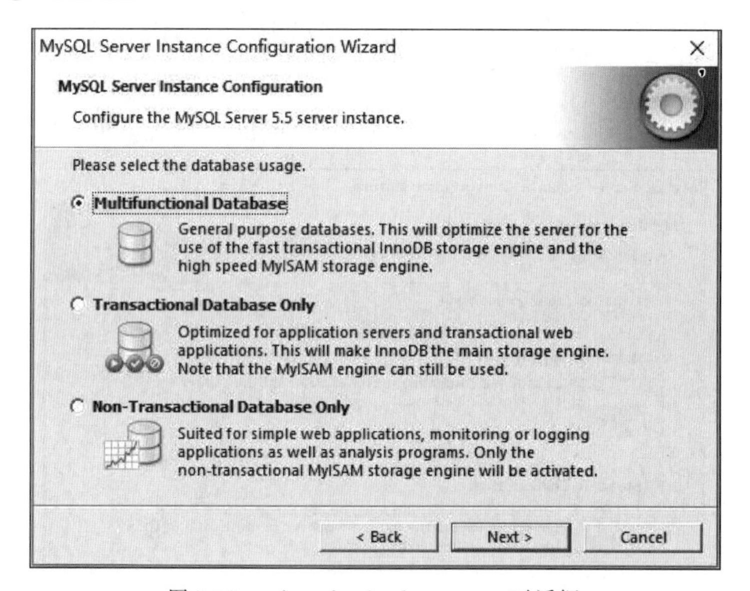

图 3.13　select the database usage 对话框

（5）选中 Multifunctional Database 单选按钮，单击 Next 按钮后，出现如图 3.14 所示的对话框。

（6）单击 Next 按钮后，接下来几步全部选用默认的配置，直至图 3.15。MySQL 默认的端口号是 3306，并允许防火墙通过。

（7）继续单击 Next 按钮后，出现如图 3.16 所示的 set the Windows options 对话框。

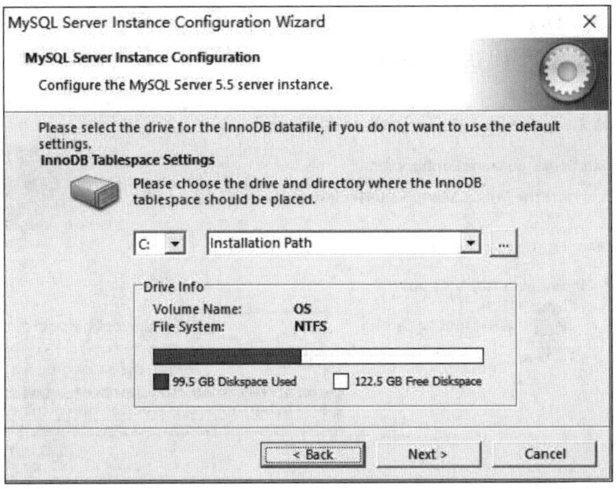

图 3.14　设置数据表空间

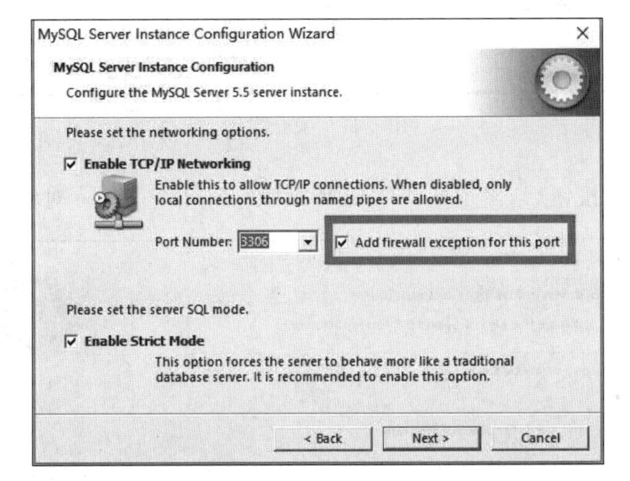

图 3.15　网络配置

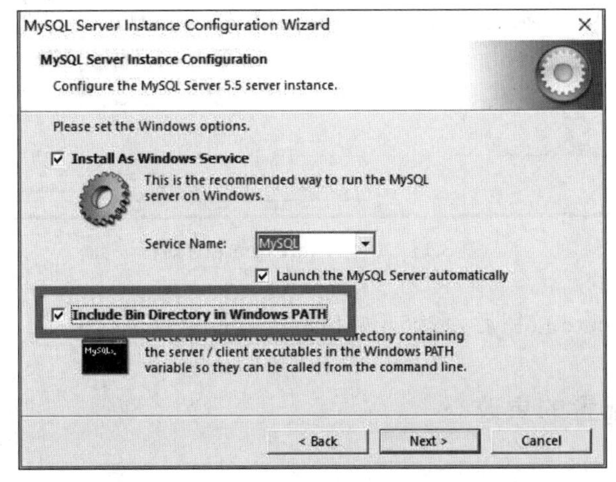

图 3.16　set the Windows options 对话框

(8) 单击 Next 按钮后,出现图 3.17 所示安全设置界面,可以为 root 用户设置一个密码,并允许 root 用户通过远程进行访问。

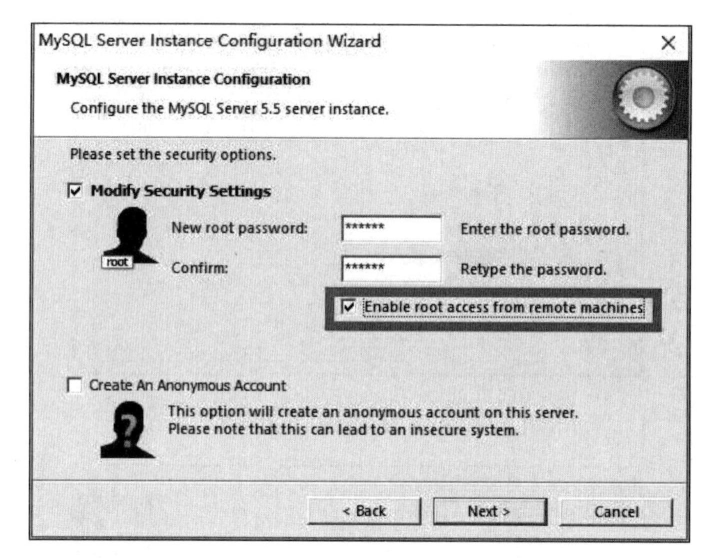

图 3.17　安全设置

(9) 单击 Next 按钮后,出现如图 3.18 所示 Ready to execute 对话框。

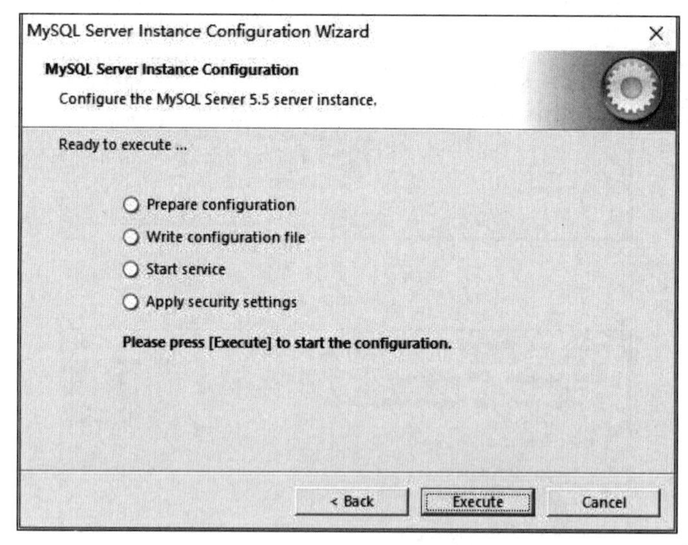

图 3.18　Ready to execute 对话框

(10) 单击 Execute 按钮后,系统开始执行配置过程直至结束。

3.2.4　MySQL 配置的更改

如果要对 MySQL 的配置进行更改,可以到 MySQL 的安装目录,通常为 C:\

Program Files (x86)\MySQL\MySQL Server 5.5 目录下，用记事本打开 my.ini 文件来修改 MySQL 的常用环境设置。由于权限问题，如果是在 Windows 10 下，建议使用管理员权限先打开记事本，然后在记事本里打开 my.ini 文件。

配置文件里以 # 开头的全部是注释的信息，可以忽略掉，配置文件中主要的内容如下。

```
#客户端配置节点
[client]
#端口号
port=3306
#服务端配置节点
[mysql]
#默认的字符集是 uft8
default-character-set=utf8
[mysqld]
#The TCP/IP Port the MySQL Server will listen on
port=3306
#MySQL 的主目录
basedir="C:/Program Files (x86)/MySQL/MySQL Server 5.5/"
#数据保存的路径
datadir="C:/ProgramData/MySQL/MySQL Server 5.5/Data/"
#created and no character set is defined
character-set-server=utf8
#如果 MySQL 服务无法重启,可以将默认存储引擎调整为 MyISAM
#default-storage-engine=INNODB
default-storage-engine=MyISAM
#最大的连接数
max_connections=100
```

在实际项目应用时，通常会将 datadir 更改到数据盘符下，不使用默认路径。

任务 3.3 MySQL 的启动与登录

任务说明：完成 MySQL 服务的启动与停止，通过 Windows 命令行、MySQL command Line client 和图形化管理工具登录 MySQL 服务器。

3.3.1 MySQL 服务器的启动与停止

可以通过“开始|控制面板|服务”命令打开 Windows 服务管理器。在服务管理器列表中找到 MySQL 服务并右击，在弹出的快捷菜单中完成 MySQL 服务的各种操作（如启动、重新启动、停止、暂停和恢复等），如图 3.19 所示。

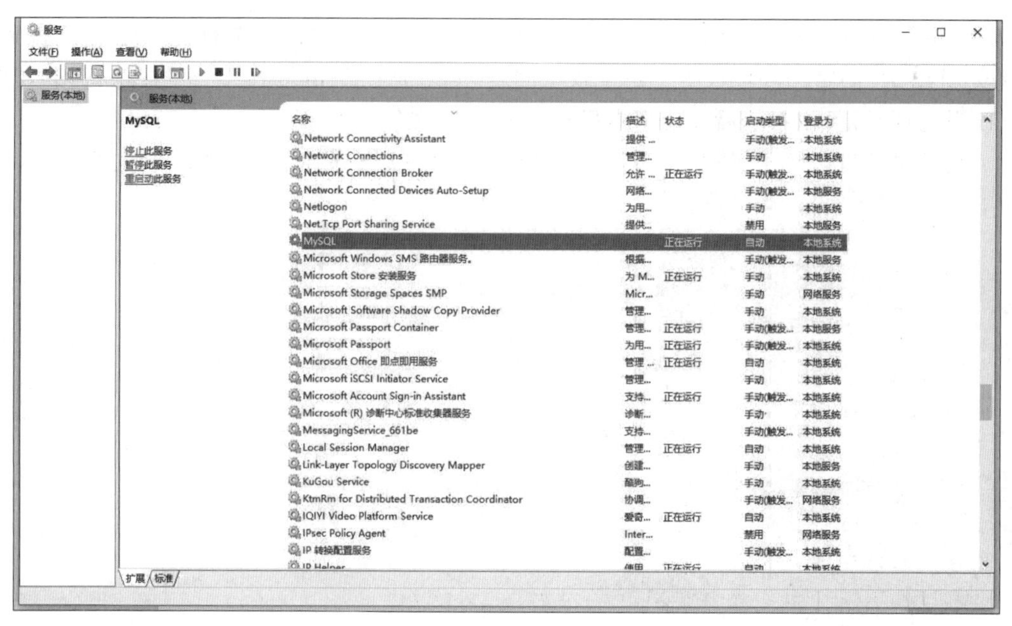

图 3.19　启动、停止 MySQL 服务器

3.3.2　以 Windows 命令行方式登录 MySQL 服务器

通过键盘上的 Win+R 键，打开“运行”窗口，然后输入 cmd，打开 Windows 命令提示符窗口（如果是 Windows 10 操作系统，需要使用管理员身份运行）。在窗口中输入“mysql -u 用户名-p 密码”后，回车即可登录 MySQL 服务器，默认的用户名为 root，登录成功后如图 3.20 所示。

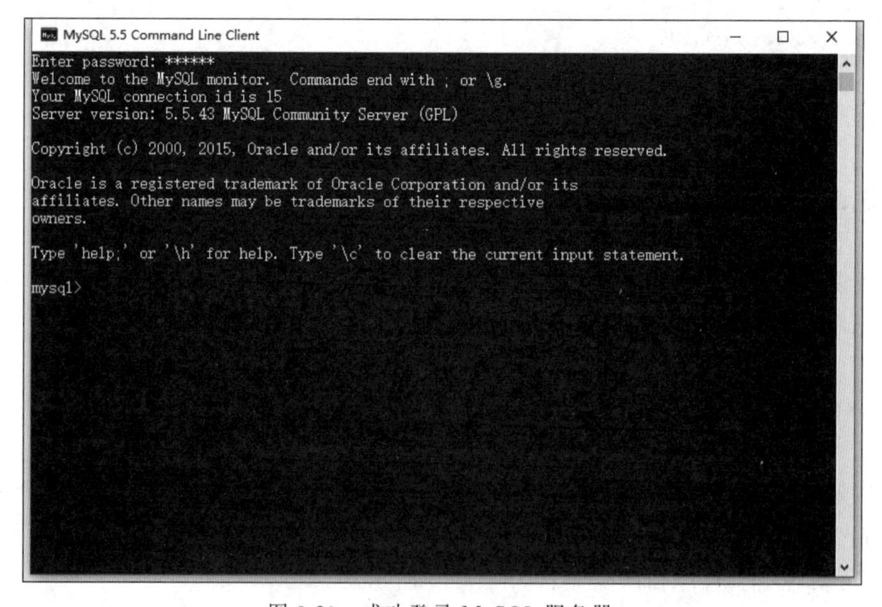

图 3.20　成功登录 MySQL 服务器

3.3.3 以 MySQL Command Line Client 方式登录 MySQL 服务器

选择“开始|MySQL|MySQL5.5 Command Line Client”命令，输入正确的 root 用户密码，若出现“mysql>”提示符，如图 3.21 所示，则表示正确登录了 MySQL 服务器。

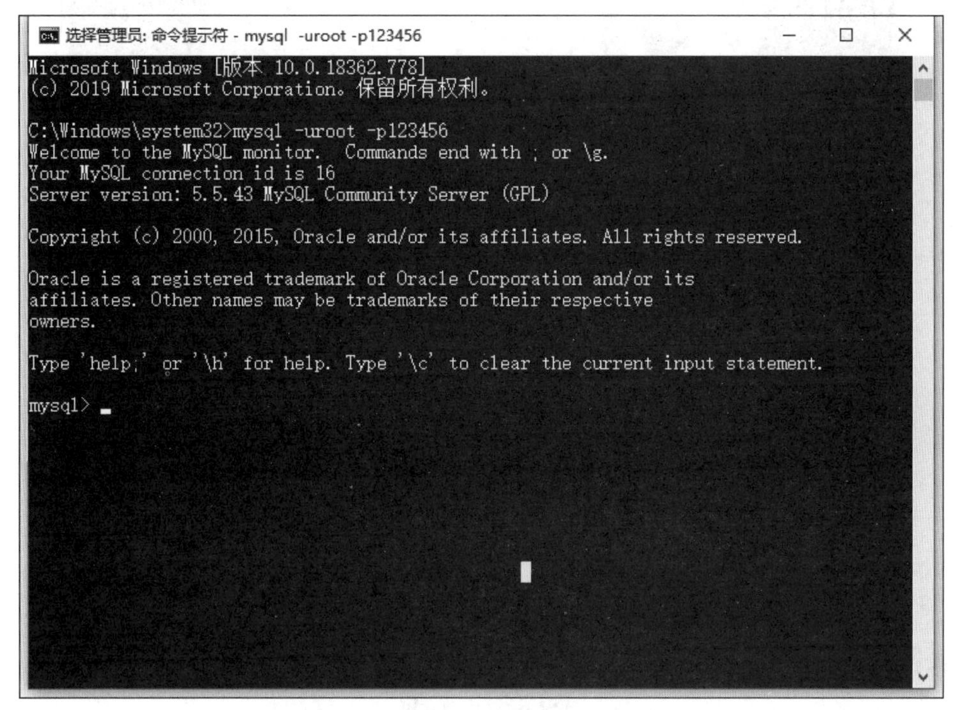

图 3.21 成功登录 MySQL 服务器窗口

3.3.4 使用 MySQL 常用图形化管理工具登录 MySQL 服务器

通过 SQLyog 连接 MySQL 服务器

MySQL 只提供命令行客户端(MySQL Command Line Client)管理工具用于数据库管理与维护，但是第三方提供的管理维护工具非常多，大部分都是图形化管理工具。图形化管理工具通过软件对数据库的数据进行操作，在操作时采用菜单方式进行，不需要熟练记忆操作命令。这里主要介绍 SQLyog 图形化管理工具如何连接 MySQL 数据库。

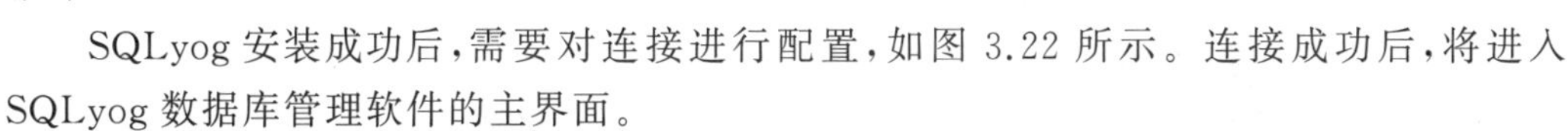

SQLyog 安装成功后，需要对连接进行配置，如图 3.22 所示。连接成功后，将进入 SQLyog 数据库管理软件的主界面。

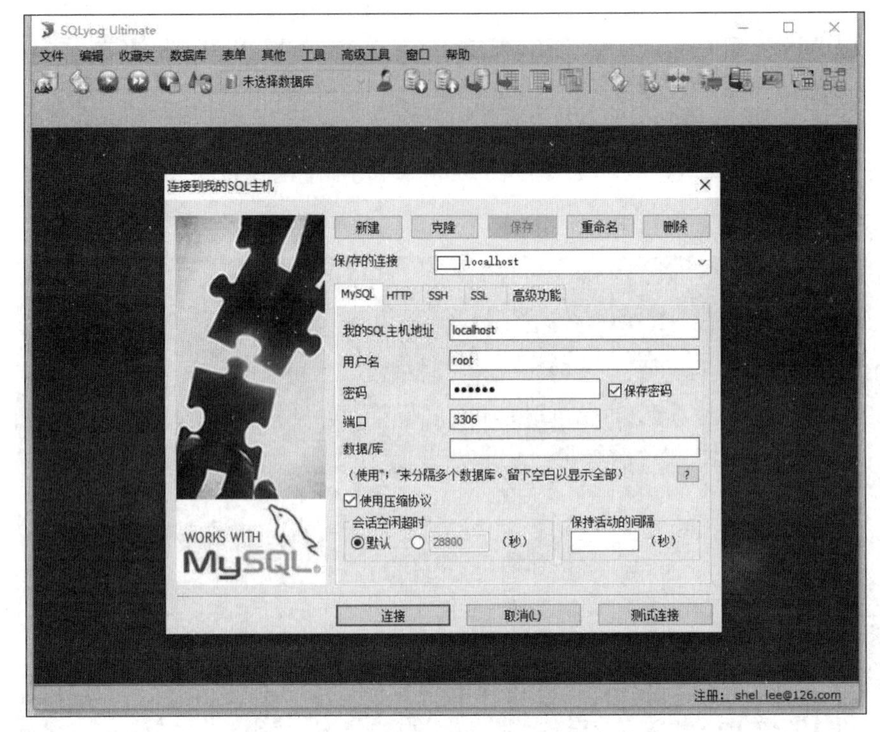

图 3.22　SQLyog 连接 MySQL 服务器

拓展实训：安装、配置与启动 MySQL Server 5.5 及 SQLyog 图形化工具

1. 实训任务

下载、安装、配置并启动 MySQL Server，安装 SQLyog 图形化工具，并使用 SQLyog 工具连接 MySQL 服务器。

2. 实训目的

（1）了解如何下载 MySQL 程序安装包。
（2）掌握如何安装 MySQL 服务器。
（3）掌握如何正确配置 MySQL 服务器。
（4）掌握如何启动与停止 MySQL 服务。
（5）掌握如何通过 Command Line Client 窗口连接服务器。
（6）掌握如何使用 SQLyog 图形化工具连接服务器。

3. 实训内容

（1）登录 MySQL 官方网站，下载合适的版本，安装 MySQL 服务器。

(2) 配置并测试安装的 MySQL 服务器。
(3) 用 MySQL 提供的 Command Line Client 窗口连接服务器。
(4) 安装 SQLyog 图形化工具。
(5) 使用 SQLyog 图形化工具连接服务器。
(6) 断开与服务器的连接。

本章小结

本章主要介绍 MySQL 的特征和优势;如何从 MySQL 官方网站下载适合的安装包并进行安装;安装成功后如何对 MySQL 进行配置;如何开启和停止 MySQL 服务;如何通过命令行和图形化界面工具连接 MySQL 服务器。

课后习题

简答题

(1) 简述 MySQL 的特征和优势。
(2) MySQL 的版本有哪些?
(3) 常用的 MySQL 管理工具有哪些?

第 4 章　创建与管理电子学校系统数据库

任务描述

数据库是指长期存储在计算机内，有组织的和可共享的数据集合。简而言之，数据库就是一个存储数据的地方，只是其存储方式有特定的规律，这样可以方便处理数据。数据库的操作包括创建数据库、修改数据库和删除数据库。这些操作都是数据库管理的基础。

学习目标

(1) 掌握数据库的创建。
(2) 掌握数据库的修改。
(3) 掌握数据库的删除。
(4) 了解数据库的存储引擎。

学习导航

本任务主要讲解数据库应用系统开发中数据库的建立技术。依据对数据库系统进行设计、创建、使用、优化、管理及维护这一操作流程，本任务属于对数据信息的创建阶段。学习如何根据数据库应用系统的功能需求，使用 CREATE、SHOW 等语句实现对数据库的建立及查看等操作，为数据库应用系统的开发与使用奠定坚实的基础。数据库操作学习导航如图 4.1 所示。

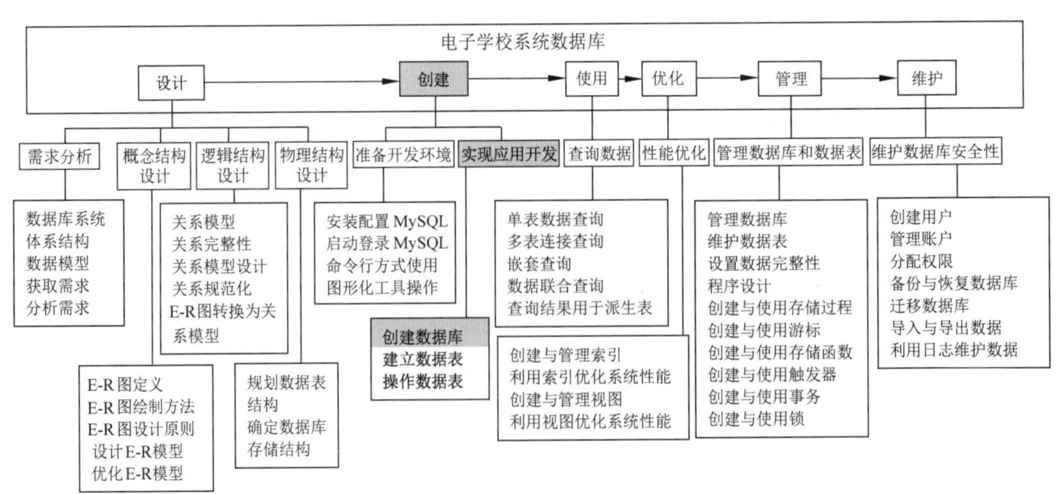

图 4.1　数据库操作学习导航

任务 4.1　创建数据库

任务说明：本节利用图形化管理工具和 SQL 语句，创建和维护电子学校系统数据库，并在创建数据库的同时指定字符集和校对规则。

4.1.1　MySQL 数据库概述

数据库是数据库对象的容器，数据库不仅可以存储数据，而且能够使数据存储和检索以安全可靠的方式进行，并以文件的形式存储在磁盘上。数据库对象是存储、管理和使用数据的不同结构形式。

MySQL 数据库主要分为系统数据库、示例数据库和用户数据库。

1. 系统数据库

系统数据库是指随安装程序一起安装，用于协助 MySQL 系统共同完成管理操作的数据库，它们是 MySQL 运行的基础。这些数据库中记录了一些必要的信息，用户不能直接修改这些系统数据库，也不能在系统数据库表上定义触发器。其中最重要的就是 MySQL 数据库，它是 MySQL 的核心数据库，记录了用户及其访问权限等 MySQL 所需的控制和管理信息。如果该数据库损坏，MySQL 将无法正常工作。

2. 示例数据库

示例数据库是系统为了让用户学习和理解 MySQL 而设计的。sakila 和 world 示例数据库是完整的示例，具有更接近实际的数据容量、复杂的结构和部件，可以用来展示 MySQL 的功能。

3. 用户数据库

用户经数据库设计后创建的数据库，如教师管理系统数据库、图书管理系统数据库等。

在 MySQL 的数据库中，表、视图、存储过程和索引等具体存储数据或对数据进行操作的实体都被称为数据库对象。下面介绍几种常用的数据库对象。

1）表

表是包含数据库中所有数据的数据库对象，由行和列组成，用于组织和存储数据。

2）字段

表中每列称为一个字段，字段具有自己的属性，如字段类型、字段大小等。其中，字段类型是字段最重要的属性，它决定了字段能够存储哪种数据。

SQL 规范支持 5 种基本字段类型：字符型、文本型、数值型、逻辑型和日期时间型。

3）索引

索引是一个单独的、物理的数据库结构。它是依赖于表建立的，在数据库中索引使数据库程序无须对整张表进行扫描,就可以在其中找到所需的数据。

4) 视图

视图是从一张或多张表中导出的表(也称虚拟表),是用户查看数据表中数据的一种方式。表中包括几个被定义的数据列与数据行,其结构和数据是建立在对表的查询基础之上。

5) 存储过程和触发器

存储过程和触发器是两个特殊的数据库对象。在 MySQL 中,存储过程的存在独立于表,而触发器则与表紧密结合。用户可以使用存储过程来完善应用程序,使应用程序的运行更加有效率;可以使用触发器来实现复杂的业务规则,更加有效地实施数据完整性。

6) 用户和角色

用户是对数据库有存取权限的使用者。角色是指一组数据库用户的集合。数据库中的用户可以根据需要添加,用户如果被加入到某一角色,则具有该角色的所有权限。

4.1.2 MySQL 常用字符集和校对规则

字符集是一套符号和编码的规则,不论是 Oracle 数据库还是 MySQL 数据库,都存在字符集的选择问题。如果在数据库创建阶段没有正确选择字符集,那么在后期可能需要更换字符集,而字符集的更换是代价比较高的操作,存在一定的风险。所以,我们推荐在应用开始阶段,就按照需求正确选择合适的字符集,避免后期不必要的调整。

MySQL 服务器支持多种字符集,用"SHOW CHARACTER SET;"命令可以查看所有 MySQL 支持的字符集,如图 4.2 所示。在同一台服务器、同一个数据库,甚至同一张表的不同字段都可以指定使用不同的字符集,相比 Oracle 等其他数据库管理系统在同一个数据库只能使用相同的字符集,MySQL 明显存在更大的灵活性。

MySQL 5.5 Command Line Client

mysql> SHOW CHARACTER SET;

Charset	Description	Default collation	Maxlen
big5	Big5 Traditional Chinese	big5_chinese_ci	2
dec8	DEC West European	dec8_swedish_ci	1
cp850	DOS West European	cp850_general_ci	1
hp8	HP West European	hp8_english_ci	1
koi8r	KOI8-R Relcom Russian	koi8r_general_ci	1
latin1	cp1252 West European	latin1_swedish_ci	1
latin2	ISO 8859-2 Central European	latin2_general_ci	1
swe7	7bit Swedish	swe7_swedish_ci	1
ascii	US ASCII	ascii_general_ci	1
ujis	EUC-JP Japanese	ujis_japanese_ci	3
sjis	Shift-JIS Japanese	sjis_japanese_ci	2
hebrew	ISO 8859-8 Hebrew	hebrew_general_ci	1
tis620	TIS620 Thai	tis620_thai_ci	1
euckr	EUC-KR Korean	euckr_korean_ci	2
koi8u	KOI8-U Ukrainian	koi8u_general_ci	1
gb2312	GB2312 Simplified Chinese	gb2312_chinese_ci	2
greek	ISO 8859-7 Greek	greek_general_ci	1
cp1250	Windows Central European	cp1250_general_ci	1
gbk	GBK Simplified Chinese	gbk_chinese_ci	2
latin5	ISO 8859-9 Turkish	latin5_turkish_ci	1

图 4.2 当前可用的字符集

MySQL 的字符集包括字符集(CHARACTER)和校对规则(COLLATION)两个概念。字符集用来定义 MySQL 存储字符串的方式,校对规则定义了比较字符串的方式。字符集和校对规则是一对多的关系,MySQL 支持 30 多种字符集的 70 多种校对规则。

每个字符集至少对应一个校对规则。可以用“SHOW COLLATION LIKE 'utf8%';”命令查看相关字符集的校对规则,如图 4.3 所示。

```
MySQL 5.5 Command Line Client
mysql> SHOW COLLATION LIKE 'utf8%';
+----------------------+---------+-----+---------+----------+---------+
| Collation            | Charset | Id  | Default | Compiled | Sortlen |
+----------------------+---------+-----+---------+----------+---------+
| utf8_general_ci      | utf8    |  33 | Yes     | Yes      |       1 |
| utf8_bin             | utf8    |  83 |         | Yes      |       1 |
| utf8_unicode_ci      | utf8    | 192 |         | Yes      |       8 |
| utf8_icelandic_ci    | utf8    | 193 |         | Yes      |       8 |
| utf8_latvian_ci      | utf8    | 194 |         | Yes      |       8 |
| utf8_romanian_ci     | utf8    | 195 |         | Yes      |       8 |
| utf8_slovenian_ci    | utf8    | 196 |         | Yes      |       8 |
| utf8_polish_ci       | utf8    | 197 |         | Yes      |       8 |
| utf8_estonian_ci     | utf8    | 198 |         | Yes      |       8 |
| utf8_spanish_ci      | utf8    | 199 |         | Yes      |       8 |
| utf8_swedish_ci      | utf8    | 200 |         | Yes      |       8 |
| utf8_turkish_ci      | utf8    | 201 |         | Yes      |       8 |
| utf8_czech_ci        | utf8    | 202 |         | Yes      |       8 |
| utf8_danish_ci       | utf8    | 203 |         | Yes      |       8 |
| utf8_lithuanian_ci   | utf8    | 204 |         | Yes      |       8 |
| utf8_slovak_ci       | utf8    | 205 |         | Yes      |       8 |
| utf8_spanish2_ci     | utf8    | 206 |         | Yes      |       8 |
| utf8_roman_ci        | utf8    | 207 |         | Yes      |       8 |
| utf8_persian_ci      | utf8    | 208 |         | Yes      |       8 |
| utf8_esperanto_ci    | utf8    | 209 |         | Yes      |       8 |
| utf8_hungarian_ci    | utf8    | 210 |         | Yes      |       8 |
```

图 4.3 以 utf8 开头的校对规则

图 4.3 中所示的校对规则不同,所代表的含义也不同。例如,utf8_general_ci 按照普通的字母排序,而且不区分大小写;utf8_bin 按照二进制排序(例如,A 排在 a 前面)。校对规则的特征如下。

(1) 两个不同的字符集不能有相同的校对规则。

(2) 每个字符集有一个默认校对规则,例如,utf8 默认校对规则是 utf8_general_ci。

(3) 存在校对规则命名约定,它们以其相关的字符集名开始,通常包含一个语言名,并且以_ci(大小写不敏感)、_cs(大小写敏感)、_bin(二元)结束。

4.1.3 使用图形化工具创建数据库

使用图形化工具创建数据库

现在主流的数据库管理系统都提供了图形用户界面管理数据库方式。同时也可以使用 SQL 语句进行数据库的管理。在 MySQL 中主要使用两种方法创建数据库:一是使用图形化管理工具 SQLyog 创建数据库,此方法简单、直观,以图形化方式完成数据库的创建和数据库属性的设置;二是使用 SQL 语句创建数据,此方法可以将创建数据库的脚本保存下来,在其他计算机上运行以创建相同的数据库。

使用 SQLyog 图形化管理工具创建和管理数据库,是最简单也是最直接的方法,非常适合初学者。

【例 4.1】 使用图形化工具创建电子学校系统数据库。

具体操作步骤如下。

(1) 连接数据库服务器，在“对象浏览器”中右击空白处，在弹出的快捷菜单中选择“创建数据库”命令，如图 4.4 所示。

图 4.4 “创建数据库”命令

(2) 在弹出的对话框中，在“数据库名称”文本框中，输入 eleccollege，然后单击“创建”按钮，如图 4.5 所示。在创建数据库时，除了输入数据库的名称以外，还需要设置该数据库的“基字符集”和“数据库排序规则”(在此处选择默认的设置)。

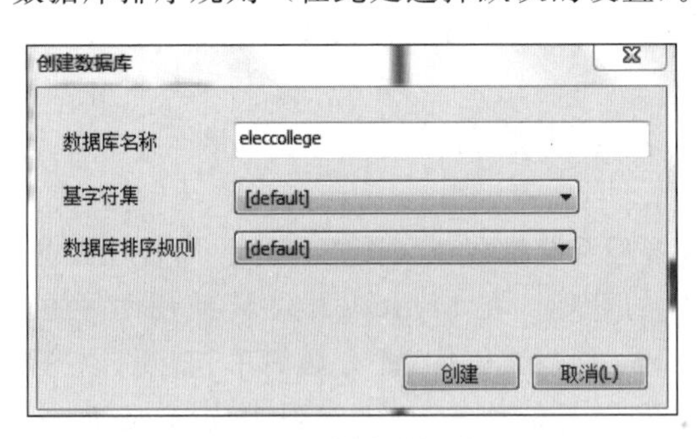

图 4.5 创建数据库

(3) 数据库创建成功后，在“对象浏览器”中就会显示名为 eleccollege 的数据库，如图 4.6 所示。

图 4.6 eleccollege 数据库

4.1.4 使用 CREATE DATABASE 语句创建数据库

使用 SQL 语句创建数据库

创建数据库时要注意不能出现同名的数据库，在创建数据库前，首先要查看已有的所有数据库。MySQL 安装完成之后，会在其 data 目录下自动创建几个必要的数据库，使用“SHOW DATABASES;”语句可以查看当前所有存在的数据库。结果如图 4.7 所示。

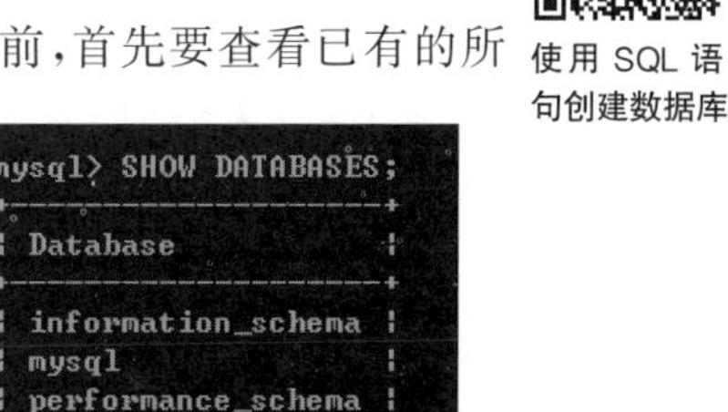

图 4.7 查看已有数据库

可以看到，数据库列表中包含 4 个数据库，mysql 是必需的，用于描述用户访问权限，用户经常利用 test 数据库做测试的工作，其他数据库将在后面的章节介绍。

创建数据库是在系统磁盘上划分一块区域用于数据的存储和管理。如果管理员在设置权限时为用户创建了数据库，就可以直接使用，否则需要自己创建数据库。MySQL 中创建数据库的语法格式如下。

```
CREATE DATABASE database_name;
```

database_name 为要创建数据库的名称，在创建数据库时，数据库命名有以下规则。

(1) 不能与其他数据库重名，否则将发生错误。

(2) 名称可以由任意字母、阿拉伯数字、下画线(_)和 $ 组成，可以使用上述的任意字符开头，但不能使用单独的数字，否则会造成它与数值相混淆。

(3) 名称最长可为 64 个字符，而别名最多可长达 256 个字符。

(4) 不能使用 MySQL 中的关键字作为数据库名、表名。

在默认情况下，Windows 下数据库名、表名的大小写是不敏感的，而在 Linux 下数据库名、表名的大小写是敏感的。为便于数据库在平台间进行移植，可以采用小写来定义数据库名和表名。

【例 4.2】 使用命令行方式创建电子学校系统数据库。

打开 MySQL 自带的工具 MySQL 5.5 Command Line Client，连接 MySQL 数据库服务器，然后输入以下 SQL 代码。

```
CREATE DATABASE eleccollege;
```

执行结果如图 4.8 所示。

通过以上执行可以发现，执行语句后，下面出现一行提示“Query OK，1 row affectecd ＜0. 00 sec＞”。这行提示由 3 部分组成，具体含义如下。

（1）Query OK：表示 SQL 代码执行成功。

（2）1 row affected：表示操作只影响了数据库中一行记录。

（3）＜0.00 sec＞：表示执行操作的时间。

再次使用“SHOW DATABASES ;”语句来查看当前所有存在的数据库，结果如图 4.9 所示。

图 4.8 创建数据库

图 4.9 显示当前存在的数据库

可以看到，数据库列表中包含了刚刚创建的数据库 eleccollege 以及其他已经存在的数据库。

4.1.5 创建指定字符集的数据库

每一个数据库都有一个数据库字符集和一个数据库校对规则，它不能为空。在创建数据库时，如果不指定其使用的字符集或者字符集的校对规则，那么将根据 my.ini 文件中指定的 default-character-set 变量的值来设置其使用的字符集。CREATE DATABASE 语句有一个可选的子句来指定数据库字符集和校对规则，语句如下。

```
CREATE DATABASE database_name [[DEFAULT] CHARACTER SET charset_name]
[[DEFAULT] COLLATE collation_name];
```

上述 CREATE DATABASE 创建数据库的语法中，数据库字符集和数据库校对规则如下。

（1）如果指定 CHARACTER SET charset_name 和 COLLATE collation_name，那

么采用字符集 charset_name 和校对规则 collation_name。

（2）如果指定了 CHARACTER SET charset_name 而没有指定 COLLATE collation_name，那么采用 CHARACTER SET charset_name 和 COLLATE collation_name 的默认校对规则。

（3）如果 CHARACTER SET charset_name 和 COLLATE collation_name 都没有指定，那么采用服务器字符集和校对规则。

下面通过一个具体的例子来演示如何在创建数据库时指定字符集。

【例 4.3】 通过 CREATE DATABASE 语句创建一个名称为 db_test 的数据库，并指定其字符集为 GBK，校对规则为 gbk_chinese_ci。

```
CREATE DATABASE db_test CHARACTER SET = GBK  COLLATE gbk_chinese_ci;
```

运行效果如图 4.10 所示。

```
mysql> CREATE DATABASE db_test CHARACTER SET = GBK  COLLATE gbk_chinese_ci;
Query OK, 1 row affected (0.02 sec)
```

图 4.10 建立带有字符集的数据库

任务 4.2 管理数据库

任务说明：通过使用 USE 语句打开电子学校系统数据库；通过使用 SHOW DATABASE 语句查看电子学校系统数据库。

4.2.1 打开数据库

创建数据库后，若要操作一个数据库，还需要使其成为当前的数据库，即打开数据库。可以使用 USE 语句打开一个数据库，使其成为当前默认数据库。

【例 4.4】 选择名称为 eleccollege 的数据库，设置其为当前默认的数据库。

```
USE eleccollege;
```

运行效果如图 4.11 所示。其中，Database changed 表明已经打开数据库 eleccollege，变成当前数据库，可以在数据库 eleccollege 中进行相关的操作。

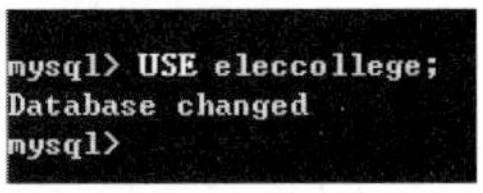

```
mysql> USE eleccollege;
Database changed
mysql>
```

图 4.11 打开数据库

另外，在使用数据库时，还可以查看当前使用的是哪个数据库。

```
SELECT database();
```

运行效果如图 4.12 所示。

从执行结果可以看出，此时使用的是数据库 eleccollege。

```
mysql> SELECT database();
+-------------+
| database()  |
+-------------+
| eleccollege |
+-------------+
1 row in set (0.00 sec)
```

图 4.12　查看当前使用的数据库

查看数据库

4.2.2　查看数据库

成功创建数据库之后，通过执行与 SHOW 有关的语句不仅可以查看数据库系统中的数据库，还可以查看单个数据库的相关信息。其中，通过执行“SHOW DATABASE;”语句可以查看数据库系统中已经存在的所有数据库的情况。这里重点讲解通过执行“SHOW CREATE DATABASE;”语句查看单独的数据库信息。

```
SHOW CREATE DATABASE 数据库名称;
```

为了使查询的信息显示更加直观，可以使用以下语法。

```
SHOW CREATE DATABASE 数据库名称 \G
```

【例 4.5】　查看创建的数据库 eleccollege 的信息。

```
SHOW CREATE DATABASE eleccollege \G
```

运行效果如图 4.13 所示。

```
mysql> SHOW CREATE DATABASE eleccollege \G
*************************** 1. row ***************************
       Database: eleccollege
Create Database: CREATE DATABASE `eleccollege` /*!40100 DEFAULT CHARACTER SET ut
f8 */
1 row in set (0.00 sec)
```

图 4.13　查看单独的数据库信息

以上执行结果显示了数据库 eleccollege 的创建信息，例如编码方式为 utf8。

任务 4.3　修改数据库

任务说明：通过图形化工具或者 ALTER DATABASE 语句修改电子学校系统数据库。

4.3.1　利用图形化工具修改数据库

在 MySQL 数据库中通过数据库修改语句，只能对数据库使用的字符集进行修改。数据库中的这些特性存储在 db.opt 文件中。修改数据库使用的字符集可以通过语句修改也可以通过图形界面来修改。

【例 4.6】　通过图形界面修改数据库，这个示例中准备修改一个名为 teacherdb 的数据库。在修改数据库之前，已经预先创建了一个名为 teacherdb 的数据库。

具体操作步骤如下。

(1) 在“对象浏览器”中选择 teacherdb 数据库。

(2) 右击 teacherdb 数据库,在弹出的快捷菜单中选择“改变数据库”命令,如图 4.14 所示。弹出“改变数据库”对话框,如图 4.15 所示。在此对话框中,修改字符集以及校对规则。

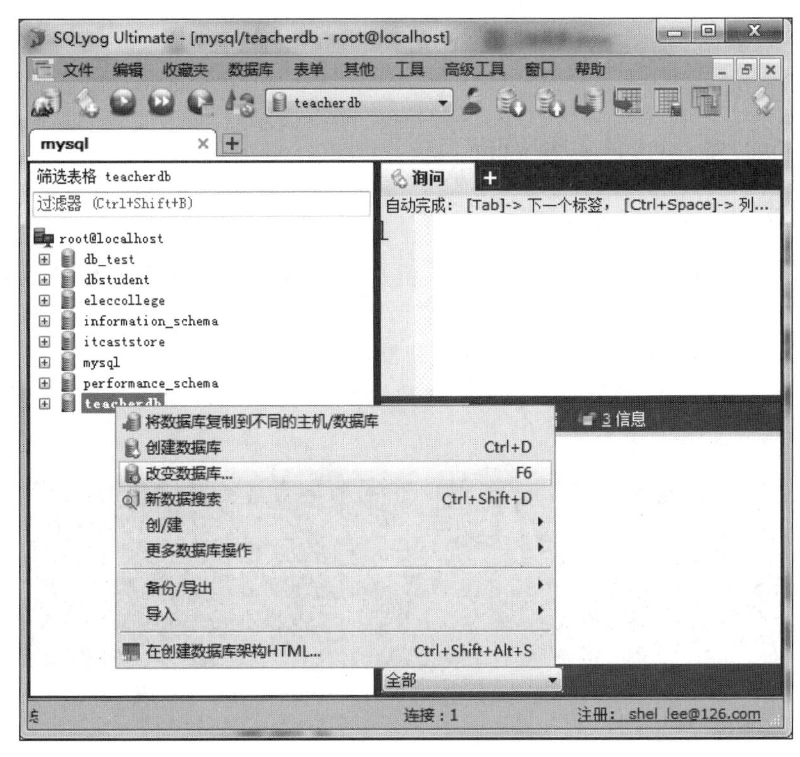

图 4.14 修改 teacherdb 数据库

图 4.15 “改变数据库”对话框

(3) 单击“改变”按钮,完成修改 teacherdb 数据库。

4.3.2 利用 ALTER DATABASE 语句修改数据库

前面讲解了如何创建和查看数据库,在数据库创建完成之后,编码也就确定了。若想修改数据库的编码,可以使用 ALTER DATABASE 语句实现,具体语法格式如下。

```
ALTER DATABASE database_name DEFAULT CHARACTER
SET character_name  COLLATE  collation_name;
```

这里 database_name 是要修改的数据库名;character_name 是修改的字符集的名称;collation_name 是修改的校对规则。字符集的名称、校对规则与新建数据库时的字符集和校对规则相同,这里不再说明。

【例 4.7】 执行 ALTER DATABASE 语句来修改一个数据库。这个示例中准备修改一个名为 teacherdb 的数据库。在修改数据库之前,使用 CREATE DATABASE 语句创建一个名为 teacherdb 的数据库,字符集和校对规则都选择默认方式。

(1) 执行 CREATE DATABASE 创建数据库,并通过 SHOW 语句来检验是否创建成功。执行结果如图 4.16 所示。

```
mysql> CREATE DATABASE teacherdb;
Query OK, 1 row affected (0.00 sec)

mysql> SHOW CREATE DATABASE teacherdb\G
*************************** 1. row ***************************
       Database: teacherdb
Create Database: CREATE DATABASE `teacherdb` /*!40100 DEFAULT CHARACTER SET utf8
 */
1 row in set (0.00 sec)
```

图 4.16 创建并查看数据库

(2) 执行 ALTER DATABASE 语句修改数据库,执行结果如图 4.17 所示。

```
mysql> ALTER DATABASE teacherdb CHARACTER SET gb2312;
Query OK, 1 row affected (0.00 sec)
```

图 4.17 修改数据库

(3) 执行修改成功后再次执行 SHOW 语句来查看数据库系统中的数据库,执行结果如图 4.18 所示。

```
mysql> SHOW CREATE DATABASE teacherdb\G
*************************** 1. row ***************************
       Database: teacherdb
Create Database: CREATE DATABASE `teacherdb` /*!40100 DEFAULT CHARACTER SET gb23
12 */
1 row in set (0.00 sec)
```

图 4.18 验证修改数据库成功

从以上执行结果可以看出,teacherdb 数据库已经修改成新的字符集,证明数据库的修改操作成功。

任务 4.4 删除数据库

任务说明：通过图形化工具或者 DROP DATABASE 语句删除电子学校系统数据库。

4.4.1 利用图形化工具删除数据库

删除数据库是指在数据库系统中删除已经存在的数据库。删除数据库之后，原来分配的空间将被收回。值得注意的是，删除数据库会删除该数据库中所有的表和所有数据，因此，应该特别小心。

【例 4.8】 通过图形界面删除数据库，这个示例中准备删除一个名为 studentdb 的数据库。在删除数据库之前，已经预先创建了一个名为 studentdb 的数据库。

具体操作步骤如下。

(1) 在“对象浏览器”中选择 studentdb 数据库。

(2) 右击 studentdb 数据库，在弹出的快捷菜单中选择“更多数据库操作|删除数据库”命令，如图 4.19 所示。弹出删除对象确认提示框，如图 4.20 所示。在此提示框中，提示用户一旦删除数据库，保存在此数据库中的所有数据都将丢失。

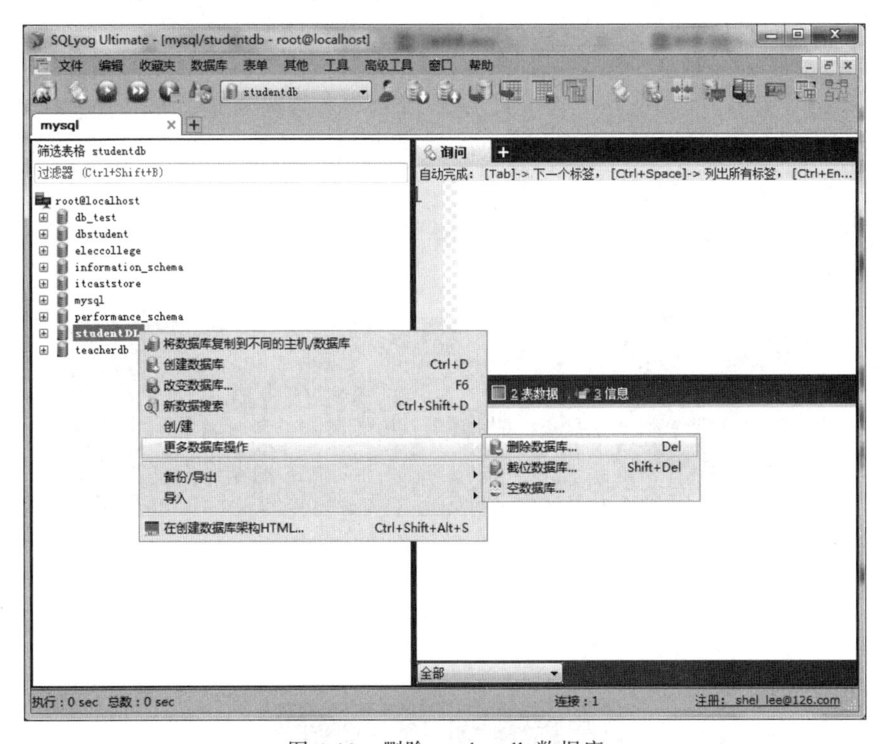

图 4.19 删除 studentdb 数据库

（3）单击“是”按钮，删除 studentdb 数据库。

（4）执行成功后，在“对象浏览器”中，studentdb 将不再存在，如图 4.21 所示。

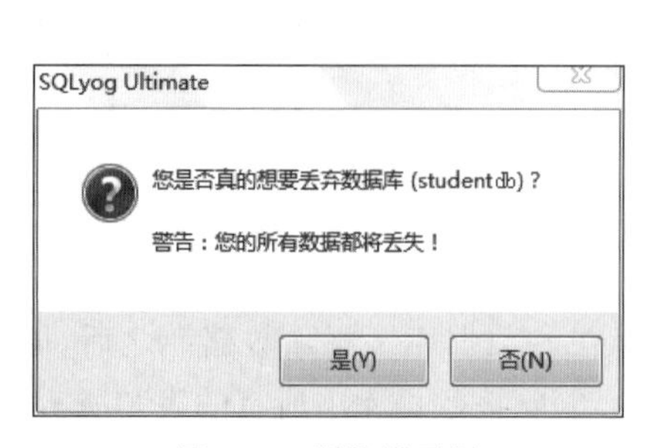

图 4.20　删除提示框

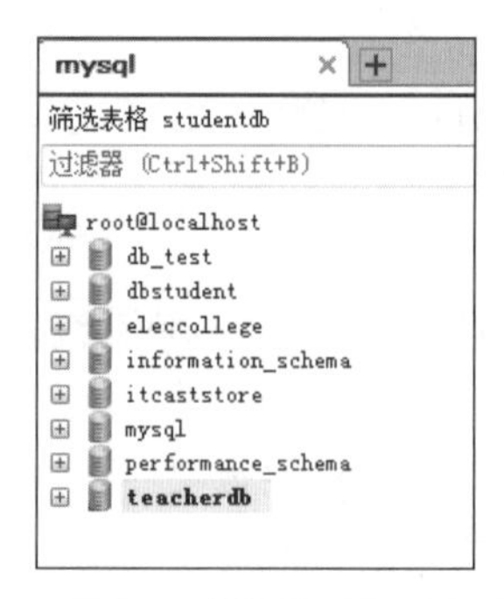

图 4.21　执行删除操作后的对象浏览器

4.4.2　利用 DROP DATABASE 语句删除数据库

在 MySQL 数据库中删除数据库有两种方法：一种是直接通过 SQLyog 图形化工具删除；另一种是通过 SQL 语句 DROP DATABASE 实现，语法形式如下。

```
DROP DATABASE 数据库名;
```

其中，“数据库名”参数表示所要删除的数据库的名称。

【例 4.9】 执行 DROP DATABASE 语句删除一个数据库。这个示例中准备删除一个名为 studentdb 的数据库，在删除数据库之前，先使用 CREATE DATABASE 语句创建一个名为 studentdb 的数据库。

（1）执行 CREATE DATABASE 创建数据库，并通过 SHOW 语句来检验是否创建成功。执行结果如图 4.22 所示。

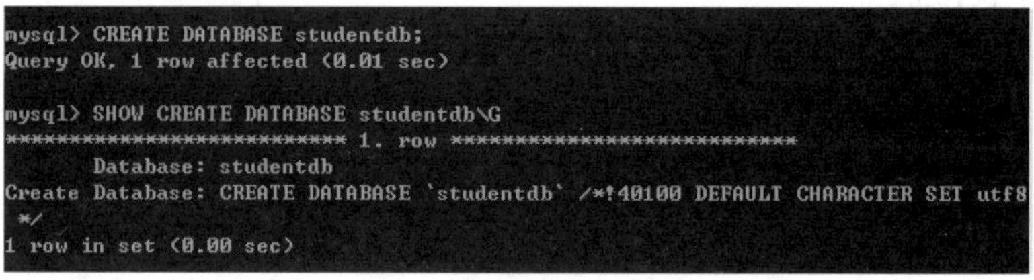

```
mysql> CREATE DATABASE studentdb;
Query OK, 1 row affected (0.01 sec)

mysql> SHOW CREATE DATABASE studentdb\G
*************************** 1. row ***************************
       Database: studentdb
Create Database: CREATE DATABASE `studentdb` /*!40100 DEFAULT CHARACTER SET utf8
 */
1 row in set (0.00 sec)
```

图 4.22　创建并查看数据库

（2）执行“DROP DATABASE studentdb;”语句删除数据库，执行结果如图 4.23 所示。

图 4.23　删除数据库

(3) 删除成功后再次执行 SHOW 语句来查看数据库系统中的数据库,执行结果如图 4.24 所示。

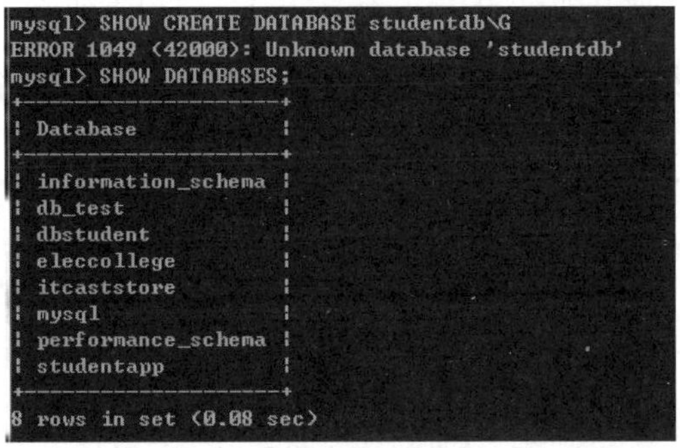

```
mysql> SHOW CREATE DATABASE studentdb\G
ERROR 1049 (42000): Unknown database 'studentdb'
mysql> SHOW DATABASES;
+--------------------+
| Database           |
+--------------------+
| information_schema |
| db_test            |
| dbstudent          |
| eleccollege        |
| itcaststore        |
| mysql              |
| performance_schema |
| studentapp         |
+--------------------+
8 rows in set (0.08 sec)
```

图 4.24　验证数据库

从以上两个 SHOW 命令的执行结果可以看出,数据库系统中已经不存在名称为 studentdb 的数据库,证明数据库的删除操作成功。

任务 4.5　使用数据库的存储引擎

任务说明:介绍数据库的存储引擎,通过图形化工具和 SQL 语句完成查询电子学校系统数据库的存储引擎,以及设置当前默认的存储引擎。

4.5.1　MySQL 存储引擎简介

数据库存储引擎是数据库底层软件组件,数据库管理系统使用数据引擎进行创建、查询、更新和删除数据操作。不同的存储引擎提供不同的存储机制、索引技巧、锁定水平等,使用不同的存储引擎,还可以获得特定的功能。现在许多数据库管理系统都支持多种数据引擎。

在 Oracle 和 SQL Server 等数据库中只有一种存储引擎,所有数据存储管理机制都是一样的。而 MySQL 数据库提供了多种存储引擎,用户可以根据不同的需求为数据表选择不同的存储引擎,用户也可以根据自己的需要编写自己的存储引擎,MySQL 的核心就是存储引擎。

数据库的存储引擎决定了表在计算机中的存储方式。存储引擎就是如何存储数据、如何为存储的数据建立索引和如何更新、查询数据等技术的实现方法。因为在关系数据库中数据是以表的形式存储的,所以存储引擎简而言之就是指表的类型。

MySQL 支持的存储引擎有多种,不同的存储引擎都有各自的特点,以适应不同的需要。

用户在选择存储引擎之前,首先需要确定数据库管理系统支持哪些存储引擎。在 MySQL 数据库管理系统中,通过 SHOW ENGINES 来查看支持的存储引擎,语法如下。

```
SHOW ENGINES;
```

在 SQLyog 图形界面中执行 SHOW ENGINES 的结果如图 4.25 所示。

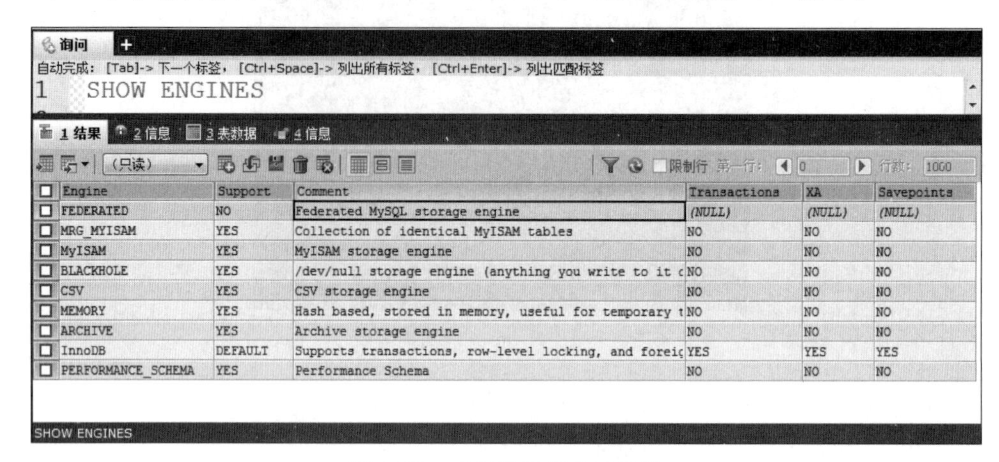

Engine	Support	Comment	Transactions	XA	Savepoints
FEDERATED	NO	Federated MySQL storage engine	(NULL)	(NULL)	(NULL)
MRG_MYISAM	YES	Collection of identical MyISAM tables	NO	NO	NO
MyISAM	YES	MyISAM storage engine	NO	NO	NO
BLACKHOLE	YES	/dev/null storage engine (anything you write to it c	NO	NO	NO
CSV	YES	CSV storage engine	NO	NO	NO
MEMORY	YES	Hash based, stored in memory, useful for temporary t	NO	NO	NO
ARCHIVE	YES	Archive storage engine	NO	NO	NO
InnoDB	DEFAULT	Supports transactions, row-level locking, and foreig	YES	YES	YES
PERFORMANCE_SCHEMA	YES	Performance Schema	NO	NO	NO

图 4.25　查询数据库存储引擎

查询结果显示,MySQL 支持 9 种存储引擎,分别为 FEDERATED、MRG_MYISAM、MyISAM、BLACKHOLE、CSV、MEMORY、ARCHIVE、InnoDB、PERFORMANCE_SCHEMA。

其中:

(1) Engine 参数表示存储引擎的名称。

(2) Support 参数表示 MySQL 数据库管理系统是否支持该存储引擎:YES 表示支持,NO 表示不支持,DEFAULT 表示系统默认支持的存储引擎。

(3) Comment 参数表示对存储引擎的评论。

(4) Transactions 参数表示存储引擎是否支持事务:YES 表示支持,NO 表示不支持。

(5) XA 参数表示存储引擎所支持的分布式是否符合 XA 规范:YES 表示符合 XA 规范,NO 表示不符合 XA 规范。

(6) Savepoints 参数表示存储引擎是否支持事务处理的保存点:YES 表示支持,NO 表示不支持。

4.5.2　InnoDB 存储引擎

InnoDB 遵循 CNU 通用公开许可(GPL)发行。InnoDB 已经被一些重量级互联网公司所采用,如 Yahoo!、Google,为用户操作大型的数据库提供了一个强大的解决方案。InnoDB 给 MySQL 的表提供了事务、回滚、崩溃修复能力和多版本并发控制的事务安全。InnoDB 是 MySQL 上第一个提供外键约束的表引擎,而且 InnoDB 对事务处理的能力也是 MySQL 其他存储引擎所无法比拟的。下面介绍 InnoDB 存储引擎的特点及其优缺点。

InnoDB存储引擎中存储表和索引有两种方式：使用共享表空间存储和使用多表空间存储。

1. 共享表空间存储

表结构存储在扩展名为frm的文件中，数据和索引存储在innodb_data_ home_ dir和innodb_data_file_path定义的表空间中。

2. 多表空间存储

表结构存储在扩展名为frm的文件中，但是每张表的数据和索引单独保存在扩展名为ibd的文件中。如果为分区表，则每个分区表对应单独的扩展名为ibd的文件，文件名是表名＋分区名。使用多表空间存储需要设置参数innodb_file_per_table，并且重启服务才能生效，只对新建表有效。

InnoDB存储引擎支持外键，外键所在的表为子表，外键所依赖的表为父表。父表中被子表外键关联的字段必须为主键。如果删除、修改父表中的某条信息时，子表也必须有相应的改变。

InnoDB存储引擎支持自动增长列AUTO_INCREMENT，自动增长列的值不能为空，而且值必须是唯一的。另外，在MySQL中规定自动增长列必须为主键，在插入值时，自动增长列分为以下3种情况。

(1) 如果自动增长列不输入值，则插入的值为自动增长后的值。

(2) 如果输入的值为0或空(NULL)，则插入的值也为自动增长后的值。

(3) 如果插入某个确定的值，且该值在前面的数据中没有出现过，则可以直接插入。

InnoDB存储引擎的优势在于提供了良好的事务管理、崩溃修复能力和并发控制。缺点是其读写效率稍差，占用的数据空间相对比较大。

InnoDB表是如下情况的理想引擎。

(1) 更新密集的表：InnoDB存储引擎特别适合处理多重并发的更新请求。

(2) 事务：InnoDB存储引擎是唯一支持事务的标准MySQL存储引擎，这是管理敏感数据(如金融信息和用户注册信息)的必需软件。

(3) 自动灾难恢复：与其他存储引擎不同，InnoDB表能够自动从灾难中恢复。虽然MyISAM表能在灾难后修复，但其过程要长得多。

4.5.3 MyISAM存储引擎

MyISAM存储引擎曾是MySQL的默认存储引擎。MyISAM存储引擎不支持事务、外键约束，但访问速度快，对事务完整性不要求，适合于以SELECT/INSERT为主的表。

现在的MyISAM增加了很多有用的扩展，MyISAM存储引擎的表存储成3个文件，文件的名字与表名相同，扩展名包括frm、myd和myi。其中，frm为扩展名的文件存储表的结构；myd为扩展名的文件存储数据，是mydata的缩写；myi为扩展名的文件存储索引,是 myindex 的缩写。MyISAM 的主要特性如下。

(1) 操作系统支持大文件(达 63 位文件长度)数据。

(2) 当混合使用删除、更新及插入操作时,将产生更少的碎片。

(3) 每个 MyISAM 表的最大索引数是 64,这可以通过重新编译来改变。每个索引最大的列数是 16。

(4) 最大的键长度是 1000B,这也可以通过编译来改变。

(5) BLOB 和 TEXT 列可以被索引。

(6) 允许在索引的列中出现 NULL 值。这个值占每个键的 0~1B。

(7) 每个 MyISAM 类型的表都有一个 AUTO_INCREMENT 的内部列,当执行 INSERT 和 UPDATE 操作时,AUTO_INCREMENT 列将被刷新,所以说,MyISAM 类型表的 AUTO_INCREMENT 列更新比 InnoDB 类型的 AUTO_INCREMENT 更快。

(8) 可以把数据文件和索引文件放在不同目录。

(9) 每个字符列可以有不同的字符集。

(10) VARCHAR 和 CHAR 列的长度可达 64KB。

如果需要执行大量的 SELECT 语句,出于性能方面的考虑,MyISAM 存储引擎是更好的选择。

4.5.4 MEMORY 存储引擎

MEMORY 存储引擎采用内存中的内容来创建表。每个 MEMORY 表实际上和一个磁盘文件关联起来。文件名采用“表名.frm”的格式。MEMORY 类型的表访问速度非常快,因为数据来源于内存空间。MEMORY 存储引擎默认使用 HASH 索引。虽然 MEMORY 类型的表访问速度非常快,但是一旦数据库发生故障关闭,内存中的数据就会丢失。

MEMORY 的主要特性如下。

(1) MEMORY 表的每张表可以有多达 32 个索引,每个索引 16 列,以及 500B 的最大键长度。

(2) MEMORY 存储引擎执行 HASH 和 BTREE 索引。

(3) 可以在一个 MEMORY 表中有非唯一键。

(4) MEMORY 表使用一个固定的记录长度格式。

(5) MEMORY 不支持 BLOB 或 TEXT 列。

(6) MEMORY 支持 AUTO_INCREMENT 列和对可包含 NULL 值的列的索引。

(7) MEMORY 表在所有客户端之间共享(就像其他任何非 TEMTORARY 表)。

(8) MEMORY 表内容被存在内存中。

(9) 当不再需要 MEMORY 表的内容时,要释放被 MEMORY 表使用的内存,应该执行 DELETE FROM 或 TRUNCATE TABLE,或者删除整张表(使用 DROP TABLE)。

4.5.5 默认存储引擎

MySQL 的存储引擎是一种插入式的存储引擎概念，这决定了 MySQL 数据库中的表可以用不同的方式存储。用户可以根据自己的要求，选择不同的存储方式，以及是否进行事务处理等。MySQL 的默认存储引擎是 InnoDB，如果想设置其他存储引擎，可以使用如下 MySQL 命令：

```
SET default_storage_engine = MyISAM;
```

该命令可以临时将 MySQL 当前会话的存储引擎设置为 MyISAM，使用 MySQL 命令“SHOW ENGINES;”可以查看当前 MySQL 服务实例默认的存储引擎。

MySQL 中另一个 SHOW 语句也可以显示支持的存储引擎的信息。

【例 4.10】 查看当前 MySQL 数据库服务器的默认存储引擎。

具体语句如下。

```
SHOW VARIABLES LIKE 'storage_engine';
```

执行结果如图 4.26 所示，当前的 MySQL 数据库服务器的默认存储引擎为 InnoDB。

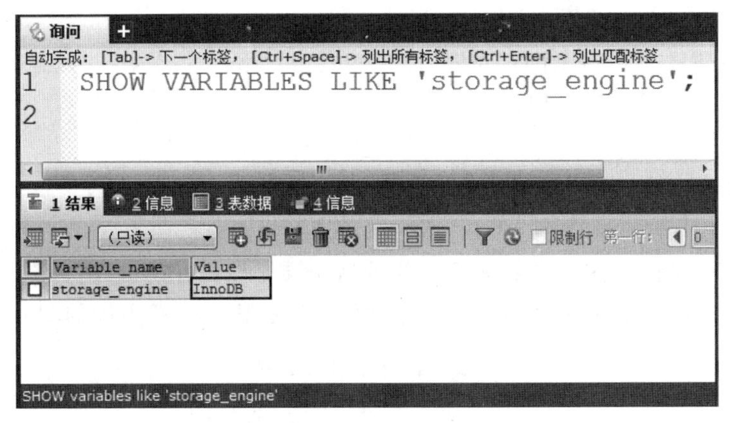

图 4.26 查看默认存储引擎

查询结果中，第一列 Variable_name 表示存储引擎的名称，第二列 Value 表示 MySQL 的支持情况。

在创建表时，若没有指定存储引擎，表的存储引擎将为默认的存储引擎。如果想要更改默认的存储引擎，需要手动修改 MySQL 服务器的配置文件。

【例 4.11】 将当前 MySQL 数据库服务器的默认存储引擎改为 MEMORY。

具体方法如下。

(1) 打开配置文件 my. ini，找到[mysqld]组，如图 4.27 所示。

(2) 修改其中的 default-storage-engine(MySQL 服务器的默认存储引擎)的值。

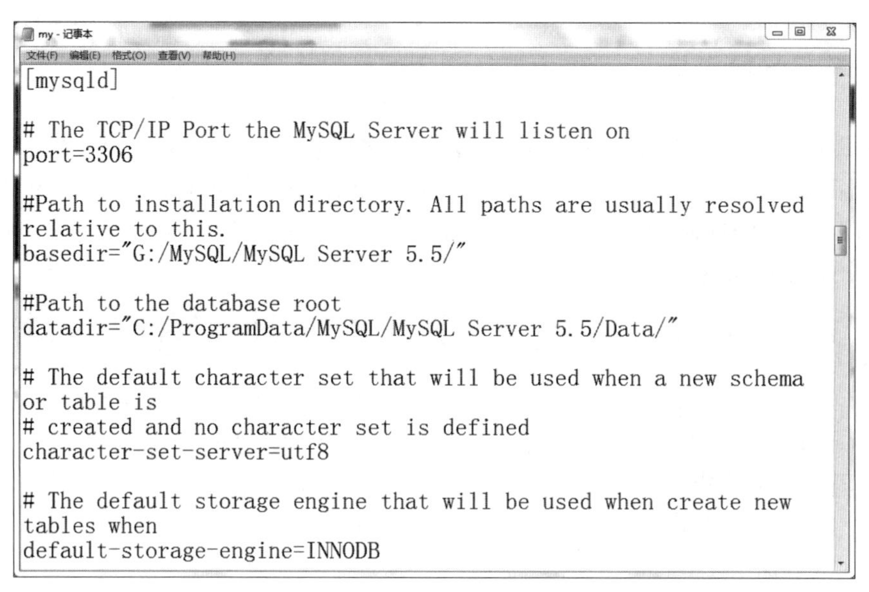

图 4.27 配置文件

```
default - storage - engine = MEMORY
```

（3）重启 MySQL 服务。

（4）利用“SHOW VARIABLES LIKE 'storage_engine';”语句检索当前的默认存储引擎。

4.5.6 选择存储引擎的建议

每种存储引擎都有各自的优势，不能笼统地说谁比谁更好，只有适合不适合。如表 4.1 所示，为了做出选择，首先需要考虑每一个存储引擎提供了哪些不同的功能。

表 4.1 存储引擎比较

功 能	MyISAM	MEMORY	InnoDB
存储限制	256TB	RAM	64TB
支持事务	NO	NO	YES
支持全文索引	YES	NO	NO
支持数索引	YES	YES	YES
支持哈希索引	NO	YES	NO
支持数据缓存	NO	N/A	YES
支持外键	NO	NO	YES

下面给出选择存储引擎的建议。

（1）InnoDB存储引擎：用于事务处理应用程序，具有众多特性，包括ACID事务支持，支持外键。同时支持崩溃修复和并发控制。如果对事务的完整性要求比较高，要求实现并发控制，那么选择InnoDB存储引擎有很大的优势。如果需要频繁地进行更新、删除操作，也可以选择InnoDB存储引擎，因为该类存储引擎可以实现事务的提交（Commit）和回滚（Rollback）。

（2）MyISAM存储引擎：管理非事务表，它提供高速存储和检索，以及全文搜索能力。MyISAM存储引擎插入数据快，空间和内存使用比较低。如果表主要是用于插入新记录和读出记录，那么选择MyISAM存储引擎能实现处理的高效率。如果应用的完整性、并发性要求很低，也可以选择MyISAM存储引擎。

（3）MEMORY存储引擎：MEMORY存储引擎提供“内存中”的表，MEMORY存储引擎的所有数据都在内存中，数据的处理速度快，但安全性不高。如果需要很快的读写速度，对数据的安全性要求较低，可以选择MEMORY存储引擎。MEMORY存储引擎对表的大小有要求，不能建太大的表。所以，这类数据库只使用相对较小的数据库表。

以上存储引擎的选择建议是根据不同存储引擎的特点提出的，并不是绝对的。实际应用中还需要根据各自的实际情况进行分析。

拓展实训：电子商务网站数据库的创建与管理

1. 实训任务

根据用户提出的需求，建立电子商务网站数据库interecommerce（注：本书以“电子商务网站数据库”为实训案例，如果没有特殊说明，该实训数据库贯穿本书始终）。

2. 实训目的

（1）掌握创建数据库的操作。
（2）掌握打开数据库的操作。
（3）掌握查看数据库的操作。
（4）掌握修改数据库的操作。
（5）掌握删除数据库的操作。

3. 实训内容

（1）创建电子商务网站数据库interecommerce。
参考语句：

```
CREATE DATABASE interecommerce;
```

（2）创建电子商务网站数据库interecommerceT，并指定相应的字符集。
参考语句：

```
CREATE DATABASE interecommerceT CHARACTER SET = GBK COLLATE gbk_chinese_ci;
```

（3）打开电子商务网站数据库 interecommerceT。

参考语句：

```
USE  interecommerceT;
```

（4）查看电子商务网站数据库 interecommerceT 的信息

参考语句：

```
SHOW CREATE DATABASE interecommerceT\G
```

（5）修改电子商务网站数据库 interecommerceT 的字符集编码为 gb2312

参考语句：

```
ALTER DATABASE interecommerceT  CHARACTER SET gb2312;
```

（6）删除电子商务网站数据库 interecommerceT。

参考语句：

```
DROP DATABASE  interecommerceT;
```

本章小结

本章主要介绍 MySQL 数据库的基础知识，结合电子学校系统数据库详细讲解了创建数据库、修改数据库、删除数据库、MySQL 存储引擎的知识。通过对案例程序的讲授和运行演示，基本涵盖了创建、修改和删除数据库在实践开发与应用中的操作方法，夯实了设计与实现数据查询功能的技术基础。存储引擎的知识比较难理解，只要了解相应的知识即可，但一定要了解自己的 MySQL 数据库默认使用的存储引擎是 InnoDB。

课后习题

1. 单选题

（1）在 MySQL 数据库中，通常使用（　　）语句来指定一个已有数据库作为当前工作数据库。

A. USING　　B. USED　　C. USES　　D. USE

（2）（　　）命令用于删除一个数据库。

A. CREATE DATABASE　　B. DROP DATABASE

C. ALTER DATABASE　　D. USE INNODB

（3）查看系统中可用的字符集命令是（　　）

A. SHOW CHARACTER SET　　B. SHOW COLLATION

C. SHOW CHARACTER　　D. SHOW SET

(4) 下面(　　)语句是用来查询数据库情况的。

A. SHOW DATEBASE　　B. SHOW DATABASES

C. SHOW DATABASE　　D. SHOW DATA

(5) 下面(　　)数据库是系统数据库。

A. TEST　　B. SYS　　C. MySQL　　D. SYSTEM

(6) 在修改数据库时,可以修改数据库的(　　)属性。

A. 数据库名称　　B. 数据库大小

C. 数据库的存放位置　　D. 数据库的字符集

2. 填空题

(1) ________是一套符号与编码,它包括编码规则以及定义字符如何被编码为数字。

(2) ________是目前唯一可提供外键实现支持的引擎。

第5章　创建与维护电子学校系统数据表

任务描述

在数据库中，数据表是数据库中最重要、最基本的操作对象，是数据存储的基本单位。数据表被定义为列的集合，数据在表中是按照行和列的形式来存储的。每一行代表一条唯一的记录，每一列代表记录中的一个域。

本章将详细介绍数据表的基本操作，主要内容包括创建数据表、查看数据表结构、修改数据表、删除数据表。通过本章的学习，能够熟练掌握数据表的基本概念，理解约束、默认和规则的含义并且学会运用；能够在图形界面模式和命令行模式下熟练地完成有关数据表的常用操作。

学习目标

(1) 掌握创建表的方法。

(2) 掌握表的完整性约束条件。

(3) 掌握查看表结构的方法。

(4) 掌握修改表的方法。

(5) 掌握删除数据表的方法。

学习导航

本任务主要讲解数据库应用系统开发中数据表的建立技术。依据对数据库系统进行设计、创建、使用、优化、管理及维护这一操作流程，本任务属于对数据信息的创建阶段。学习如何根据数据库应用系统的功能需求，使用CREATE、ALTER等语句实现对数据表的建立、修改等操作，为数据库应用系统的开发与使用奠定坚实的基础，数据表操作学习导航如图5.1所示。

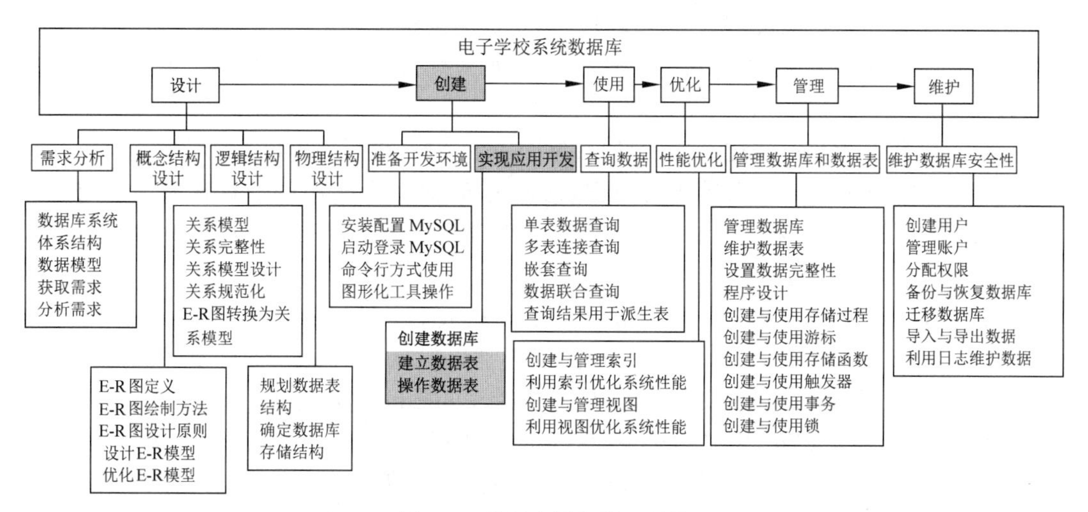

图 5.1 数据表操作学习导航

任务 5.1 规划与设计数据表

任务说明：数据类型是数据的特征之一，决定数据的存储格式，代表不同的信息类型。每一列、变量、表达式和参数都有各自的数据类型。

5.1.1 数据表的基本概念

表是数据库中用户存储所有数据的对象，是关系模型中表示实体的方式，是组成数据库的基本元素。可以说没有表，也就没有数据库。在一个关系数据库中，可以包含多张表，所有数据存储在表中。

数据表是 MySQL 数据库对象，在数据表中，数据以行和列的形式存储在规范化的二维表格中。MySQL 数据表主要由行和列构成。表类似于电子表格软件的工作表，但更规范。MySQL 中每张表都有一个名字，以标识该表。如图 5.2 所示数据表的名字是 student。下面说明一些与表有关的术语。

stu_no	stu_name	stu_sex	stu_politicalstatus	stu_birthday	stu_identitycard	stu_speciality	stu_address	stu_postcode
201803010001	靳锦东	男	预备党员	1997-09-27	130100199709273457	数字艺术	河北省石家庄	050000
201901010001	张晓辉	男	共青团员	2000-11-15	120101200011156679	软件技术	天津市和平区	300041
201901010002	李红丽	女	共青团员	2001-03-07	120106200103074566	软件技术	天津市河东区	300171
201901010003	孙云	男	共青团员	2000-08-12	330100200008126677	软件技术	浙江省杭州市	310000
201901020001	赵辉	男	共青团员	1999-11-09	120022199911018879	信息应用	天津市西青区	300380
201902010001	王强	男	共青团员	1999-05-18	120103199905183557	网络技术	天津市河西区	300202
201902010002	刘晓霞	女	预备党员	1998-10-23	120101199810233566	网络技术	天津市和平区	300041
201902020001	李立	男	共青团员	1999-07-13	120106199907136349	网络安全	天津市河东区	300171
201903020001	王丽莉	女	共青团员	2000-09-12	120101200009123466	视觉传达	天津市和平区	300041
201903020002	刘梅梅	女	共青团员	1999-04-28	110101199904289786	视觉传达	北京市东城区	100010

图 5.2 student

（1）表结构：每个数据库包含若干张表。每张表具有一定的结构，称为“表型”。所谓表型是指组成表的名称及数据类型，也就是通常表格的“栏目信息”。

（2）表：表是由定义的列数和可变的行数组成的逻辑结构。

（3）列：用来保存对象的某一类属性。每列又称为一个字段，每列的标题称为字段名。

（4）行：用来保存一条记录，是数据对象的一个实例，包括若干信息项。

（5）记录：每张表包含了若干行数据，它们是表的“值”，表中的一行称为一个记录，每一行都是实体的一个完整描述。个体可以是人也可以是物，甚至可以是一个概念。因此，表是记录的有限集合。

（6）字段：每个记录由若干个数据项构成，将构成记录的每个数据项称为字段。

（7）关键字：在学生信息表 student 中，若不加以限制，每个记录的姓名（stu_name）、性别（stu_sex）、系名（stu_speciality）、出生日期（stu_birthday）和邮编（stu_postcode）这 5 个字段的值都有可能相同，但是学号字段的值对表中所有记录来说一定不同，学号是关键字，也就是说通过“学号”字段可以将表中的不同记录区分开。

在 MySQL 数据库系统中，可以按照不同的标准对表进行分类。

1. 按照表的用途分类

（1）系统表：用于维护 MySQL 服务器和数据库正常工作的数据表。例如，系统数据库 MySQL 中就存在若干系统表。

（2）用户表：由用户自己创建的、用于各种数据库应用系统开发的表。

（3）分区表：分区表是将数据水平划分为多个单元的表，这些单元可以分布到数据库中的多个文件组中。在维护整个集合的完整性时，使用分区可以快速而有效地访问或管理数据子集，从而使大型表或索引更易于管理。

2. 按照表的存储时间分类

（1）永久表：包括 MySQL 的系统表和用户数据库中创建的数据表，该类表除非人工删除，否则一直存储在介质中。

（2）临时表：临时表只有该表的用户在创建该表时是可见的。如果服务器关闭，则所有临时表会被清空、关闭。

5.1.2 MySQL 数据类型的含义与选用原则

人们都要将现实世界的各类数据抽象后放入数据库中，然而各类信息以什么格式、多大的存储空间进行组织和存储，这就有赖于人们事先的规定。例如，把 2020-02-19 规定为日期格式，就能正常地识别这组字符串的含义，否则就只是一堆无意义的数据。这就是进行数据类型定义的意义。

数据库存储的对象主要是数据，现实中存在着各种不同类型的数据，数据类型就是以数据的表现方式和存储方式来划分的数据种类。有了数据类型就能对数据进行分类，并且对不同类型的数据操作进行定义，进一步赋予该类数据的存储和操作规则。

1. 整数类型

整数由正整数、负整数和0组成，如39、25、−2和33967。在MySQL中，整数存储的数据类型有tinyint、smallint、mediumint、int和bigint。这些类型在很大程度上是相同的，只有它们存储的值的大小不同，如表5.1所示。

表5.1 整数类型

类 型	存储空间/B	最 小 值	最 大 值
tinyint	1	有符号数 −128(-2^7) 无符号数 0	有符号数 127(2^7-1) 无符号数 255(2^8-1)
smallint	2	有符号数 −32768(-2^{15}) 无符号数 0	有符号数 32767($2^{15}-1$) 无符号数 65535($2^{16}-1$)
mediumint	3	有符号数 −8388608(-2^{23}) 无符号数 0	有符号数 8388607($2^{23}-1$) 无符号数 16777215($2^{24}-1$)
int	4	有符号数 −2147483648(-2^{31}) 无符号数 0	有符号数 2147483647($2^{31}-1$) 无符号数 4294967295($2^{32}-1$)
bigint	8	有符号数 −9223372036854775808(-2^{63}) 无符号数 0	有符号数 9223372036854775807($2^{63}-1$) 无符号数 18446744073709551615($2^{64}-1$)

如果超出类型范围的操作，会给出out of range错误提示。为了避免此类问题发生，在选择数据类型时要根据应用的实际情况确定其取值范围，最后根据确定的结果慎重选择数据类型。

如果指定一个字段的类型为int(10)，就表示该数据类型指定的显示宽度为10。显示宽度和数据类型的取值范围无关，显示宽度只是指明MySQL最大可能显示的数字个数，数值的位数小于指定的宽度时会用空格填充。如果插入了大于显示宽度的值，只要该值不超过该类型整数的取值范围，数值依然可以插入，而且能够显示出来。

2. 浮点数类型和定点数类型

MySQL中使用浮点数和定点数来表示小数。浮点数类型有两种：单精度浮点类型(float)和双精度浮点类型(double)。定点数类型只有一种：decimal。浮点数类型和定点数类型都可以用(m,n)来表示，其中m称为精度，表示总共的位数；n称为标度，表示小数的位数。例如语句float(7,3)规定显示的值不会超过7位数字，小数点后面有3位数字。表5.2列举了MySQL中浮点数类型和定点数类型所对应的字节数及其取值范围。

表5.2 MySQL浮点数类型和定点数类型所对应的字节数及其取值范围

数据类型	字节数/B	有符号数的取值范围	无符号数的取值范围
float	4	−3.402823466E+38～ 1.175494351E−38	0和1.175494351E−38～ 3.402823466E+38

续表

数据类型	字节数/B	有符号数的取值范围	无符号数的取值范围
double	8	−1.7976931348623157E+308～2.2250738585072014E−308	0 和 2.2250738585072014E−308～1.7976931348623157E+308
decimal(m,d)	m+2	−1.7976931348623157E+308～2.2250738585072014E−308	0 和 2.2250738585072014E-308～1.7976931348623157E+308

对于小数点后面的位数超过允许范围的值,MySQL 会自动将它四舍五入为最接近它的值,再插入它。例如,将数据类型为 decimal(6,2)的数据 3.1415 插入数据库后,显示的结果为 3.14。

在 MySQL 中,定点数以字符串的形式存储,在对精度要求比较高(如货币、科学数据等)时使用 decimal 类型比较好。两类浮点数进行减法和比较运算时容易出问题,所以在使用浮点数类型时需要注意,尽量避免做浮点数比较。

3. 字符串类型

字符串类型是数据表中数据存储的重要类型之一。字符串类型主要用来存储字符串或文本信息。在 MySQL 数据库中,常用的字符串类型包括 char、varchar、binary、varbinary 等,如表 5.3 所示。

表 5.3 字符串类型

数据类型	取值范围	说明
char	0～255 个字符	定长的数据存储形式是 char(n),n 代表存储的最大字符数
varchar	0～65535 个字符	变长的数据存储形式是 varchar(n),n 代表存储的最大字符数
binary	0～255B	定长的数据存储的是二进制数据,形式是 binary(n),n 代表存储的最大字节数
varbinary	0～65535B	变长的数据存储的是二进制数据,形式是 varbinary(n),n 代表存储的最大字节数

char(n)类型和 varchar(n)类型的区别是:char(n)用于存储定长字符串,如果存入的字符串少于 n 个,仍占 n 个字符的空间;而 varchar(n)用于存储长度可变的字符串,其占用的空间为实际长度加一个字符(是字符串结束符)。

text 类型被视为非二进制字符串(字符字符串)。text 列有一个字符集,并且根据字符集的校对规则对值进行排序和比较。在实际应用中,诸如个人履历、奖惩情况、职业说明、内容简介等信息可设定为 text 数据类型。例如,图书数据处理中的内容简介可以设定为 text 类型。

enum 类型是一种枚举类型,其值在创建时,在列上规定了一列值,语法格式是:字符名 enum(值 1,值 2,…,值 n),enum 类型的字段在取值时,只能在指定的枚举列表中取其中的一个值。因此,对于多个值选取其中一个值的,可以选择 enum 类型。例如,“性别”字段就可以定义成 enum 类型,因为只能在“男”和“女”中选一个。

set 类型是一个字符串对象，可以有 0～64 个值，其定义方式与 enum 类型类似。与 enum 类型的区别是：enum 类型的字段只能从列值中选择一个值，而 set 类型的字段可以从定义的列值中选择多个字符的组合。对于可以选取多个值的字段，可以选择 set 类型。例如，表示兴趣爱好的字段，要求提供多选项选择，可使用 set 数据类型。set('篮球', '足球', '音乐', '电影', '看书', '画画', '摄影')，表示可以选择"篮球""足球""音乐""电影""看书""画画""摄影"中的 0 项或多项。

bit(n)类型是位字段类型，其中 n 表示每个值的位数，范围为 1～64，默认为 1。如某个字段类型为 bit(6)，表示该字段最多可存入 6 位二进制，即最大可存入的二进制数为 111111。

binary 类型和 varbinary 类型用于存放二进制字符串，它们之间的区别类似于 char(n)类型和 varchar(n)类型的区别。

blob，指 binary large object，即二进制大对象，是一个可以存储二进制文件的容器。在计算机中，blob 常常是数据库中用来存储二进制文件的字段类型，典型的 blob 是一幅图片或一个声音文件。blob 分为 4 种类型：tinyblob(n)、blob、mediumblob(n)和 longblob(n)，它们的区别是存储的最大长度不同。

4. 日期和时间类型

表示时间值的日期和时间类型有 year、date、time、datetime 和 timestamp。

每个时间类型有一个有效值范围和一个"零"值，当指定不合法、在 MySQL 中有不能表示的值时使用"零"值。表 5.4 显示了日期和时间类型的相关特性。

表 5.4　日期和时间类型

类　　型	存储长度/B	范　　围	格　　式	用　　途
year	1	1901～2155	yyyy 或'yyyy'	年份值
date	3	1000 01 01～9999 12 31	'yyyy mm dd'或 'yyyymmdd'	日期值
time	3	'−838:59:59'～'838:59:59'	hh:mm:ss	时间值或持续时间
datetime	8	1000 01 01 00:00:00～9999 12 3123:59:59	yyyy mm dd hh:mm:ss	混合日期和时间值
timestamp	4	1970 01 01 00:00:00～2038 01 19 03:14:17	yyyy mm dd hh:mm:ss	混合日期和时间值，时间戳

当只需要显示年份信息时，可以使用 year 类型，可以用 4 位数字格式或 4 位字符串格式，如输入 2020 或'2020'在表中均表示 2020 年。

date 类型用在需要显示年月日的情况，在输入时，年月日中间是否有空格均可。

time 类型用于只需要时间值的情况，取值范围为'−838:59:59'～'838:59:59'，其小时部分如此大的原因是 time 类型不仅可以表示一天的时间，还可能是某个过去的时间或两个时间之间的间隔(可能大于 24 小时，甚至为负)。

datetime 用于需要显示年月日和时间的情况，年月日中的空格和时分秒中的符号":"

是否加上都可以。

timestamp 的显示格式与 datetime 一样，只是 timestamp 的列值范围小于 datetime 类型，另外一个最大的不同是 timestamp 的值与时区有关。

在上述几种日期和时间类型中，其表示格式还有更多复杂的变化，在使用过程中需要注意。

5.1.3 数据列属性的含义与设置

MySQL 中，真正约束字段的是数据类型，但是数据类型的约束太单一，需要有一些额外的约束，来更加保证数据的合法性。

MySQL 中的常用列属性有 AUTO_INCREMENT、NOT NULL、NULL、COMMENT、DEFAULT、PRIMARY KEY 以及 UNIQUE KEY 等。

1. 自增长（AUTO_INCREMENT）

设置自动增长属性，只有整型列才能设置此属性。当插入 NULL 值或 0 到一个 AUTO_INCREMENT 列中时，列被设置为 value+1，在这里 value 是此前表中该列的最大值。AUTO_INCREMENT 顺序从 1 开始。每张表只能有一个 AUTO_INCREMENT 列，并且它必须被索引。

2. 空属性（NOT NULL | NULL）

指定该列是否允许为空。如果不指定，则默认为 NULL。但是在实际开发过程中，尽可能保证所有的数据都不应该为 NULL，空数据没有意义，空数据没有办法参加运算。

3. 列描述（COMMENT）

实际没有什么含义，是专门用于描述字段的，会根据创建语句保存，用于帮助程序员（或者数据库管理员）进行了解的。主要用于查看创建表的语法。

4. 默认值（DEFAULT）

为列指定默认值，默认值必须为一个常数。其中，blob 和 text 列不能被赋予默认值。如果没有为列指定默认值，MySQL 自动分配一个。如果列可以取 NULL 值，默认值就是 NULL。如果列被声明为 NOT NULL，默认值取决于列类型。

（1）对于没有声明 AUTO_INCREMENT 属性的数字类型，默认值是 0。对于一个 AUTO_INCREMENT 列，默认值是在顺序中的下一个值。

（2）对于 timestamp 以外的类型，其默认值是该类型适当的“零”值。对于表中第一个 timestamp 列，默认值是当前的日期和时间。

（3）对于除 enum 之外的字符串类型，默认值是空字符串。对于 enum，默认值是第一个枚举值。

5. 主键(PRIMARY KEY)

一般情况下,对主键的理解是唯一键,一张表中只能有一个字段可以使用主键,用于约束该字段里面的数据,一张表中最多有一个主键。

6. 唯一键(UNIQUE KEY)

一张表往往有很多字段需要具有唯一性,数据不能重复,这个时候用唯一键就能体现其优势,解决表中多个字段需要唯一性约束的问题。唯一键的本质与主键的性质差不多,唯一键允许字段为空,而且可以多个字段为空(空字段不参与唯一性比较)。

5.1.4 设计电子学校系统数据表结构

在电子学校系统中,系统要记录学生的相关信息,包括学生的姓名、性别、所在系部等,还需要记录该生在大学所学的所有课程,包括课程代码、课程名称、任课教师代码等。此外还会生成学生大学期间所有课程的成绩以及所有任课教师信息,这些数据都需要保存在数据库中。然而数据不能直接存放在数据库中,而是要存放到数据库的数据表中。因此,需要在 eleccollege 数据库中建立相应的数据表,分别存储不同的数据记录。

1. 学生信息表 student

学生信息表 student 保存学校所有学生的信息,包括学号、姓名和身份证号等,如表5.5 所示。

表 5.5 学生信息表 student

列　　名	数据类型	长度/b	是否为空	说　　明
stu_no	char	12	非空	主键 学号
stu_name	char	20	非空	姓名
stu_sex	char	2	非空	性别
stu_politicalstatus	varchar	20		政治面貌
stu_birthday	date		非空	出生年月
stu_identitycard	varchar	18	非空	身份证号
stu_speciality	varchar	40	非空	所学专业
stu_address	varchar	50		家庭住址
stu_postcode	char	6		邮政编码
stu_telephone	varchar	18	非空	联系电话
stu_email	varchar	30	非空	电子邮箱
stu_resume	text			个人简介

续表

列　名	数据类型	长度/b	是否为空	说　明
stu_poor	tinyint	1	非空	是否贫困生
stu_enterscore	float		非空	入学成绩
stu_fee	int	11	非空	学费
stu_photo	blob		非空	照片

2. 课程信息表 course

课程信息表 course 保存学校各系部所开设的全部课程信息，包括课程代码、课程名称和任课教师代码等，如表 5.6 所示。

表 5.6　课程信息表 course

列　名	数据类型	长度/b	是否为空	说　明
cou_no	char	8	非空	主键 课程代码
cou_name	varchar	20	非空	课程名称
cou_teacher	char	12	非空	任课教师代码
cou_credit	decimal	3,1	非空	课程学分
cou_type	varchar	20	非空	课程性质
cou_term	tinyint	4	非空	开课学期
cou_introduction	text			课程简介

3. 教师信息表 teacher

教师信息表 teacher 保存学校全部教师的信息，包括教师代码、教师姓名、职称等信息，如表 5.7 所示。

表 5.7　教师信息表 teacher

列　名	数据类型	长度/b	是否为空	说　明
tea_no	char	12	非空	主键 教师代码
tea_name	char	20	非空	教师姓名
tea_profession	varchar	10	非空	职称
tea_department	char	12	非空	所在系部代码
tea_worktime	datetime		非空	参加工作时间
tea_appointment	varchar	50	非空	聘任岗位
tea_research	varchar	80	非空	研究领域

4. 系部信息表 department

系部信息表 department 保存学校各个系部的信息，包括系部编号、系部名称、系主任等信息，如表 5.8 所示。

表 5.8 系部信息表 department

列 名	数据类型	长度/b	是否为空	说 明
dep_no	char	12	非空	主键 系部编号
dep_name	varchar	30	非空	系部名称
dep_head	char	10		系主任
dep_phone	char	12		办公电话
dep_office	varchar	30		办公室

5. 班级信息表 class

班级信息表 class 保存学校各个班级的信息，包括班级编号、班级名称、班级人数等信息，如表 5.9 所示。

表 5.9 班级信息表 class

列 名	数据类型	长度/b	是否为空	说 明
class_id	char	15	非空	主键 班级编号
class_name	varchar	30	非空	班级名称
class_num	int	11	非空	班级人数
class_monitor	char	15		班长
class_teacher	char	12		班主任
class_enteryear	datetime		非空	入学年份

6. 宿舍信息表 dormitory

宿舍信息表 dormitory 保存学校各个宿舍的信息，包括宿舍 ID、宿舍楼编号、房间编号、床位号、学号等信息，如表 5.10 所示。

表 5.10 宿舍信息表 dormitory

列 名	数据类型	长度/b	是否为空	说 明
dor_serialid	char	15	非空	主键 宿舍 ID
dor_floorid	char	15	非空	宿舍楼编号
dor_roomid	char	15	非空	房间编号

续表

列　　名	数据类型	长度/b	是否为空	说　　明
dor_bedid	char	3	非空	床位号
dor_stuid	char	12	非空	学号

7. 成绩信息表 grade

成绩信息表 grade 保存学校每位同学的考试信息,包括学号、课程代码、考试成绩等信息,如表 5.11 所示。

表 5.11　成绩信息表 grade

列　　名	数据类型	长度/b	是否为空	说　　明
gra_stuid	char	12	非空	主键 学号
gra_couno	char	8	非空	主键 课程代码
gra_score	float		非空	考试成绩
gra_time	datetime		非空	考试时间
gra_classroom	varchar	30	非空	考试地点

创建数据表

任务 5.2　创建数据表

任务说明:利用图形化工具和 CREATE TABLE 语句分别创建数据表。

5.2.1　使用图形化工具创建数据表

使用图形化工具对数据表进行操作时,大部分操作都能使用菜单方式完成,而不需要熟练记忆操作命令。下面以 SQLyog 为例,说明使用 MySQL 图形管理工具创建数据表的过程及方法。

使用 SQLyog 客户端软件创建数据表,即利用 SQLyog 客户端软件中的“新表”窗口创建表的结构。“新表”窗口是 MySQL 提供的创建表的一个可视化工具。用户可以使用“新表”窗口完成对表中表名称、存储引擎、数据库、字符集、列等的设置。列的设置管理包括创建列、删除列、修改数据类型、设置主键和索引等。具体操作步骤如下。

【例 5.1】 利用 SQLyog 客户端创建学生信息表 student。

(1) 在“对象浏览器”窗口选择“eleccollege|表”节点。

(2) 右击“表”节点,在弹出的快捷菜单中选择“创建表”命令,出现“新表”窗口,如图 5.3 所示。

(3) 在“新表”窗口中,在“表名称”文本框中,输入要创建的表名称 student。在“数据

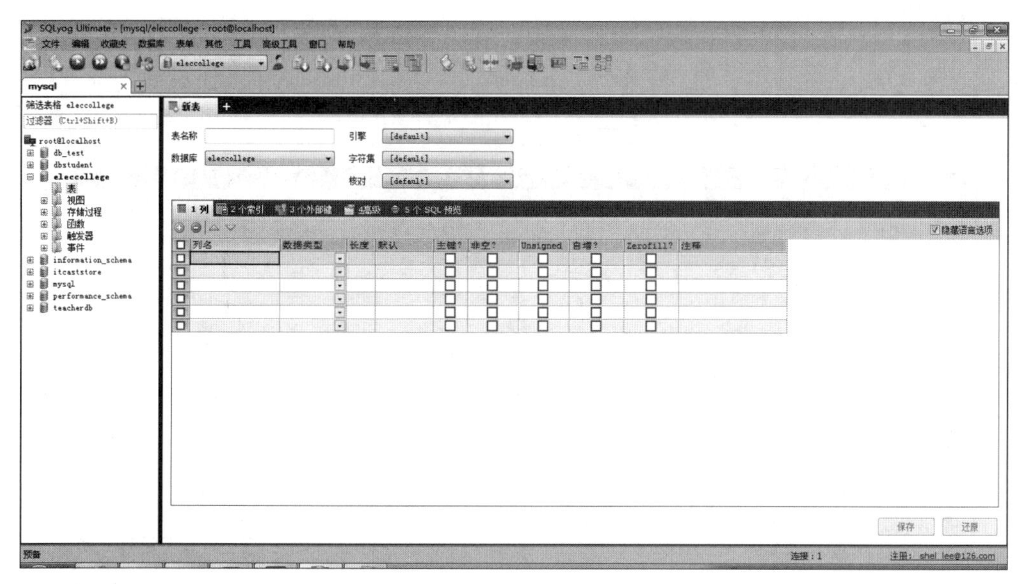

图 5.3 “新表”窗口

库”下拉列表框中，选择表所在的数据库 eleccollege。在“引擎”下拉列表框中选择[default]或者 InnoDB。在“字符集”下拉列表框中，保留默认设置或者选择 utf8，“核对”下拉列表框保留默认设置[default]，如图 5.4 所示。

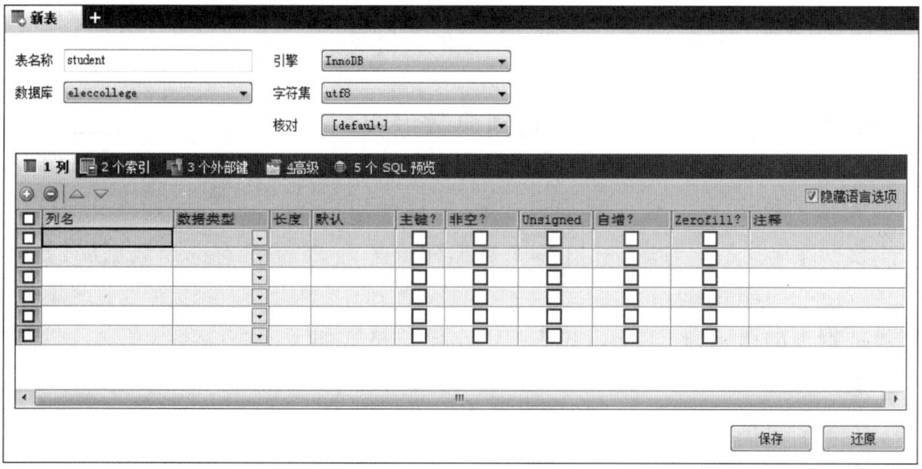

图 5.4 创建 student 表

(4) 在列窗格中，在第一行中设置第一个列。在“列名”中输入列名 stu_no。在“数据类型”下拉列表框中设置该列的数据类型 char，数据长度设置为 12。该列没有默认值，无须设置“默认”属性。选中“主键”复选框，在“非空?”列，由于选中了“主键”复选框，因此自动选中“非空?”复选框。该列不需要设置自动增长属性，因此无须设置“自增?”复选框，在“注释”中输入“学号”。重复以上步骤设置 student 表中的其他字段，student 表的结构如表 5.5 所示。图 5.5 所示为输入的 student 表的全部字段。

图 5.5　student 表结构

（5）单击“保存”按钮，保存 student 表，出现图 5.6 所示的提示框。如果要继续创建表，则单击“是”按钮，否则单击“否”按钮。

（6）刷新“对象浏览器”，新表的相关信息即会出现。

图 5.6　保存表提示框

5.2.2　使用 CREATE TABLE 语句创建数据表

数据表属于数据库，在创建数据表之前，应该使用语句“USE <数据库名>”指定操作是在哪个数据库中进行，如果没有选择数据库，就会抛出 No database selected 的错误。

创建数据表的语句为 CREATE TABLE，语法格式如下。

```
CREATE [TEMPORARY]TABLE  [IF NOT EXISTS]<表名>
(
  字段名 1,数据类型[列级别约束条件][默认值],
  字段名 2,数据类型[列级别约束条件][默认值],
  ⋮
  [表级别约束条件]
)ENGINE="存储引擎";
```

说明如下。

（1）TEMPORARY：该关键字表示用 CREATE 命令新建的表为临时表。不加该关键字创建的表通常称为持久表，在数据库中持久表一旦创建就一直存在，多个用户或者多个应用程序可以同时使用持久表。有时候需要临时存放数据，例如，临时存储复杂的SELECT语句的结果。此后，可能要重复地使用这个结果，但这个结果又不需要永久保存，这时，可以使用临时表。用户可以像操作持久表一样操作临时表。只不过临时表的生命周期较短，而且只能对创建它的用户可见，当断开与该数据库的连接时，MySQL会自动删除它。

(2) IF NOT EXISTS：在创建表前加上一个判断，只有该表目前尚不存在时才执行CREATE TABLE操作。用此选项避免出现表已经存在无法再新建的错误。

(3) 表名：要创建的表名。表名必须符合标识符命名规则，如果有MySQL保留字必须用单引号引起来。

(4) 字段名：表中列的名字。字段名必须符合标识符命名规则，长度不能超过64个字符，而且在表中要唯一。如果有MySQL保留字必须用单引号引起来。

(5) 数据类型：列的数据类型，有的数据类型需要指明长度n，并用括号括起来，MySQL支持的数据类型在5.1.1节中已经介绍过。

(6) 列级别约束条件：指定一些约束条件，来限制该列能够存储哪些数据。关系数据库中主要存在5种约束(Constraint)：非空、唯一、主键、外键、检查。除了这5种标准的约束，MySQL中还扩展了一些约束，比较常用的有默认值和标识列。

(7) 表级别约束条件：可以应用于一列上，也可以应用在一张表中的多个列上。如果你创建的约束涉及该表的多个属性列，则必须创建的是表级约束；否则既可以定义在列级上，也可以定义在表级上，此时只是SQL语句格式不同而已。

(8) ENGINE＝"存储引擎"：MySQL支持数个存储引擎作为对不同表的类型的处理器，使用时要用具体的存储引擎代替"存储引擎"，如ENGINE＝InnoDB。

MySQL支持的存储引擎有MyISAM，用来管理非事务表。它提供高速存储和检索以及全文搜索能力。它是默认的存储引擎，除非用户配置MySQL默认使用另外一个引擎。InnoDB和BDB存储引擎提供事务安全表。用户可以按照喜好通过配置MySQL来允许或禁止任一引擎。

【例5.2】 在数据库eleccollege中创建课程信息表course，表结构如表5.6所示。

执行语句如下。

```
USE eleccollege;
CREATE TABLE course (
  cou_no char(8)  NOT NULL  PRIMARY KEY,
  cou_name varchar(20)  NOT NULL,
  cou_teacher char(12)  NOT NULL,
  cou_credit decimal(3,1)  NOT NULL,
  cou_type varchar(20)  NOT NULL,
  cou_term tinyint(4)  NOT NULL,
  cou_introduction  text,
) ENGINE=InnoDB DEFAULT CHARSET=utf8;
```

在上面的例子中，每个字段都包含附加约束或修饰符，这些可以用来增加对所输入数据的约束。PRIMARY KEY 表示将 cou_no 字段定义为主键。NOT NULL 表示字段必须录入值。ENGINE=InnoDB 表示采用的存储引擎是 InnoDB,InnoDB 是 MySQL 在 Windows 平台默认的存储引擎,所以 ENGINE=InnoDB 也可以省略。

任务 5.3　维护数据表

任务说明:表结构创建完成后,为确保表的定义正确,可以查看表结构的定义。采用两种方式来查看:一种是通过工具软件的图形化界面查看;另一种是通过 MySQL Command Line Client 方式使用 DESCRIBE 和 SHOW CREATE TABLE 语句来查看。

5.3.1　使用图形化工具查看表结构

【例 5.3】 查看系部信息表 department 的结构、索引等信息。

方法 1:可以利用"对象浏览器"查看表的结构和索引等信息。

选中系部信息表 department,展开"栏位"和"索引"节点,即可看到相关信息,如图 5.7 所示。

说明:图中的"栏位"节点,实际上是表中的列(字段)。选择"工具|更改语言"命令,将界面语言设置为 English,然后重启 SQLyog 软件,展开 eleccollege 数据库中的 department 数据表,结果如图 5.8 所示。将清楚地看到,数据库由数据表(Tables)、视图(Views)、存储过程(Stored Procs)、函数(Functions)、触发器(Triggers)和事件(Events)等数据库对象组成。

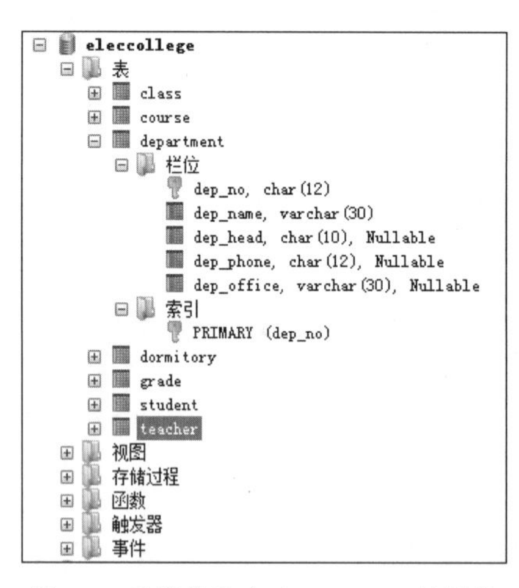

图 5.7　系部信息表 department 的结构

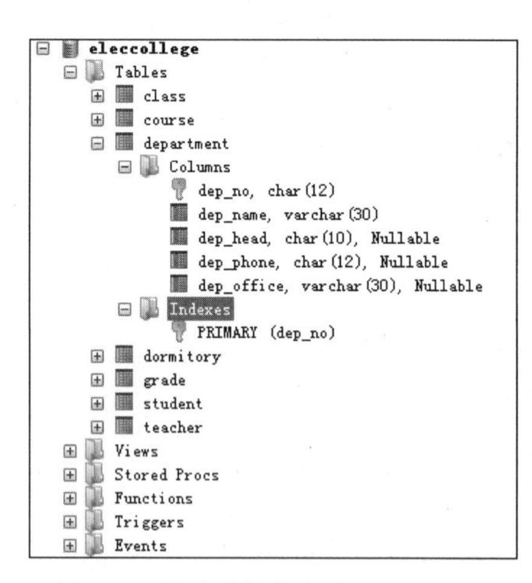

图 5.8　展开系部信息表 department

方法 2:利用查询窗口来查看系部信息表 department 的信息。

选中 department 表,在右侧"查询编辑器选项卡",打开"信息"选项卡,如图 5.9 所示。其中显示了系部信息表 department 的列信息、索引信息和 DDL 信息。

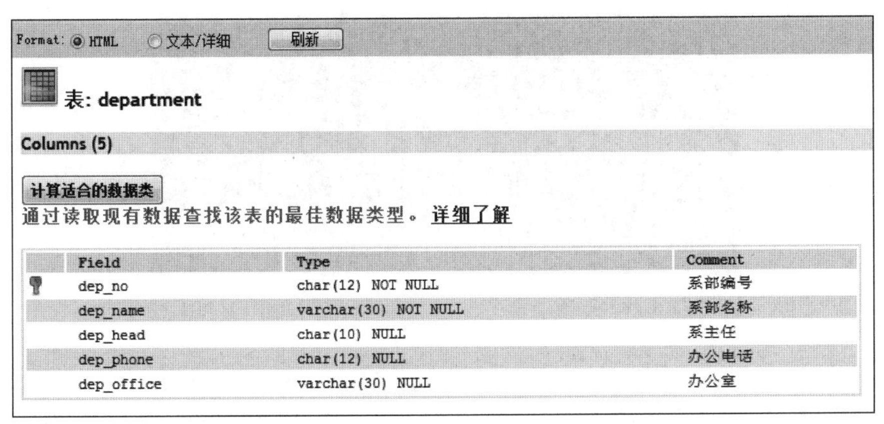

Format: HTML 文本/详细 刷新

表: department

Columns (5)

计算适合的数据类

通过读取现有数据查找该表的最佳数据类型。详细了解

	Field	Type	Comment
	dep_no	char(12) NOT NULL	系部编号
	dep_name	varchar(30) NOT NULL	系部名称
	dep_head	char(10) NULL	系主任
	dep_phone	char(12) NULL	办公电话
	dep_office	varchar(30) NULL	办公室

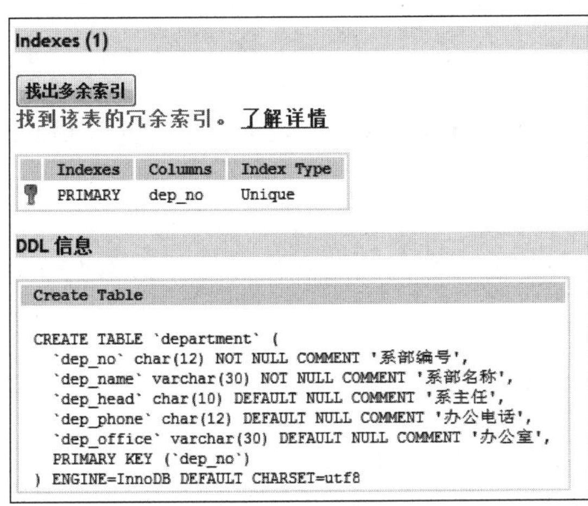

Indexes (1)

找出多余索引

找到该表的冗余索引。了解详情

	Indexes	Columns	Index Type
	PRIMARY	dep_no	Unique

DDL 信息

Create Table

```
CREATE TABLE `department` (
  `dep_no` char(12) NOT NULL COMMENT '系部编号',
  `dep_name` varchar(30) NOT NULL COMMENT '系部名称',
  `dep_head` char(10) DEFAULT NULL COMMENT '系主任',
  `dep_phone` char(12) DEFAULT NULL COMMENT '办公电话',
  `dep_office` varchar(30) DEFAULT NULL COMMENT '办公室',
  PRIMARY KEY (`dep_no`)
) ENGINE=InnoDB DEFAULT CHARSET=utf8
```

图 5.9 department 表结构信息

5.3.2 使用 DESCRIBE/DESC 语句查看表结构

DESCRIBE/DESC 语句可以查表的字段信息，包括字段名、字段数据类型、是否为主键、是否有默认值等。语法格式如下。

```
{DESCRIBE I DESC} 表名 [列名|通配符]
```

说明：

(1) DESC 是 DESCRIBE 的简写，二者用法相同。

(2) 列名|通配符，可以是一个列名称，或一个包含“%”和“_”通配符的字符串，用于输出与字符串相匹配的各列的信息。没有必要在引号中包含字符串，除非其中包含空格或其他特殊字符。

【例 5.4】 通过 DESCRIBE 查看系部信息表 department 的基本结构，如图 5.10 所示。

```
mysql> use eleccollege;
Database changed
mysql> DESCRIBE department;
+------------+-------------+------+-----+---------+-------+
| Field      | Type        | Null | Key | Default | Extra |
+------------+-------------+------+-----+---------+-------+
| dep_no     | char(12)    | NO   | PRI | NULL    |       |
| dep_name   | varchar(30) | NO   |     | NULL    |       |
| dep_head   | char(10)    | YES  |     | NULL    |       |
| dep_phone  | char(12)    | YES  |     | NULL    |       |
| dep_office | varchar(30) | YES  |     | NULL    |       |
+------------+-------------+------+-----+---------+-------+
5 rows in set (0.01 sec)
```

图 5.10　查看系部信息表 department 的基本结构

各列的含义：Field 列是表 department 定义的字段名称；Type 列是字段类型及长度；Null 列表示某字段是否可以为空值；Key 列表示某字段是否为主键；Default 列表示该字段是否有默认值；Extra 列表示某字段的附加信息。

5.3.3　使用 SHOW CREATE TABLE 语句查看表的详细结构

使用 SHOW CREATE TABLE 语句可以显示出创建表时的定义语句，还可以查看表的存储引擎和字符编码。在表名之后加上参数“\G”，可以使所显示的信息更加简洁。语法格式如下。

```
SHOW CREATE TABLE 表名 [\G];
```

【例 5.5】 通过 SHOW CREATE TABLE 查看系部信息表 department 的详细信息，如图 5.11 所示。

```
mysql> use eleccollege;
Database changed
mysql> SHOW CREATE TABLE department \G
*************************** 1. row ***************************
       Table: department
Create Table: CREATE TABLE `department` (
  `dep_no` char(12) NOT NULL COMMENT '系部编号',
  `dep_name` varchar(30) NOT NULL COMMENT '系部名称',
  `dep_head` char(10) DEFAULT NULL COMMENT '系主任',
  `dep_phone` char(12) DEFAULT NULL COMMENT '办公电话',
  `dep_office` varchar(30) DEFAULT NULL COMMENT '办公室',
  PRIMARY KEY (`dep_no`)
) ENGINE=InnoDB DEFAULT CHARSET=utf8
1 row in set (0.00 sec)
```

图 5.11　查看系部信息表 department 的详细信息

通过以上两个查看命令的应用可见，它们的侧重点是不一样的。如果是查询表的基本结构，用 DESCRIBE 命令；如果是查看表创建时使用的语句以及存储引擎和字符编码，用 SHOW CREATE TABLE 命令。

5.3.4　使用 SHOW TABLES 语句显示所有数据表的列表

使用 SHOW TABLES 语句查看所有的表和视图信息，语法格式如下。

```
SHOW [FULL] TABLES [{FROM|IN} 数据库名] [LIKE 'pattern' | WHERE  expr]
```

其中说明如下。

(1) FULL：以完整格式显示表的名称和表的类型。

(2) 数据库名：要查看的数据库名。

(3) LIKE 子句：确定要查看的数据表名称给定的条件。

(4) WHERE 子句：确定要查看的数据表名称给定的条件。

【例 5.6】 通过 SHOW TABLES 查看 eleccollege 数据库中所有的数据表的信息，如图 5.12 所示。

```
mysql> use eleccollege;
Database changed
mysql> SHOW FULL TABLES;
+-----------------------+------------+
| Tables_in_eleccollege | Table_type |
+-----------------------+------------+
| class                 | BASE TABLE |
| course                | BASE TABLE |
| department            | BASE TABLE |
| dormitory             | BASE TABLE |
| grade                 | BASE TABLE |
| student               | BASE TABLE |
| teacher               | BASE TABLE |
| view_depinfo          | VIEW       |
| view_stuinfo          | VIEW       |
| view_teainfo          | VIEW       |
+-----------------------+------------+
10 rows in set (0.22 sec)
```

图 5.12 查看 eleccollege 数据库中所有的数据表的信息

在 eleccollege 数据库中有 7 个基本表和 3 个视图，其中，有关视图的知识将在后面章节介绍。

任务 5.4 修改数据表结构

任务说明：修改表是指修改数据库中已存在的表的定义。修改表比重新定义表简单，不需要重新加载数据，也不会影响正在进行的服务。MySQL 中通过 ALTER TABLE 语句来修改表。修改表包括修改表名、修改字段数据类型、修改字段名、增加字段、删除字段、修改字段的排列位置、更改默认存储引擎和删除数据表的外键约束等。本节将利用 ALTER TABLE 语句实现对电子学校系统数据库中教师信息表 teacher 的修改。

5.4.1 使用图形化工具修改表结构

在 SQLyog 客户端软件中，右击要修改的表，在弹出的快捷菜单中选择“改变表”命令，打开“表设计”窗口。在该窗口，用户可以修改列名、列的数据类型和是否为空等属性，可以添加列、删除列，也可以指定表的主关键字约束。

1. 添加列

在表的设计器中，在要添加列的位置，单击⊕按钮，添加一空行，然后在添加的空行中，输入列的相关属性。

2. 删除列

在表的设计器中，选择要删除的列，单击⊖按钮。

3. 修改列的属性

当表中存有记录时，一般不要轻易改变列的属性，尤其不要改变列的数据类型，以免发生错误。当改变列的属性时，必须保证原数据类型能够转换为新数据类型。

4. 修改表名

在表设计器中，在“表名称”文本框中输入新的表名称，然后单击“保存”按钮，在弹出的对话框中单击“确定”按钮。

【例 5.7】 与创建表一样，这里仍然使用 SQLyog 工具来修改数据表。以教师信息表为例，完成教师民族列的添加、修改、删除等操作。具体操作如下。

（1）打开要修改的数据表的设计器。

在图 5.13 所示的界面中，单击 Tables 节点，可以查看所有的数据表。右击要修改的数据表，在弹出的快捷菜单中选择“改变表”命令。

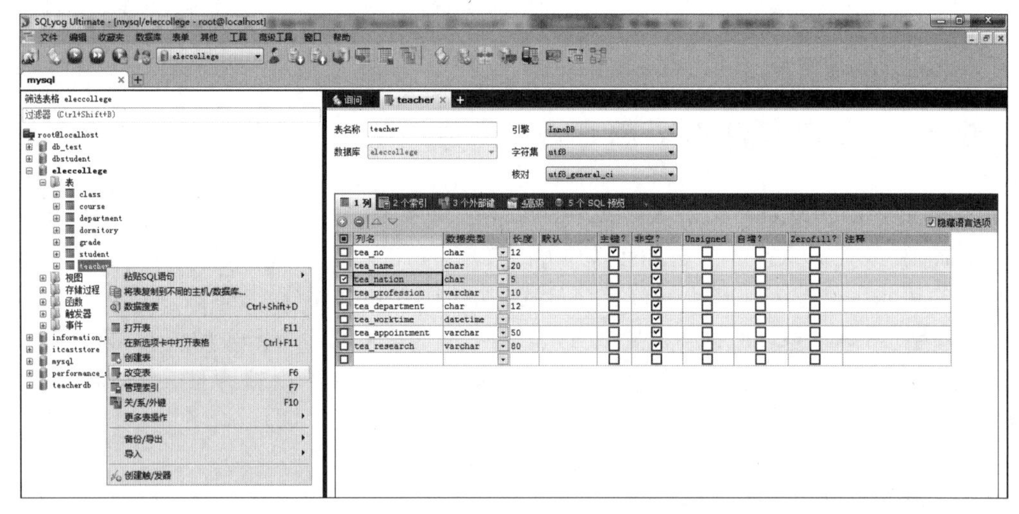

图 5.13　设计表界面

（2）修改数据表的信息。

在图 5.13 所示的界面中，可以直接修改表中列的名字、数据类型等信息。当需要为数据表中添加或删除列时，可以使用工具栏上的“插入”或“删除”按钮来完成相应的操作。这里，要在 tea_name 列之后添加教师民族 tea_nation 一列，效果如图 5.14 所示。

图 5.14　修改后的教师信息表

（3）保存并退出。

在修改完数据表信息后，单击图 5.14 右下方的“保存”按钮，完成数据表信息的保存。然后，直接关闭设计表的窗体即可完成对数据表信息的修改操作。

5.4.2　使用 ALTER TABLE 语句修改表结构

MySQL 使用 ALTER TABLE 语句修改表。例如，可以增加或删除列，修改字段名，修改字段的数据类型和修改表名等。

```
ALTER TABLE tb_name
ADD [COLUMN] create_definition [FIRST I AFTER  col_name]     //添加新字段
| ADD INDEX [index_name] (index_ col_name, …)                  //添加索引名称
| ADD PRIMARY KEY (index_col_name,…}                           //添加主键名称
| ADD UNIQUE [index name] (index_col_name,…)                   //添加唯一索引
| ALTER [COLUMN] col_name {SET DEFAULT literal DROF DEFAULT}   //修改默认值
| CHANGE [COLUMN] old_col_name  create_ definition             //修改字段名和类型
| MODIFY [COLUMN] create_definition                            //修改字段类型
| DROP [COLUMN] col_name                                       //删除字段名称
| DROF PRIMARY KEY                                             //删除主键
| DROF INDEX index_name                                        //删除索引名称
| RENAME [AS] new_tb_name                                      //修改表名
| table options
```

其中：

（1）tb_name 指表名。

（2）col_name 指列名。

（3）create_definition 是指定义列的数据类型和属性。

(4) FIRST|AFTER 参照列的列名，表示新增列在参照列的前或后添加，如果不指定则添加到最后。

【例 5.8】 在教师信息表(teacher)的教师姓名(tea_name)字段后新增一个名为教师民族(tea_nation)的字段，要求数据类型为 char(5)，在修改表时，使用 ADD 关键字添加列，具体代码如下。

```
ALTER TABLE teacher ADD tea_nation  CHAR(5) NOT NULL AFTER tea_name
```

通过上面的语句，在 teacher 表中已经添加了一列。查看添加前后表的基本结构，如图 5.15 和图 5.16 所示。

```
mysql> desc teacher;
+-----------------+-------------+------+-----+---------+-------+
| Field           | Type        | Null | Key | Default | Extra |
+-----------------+-------------+------+-----+---------+-------+
| tea_no          | char(12)    | NO   | PRI | NULL    |       |
| tea_name        | char(20)    | NO   |     | NULL    |       |
| tea_profession  | varchar(10) | NO   |     | NULL    |       |
| tea_department  | char(12)    | NO   |     | NULL    |       |
| tea_worktime    | datetime    | NO   |     | NULL    |       |
| tea_appointment | varchar(50) | NO   |     | NULL    |       |
| tea_research    | varchar(80) | NO   | MUL | NULL    |       |
+-----------------+-------------+------+-----+---------+-------+
7 rows in set (0.03 sec)
```

图 5.15　添加字段之前的表结构

```
mysql> desc teacher;
+-----------------+-------------+------+-----+---------+-------+
| Field           | Type        | Null | Key | Default | Extra |
+-----------------+-------------+------+-----+---------+-------+
| tea_no          | char(12)    | NO   | PRI | NULL    |       |
| tea_name        | char(20)    | NO   |     | NULL    |       |
| tea_nation      | char(5)     | NO   |     | NULL    |       |
| tea_profession  | varchar(10) | NO   |     | NULL    |       |
| tea_department  | char(12)    | NO   |     | NULL    |       |
| tea_worktime    | datetime    | NO   |     | NULL    |       |
| tea_appointment | varchar(50) | NO   |     | NULL    |       |
| tea_research    | varchar(80) | NO   | MUL | NULL    |       |
+-----------------+-------------+------+-----+---------+-------+
8 rows in set (0.01 sec)
```

图 5.16　添加字段之后的表结构

【例 5.9】 将教师信息表(teacher)中教师民族(tea_nation)字段的数据类型修改为 varchar(20)，具体代码如下。

```
ALTER TABLE teacher MODIFY  tea_nation  varchar(20) NOT NULL;
```

然后再查看修改后的表的基本结构，如图 5.17 所示。

【例 5.10】 将教师信息表(teacher)中教师民族(tea_nation)列的名字修改成 tea_nation_update，具体代码如下。

```
ALTER TABLE teacher CHANGE tea_nation tea_nation_update varchar(20) NOT NULL
```

通过上面的语句就把教师民族列的列名由 tea_nation 修改成了 tea_nation_update，

```
mysql> desc teacher;
+------------------+-------------+------+-----+---------+-------+
| Field            | Type        | Null | Key | Default | Extra |
+------------------+-------------+------+-----+---------+-------+
| tea_no           | char(12)    | NO   | PRI | NULL    |       |
| tea_name         | char(20)    | NO   |     | NULL    |       |
| tea_nation       | varchar(20) | NO   |     | NULL    |       |
| tea_profession   | varchar(10) | NO   |     | NULL    |       |
| tea_department   | char(12)    | NO   |     | NULL    |       |
| tea_worktime     | datetime    | NO   |     | NULL    |       |
| tea_appointment  | varchar(50) | NO   |     | NULL    |       |
| tea_research     | varchar(80) | NO   | MUL | NULL    |       |
+------------------+-------------+------+-----+---------+-------+
8 rows in set (0.01 sec)
```

图 5.17　修改字段类型后的表结构

查看修改后的表结构，如图 5.18 所示。

```
mysql> desc teacher;
+-------------------+-------------+------+-----+---------+-------+
| Field             | Type        | Null | Key | Default | Extra |
+-------------------+-------------+------+-----+---------+-------+
| tea_no            | char(12)    | NO   | PRI | NULL    |       |
| tea_name          | char(20)    | NO   |     | NULL    |       |
| tea_nation_update | varchar(20) | NO   |     | NULL    |       |
| tea_profession    | varchar(10) | NO   |     | NULL    |       |
| tea_department    | char(12)    | NO   |     | NULL    |       |
| tea_worktime      | datetime    | NO   |     | NULL    |       |
| tea_appointment   | varchar(50) | NO   |     | NULL    |       |
| tea_research      | varchar(80) | NO   | MUL | NULL    |       |
+-------------------+-------------+------+-----+---------+-------+
8 rows in set (0.01 sec)
```

图 5.18　修改列名后的效果

【例 5.11】　删除教师信息表(teacher)中教师民族(tea_nation_update)一列，具体代码如下。

```
ALTER TABLE teacher  DROP COLUMN tea_nation_update
```

通过上面的语句就把教师民族列删除了，此时 teacher 表中就只剩下 7 列。

注意：为了防止错误修改表信息，可以在修改之前先将表的结构备份。另外，如果在数据表中已经有数据存在，在修改数据表的数据长度信息时，要考虑修改后的长度不要小于表中该字段最长内容的长度。

【例 5.12】　将教师信息表 teacher 改名为 teacher_update，具体代码如下。

```
ALTER  TABLE  teacher  RENAME  teacher_update
```

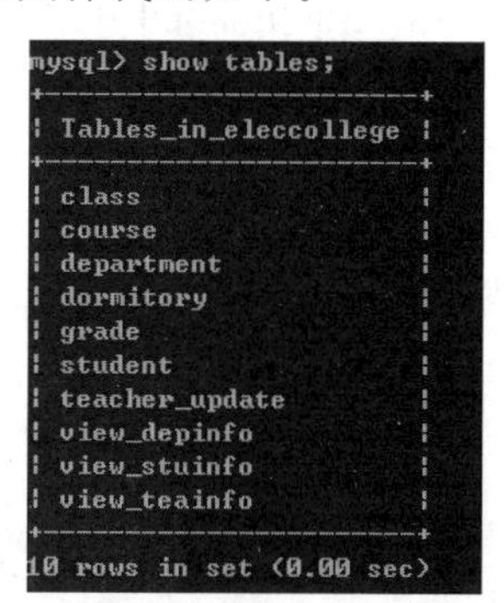

```
mysql> show tables;
+------------------------+
| Tables_in_eleccollege  |
+------------------------+
| class                  |
| course                 |
| department             |
| dormitory              |
| grade                  |
| student                |
| teacher_update         |
| view_depinfo           |
| view_stuinfo           |
| view_teainfo           |
+------------------------+
10 rows in set (0.00 sec)
```

图 5.19　修改之后的表名

通过上面的语句就把教师信息表的名字修改为 teacher_update，此时再查修改表名后的表，如图 5.19 所示。

表名可以在一个数据库中唯一地确定一张表，数据库系统通过表名来区分不同的表。除了上面的 ALTER TABLE 命令，还可以直接用 RENAME TABLE 语句来更改表的名字。其语法格式如下。

```
RENAME  TABLE  tb_name  TO  new_tb_name;
```

其中,tb_name 是修改之前的表名,new_tb_name 是修改之后的表名。该语句可以同时对多个数据表进行重命名,多张表之间以逗号分隔。

【例 5.13】 将教师信息表 teacher_update 改名为 teacher,具体代码如下。

```
RENAME  TABLE  teacher_update  TO  teacher
```

MySQL 存储引擎是指 MySQL 数据库中表的存储类型。MySQL 存储引擎包括 InnoDB、MyISAM、MEMORY 等。在创建表时,存储引擎就已经设定好。如果要改变,可以通过重新创建一张表来实现。这样做可以达到目的,但必然会影响表中的数据,而且操作比较麻烦。MySQL 中,可以使用 ALTER TABLE 语句更改表的存储引擎类型。语法格式如下。

```
ALTER TABLE 表名 EXGINE=存储引擎名;
```

【例 5.14】 将教师信息表 teacher 的存储引擎修改为 MyISAM,具体代码如下。

```
ALTER TABLE  teacher EXGINE=MyISAM;
```

任务 5.5　复制数据表

任务说明:利用图形化工具和 SQL 语句对数据表进行复制。

5.5.1　使用图形化工具复制表

【例 5.15】 与创建表一样,这里仍然使用 SQLyog 工具来复制数据表。以教师信息表为例,完成复制表的操作。具体操作如下。

1. 打开要复制的数据表的设计器

在图 5.20 所示的界面中,单击 eleccollege 节点,可以查看到所有的数据表。右击 teacher 表,在弹出的快捷菜单中选择“更多表操作|复制表格/结构/数据”命令,弹出图 5.21 所示界面。

2. 复制数据表的信息

在图 5.21 所示的界面中,可以直接修改复制表的表名,可以选择是复制所有字段还是复制部分字段,以及在复制时是只复制数据表的结构还是把原始表中的数据一起复制到新表中。

3. 保存并退出

在选择完需要复制数据表的信息后,单击图 5.21 右下方的“复制”按钮,完成数据表的复制。

图 5.20 设计表界面

图 5.21 重复表界面

5.5.2 使用 SQL 语句复制表

当需要建立的数据库表与已有数据库表的结构相同时,可以采用复制表的方法复制现有数据库表的结构,也可以复制表的结构和数据。

语法格式如下。

```
CREATE TABLE [IF NOT EXISTS] 新表名 [LIKE 参照表名]|[AS (SELECT 语句)]
```

说明：

(1) LIKE：使用 LIKE 关键字创建一个与参照表名相同结构的新表，列名、数据类型、空指定和索引也将复制，但是不会复制表的内容。因此，创建的新表是一个空表。

(2) AS：使用 AS 关键字可以复制表的内容，但索引和完整性约束是不会复制的。SELECT 语句表示一个表达式，AS 关键字后面可以跟一条 SELECT 语句。

【例 5.16】 在数据库 eleccollege 中，用复制的方式创建一个名为 teacher_copy 的表，表结构直接取自 teacher 表；另外再创建一个名为 teacher_copy2 的表，其结构和内容（数据）都取自 teacher 表。

创建 teacher_copy 表：

```
CREATE TABLE teacher_copy LIKE teacher
```

创建 teacher_copy2 表：

```
CREATE TABLE teacher_copy2  AS (SELECT * FROM teacher);
```

执行过程及结果，如图 5.22 所示。

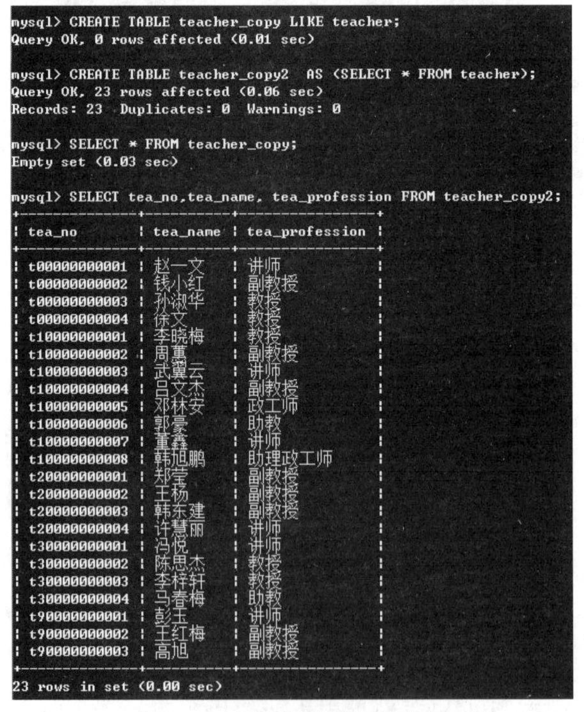

```
mysql> CREATE TABLE teacher_copy LIKE teacher;
Query OK, 0 rows affected (0.01 sec)

mysql> CREATE TABLE teacher_copy2  AS (SELECT * FROM teacher);
Query OK, 23 rows affected (0.06 sec)
Records: 23  Duplicates: 0  Warnings: 0

mysql> SELECT * FROM teacher_copy;
Empty set (0.03 sec)

mysql> SELECT tea_no,tea_name, tea_profession FROM teacher_copy2;
+--------------+----------+----------------+
| tea_no       | tea_name | tea_profession |
+--------------+----------+----------------+
| t00000000001 | 赵一文   | 讲师           |
| t00000000002 | 钱小红   | 副教授         |
| t00000000003 | 孙淑华   | 教授           |
| t00000000004 | 徐文     | 教授           |
| t10000000001 | 李晓梅   | 教授           |
| t10000000002 | 周蕙     | 副教授         |
| t10000000003 | 武翼云   | 讲师           |
| t10000000004 | 吕文杰   | 副教授         |
| t10000000005 | 邓林安   | 政工师         |
| t10000000006 | 郭豪     | 助教           |
| t10000000007 | 董鑫     | 讲师           |
| t10000000008 | 韩旭鹏   | 助理政工师     |
| t20000000001 | 郑宝     | 副教授         |
| t20000000002 | 王杨     | 副教授         |
| t20000000003 | 韩东建   | 副教授         |
| t20000000004 | 许慧丽   | 讲师           |
| t30000000001 | 冯悦     | 讲师           |
| t30000000002 | 陈思杰   | 教授           |
| t30000000003 | 李梓轩   | 教授           |
| t30000000004 | 马春梅   | 助教           |
| t90000000001 | 彭玉     | 讲师           |
| t90000000002 | 王红梅   | 副教授         |
| t90000000003 | 高旭     | 副教授         |
+--------------+----------+----------------+
23 rows in set (0.00 sec)
```

图 5.22　用复制的方法创建表

任务 5.6 删除数据表

任务说明：删除数据表是指删除数据库中已存在的表。删除数据表时，会删除数据表中的所有数据，因此，在删除数据表时要特别注意。本实例中分别通过图形化工具和DROP TABLE 语句来删除电子学校系统中的数据表。

5.6.1 使用图形化工具删除数据表

在删除数据表的同时，数据表结构定义和所有数据都会被删除。因此，在进行删除操作前，最好对数据表的数据做好备份，以免造成无法挽回的后果。

【例 5.17】 与创建表一样，这里仍然使用 SQLyog 工具来删除数据表。以 teacher_copy 表为例，完成删除数据表的操作。具体操作如下。

1. 打开要删除的数据表的设计器

在图 5.23 所示的界面中，单击 eleccollege 节点，可以查看到所有的数据表。右击 teacher_copy 表，在弹出的快捷菜单中选择“更多表操作|从数据库删除表”命令。

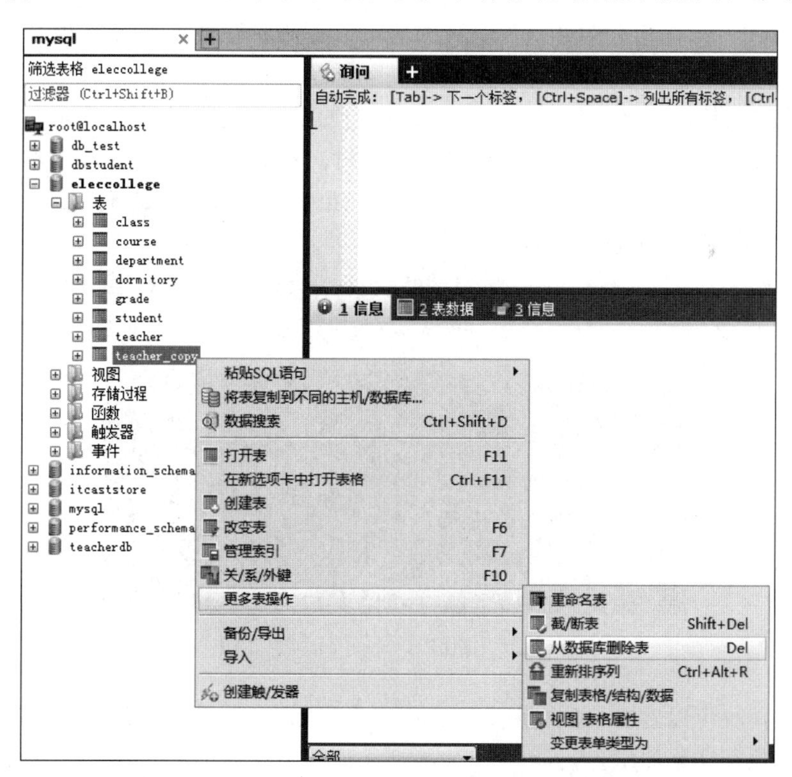

图 5.23 设计表界面

2. 删除数据表的信息

在图 5.24 所示的警告对话框中，单击“是”按钮，完成删除任务。

图 5.24　删除表提示框

5.6.2　使用 DROP TABLE 语句删除数据表

通过 DROP TABLE 语句删除数据表，语句如下。

```
DROP TABLE [IF EXISTS] 数据表 1 [,数据表 2]… [,数据表 n];
```

在 MySQL 中，使用 DROP TABLE 一次可以删除一张或多张没有被其他数据表关联的数据表，其中“数据表 n”为待删除数据表的名称，删除多张数据表时，只需要将待删除数据表的表名依次写在 DROP TABLE 之后，使用半角逗号分隔开即可。如果待删除的数据表不存在，则 MySQL 会给出一条提示信息。参数 IF EXISTS 用于在删除数据表之前判断待删除的表是否存在，加上该参数后，如果待删除的数据表不存在，则 SQL 语句可以顺利执行，但会显示提示信息。

【例 5.18】 删除 teacher_copy 表。在执行代码之前，先用 DESC 语句查看 teacher_copy 表是否存在，以便在删除后进行对比。DESC 语句执行后的显示结果如图 5.25 所示。

```
mysql> DESC teacher_copy;
+------------------+-------------+------+-----+---------+-------+
| Field            | Type        | Null | Key | Default | Extra |
+------------------+-------------+------+-----+---------+-------+
| tea_no           | char(12)    | NO   | PRI | NULL    |       |
| tea_name         | char(20)    | NO   |     | NULL    |       |
| tea_profession   | varchar(10) | NO   |     | NULL    |       |
| tea_department   | char(12)    | NO   |     | NULL    |       |
| tea_worktime     | datetime    | NO   |     | NULL    |       |
| tea_appointment  | varchar(50) | NO   |     | NULL    |       |
| tea_research     | varchar(80) | NO   | MUL | NULL    |       |
+------------------+-------------+------+-----+---------+-------+
7 rows in set (0.16 sec)
```

图 5.25　删除 teacher_copy 表之前

从查询结果可以看出，当前存在 teacher_copy 表。然后，执行 DROP TABLE 语句删除数据表。执行结果如下。

```
mysql> DROP TABLE teacher_copy;
Query OK, 0 rows affected (0.20 sec)
```

代码执行完毕,结果显示执行成功。为了检验数据库中是否还存在 teacher_copy 表,使用 DESC 语句重新查看 teacher_copy 表。查看结果如下。

```
mysql> DROP TABLE teacher_copy;
ERROR 1051 (42S02): Unknown table 'teacher_copy'
```

查询结果显示,teacher_copy 表已不存在,说明删除操作执行成功。

删除一张表时,表中的所有数据也会被删除。因此,在删除数据表时一定要慎重。最稳妥的方法是先将表中所有数据备份出来,然后再删除数据表。一旦删除数据表后发现造成了损失,可以通过备份的数据还原表,以尽可能降低损失。

如果数据库中某些表之间已建立了关联关系,一些表成为主表,并被其他表所关联,那么要删除这些主表,情况则较为复杂。如果直接删除主表,此时的删除操作会失败。其原因是直接删除主表,将破坏参照完整性。如果必须要删除主表,则可以先删除与它关联的子表,再删除主表,只是这样做会同时删除两个数据表中的数据。某些情况下可能要保留子表,这时如果要单独删除主表,只需将关联表的外键约束取消,再删除主表即可。

任务 5.7 操作数据表中的数据记录

任务说明:在使用数据库之前,数据库中必须要有数据。数据库通过插入、更新、删除等方式来改变表中的记录。使用 INSERT 语句可以实现向表中插入新的记录。使用 UPDATE 语句可以改变表中已经存在的数据。使用 DELETE 语句可以删除数据表中不再使用的数据。

5.7.1 添加数据记录

添加数据记录

MySQL 使用 INSERT 语句向数据表中插入新的数据记录。该 SQL 语句可以通过以下 4 种方式使用:①插入完整的数据记录;②插入数据记录的一部分;③插入多条数据记录;④插入另一张表的查询结果。

1. 插入新记录

通过 INSERT 语句向表中插入一行或多行全新的记录,语法格式如下。

```
INSERT [INTO]表名[(列名 1,列名 2,…)]
VALUES({表达式|DEFAULT},… ),(…),…
```

说明:

(1) 表名:用于存储数据的数据表的表名。

(2) 列名:需要插入数据的列名,如果要给所有列都插入数据,列名可以省略;如果只给表的部分列插入数据,需要指定这些列名。对于没有指出的列,将按下面的原则来处理。

① 具有 AUTO_INCREMENT 属性的列,系统生成序号值来唯一标记列。

② 具有默认值的列,其值为默认值。

③ 没有默认值的列,若允许为空值,则其值为空值;若不允许为空值,则出错。

④ 类型为 timestamp 的列,系统自动赋值。

(3) VALUES 子句:包含各列需要插入的数据清单,数据的顺序要与列的顺序相对应,若表名后不给出列名,则在 VALUES 子句中要给表中的每一列赋值,如果列值为空,则其值必须置为 NULL,否则会出错。

【例 5.19】 向 eleccollege 数据库的 department 表中插入如表 5.12 所示的一行数据。

表 5.12 department 表的单条数据记录

系部编号	系部名称	系主任	办公电话	办公室
d00000000006	护理系	张新	022-27883988	C286

INSERT 语句的代码如下。

```
INSERT INTO department(dep_no,dep_name,dep_head,dep_phone,dep_office)
VALUES('d00000000006','护理系','张新','022-27883988','C286')
```

如果要向表中所有字段插入数据,可以省略字段列,写成:

```
INSERT INTO department VALUES('d00000000006','护理系','张新','022-27883988',
'C286')
```

INSERT 语句可以同时向数据表中插入多条记录,插入时指定多个值列表,每个值列表之间用逗号分隔开。

【例 5.20】 向 eleccollege 数据库的 department 表中插入如表 5.13 所示的数据。

表 5.13 department 表的多条数据记录

系部编号	系部名称	系主任	办公电话	办公室
d00000000007	数学系	李新	022-27883987	C287
d00000000008	英语系	赵新	022-27883989	C288
d00000000009	体育系	王新	022-27883996	C289

INSERT 语句的代码如下:

```
INSERT INTO department VALUES('d00000000007','数学系','李新',
'022-27883987','C287'),('d00000000008','英语系','赵新','022-27883989','C288'),
('d00000000009','体育系','王新','022-27883996','C289')
```

若原有行中存在 PRIMARY KEY 或 UNIQUE KEY,而插入的数据行中含有与原有行中 PRIMARY KEY 或 UNIQUE KEY 相同的列值,则 INSERT 语句无法插入此行。

要插入这行数据需要使用 REPLACE 语句，它的用法与 INSERT 语句基本相同，其中 REPLACE 语句用 VALUES()的值替换已经存在的记录。

【例 5.21】 使用 REPLACE 语句向 department 表中再插入如表 5.14 所示的数据。

表 5.14 department 表的单条数据记录

系部编号	系部名称	系主任	办公电话	办公室
d00000000007	数学系	李新	022-27883987	C300

```
REPLACE INTO  department VALUES('d00000000007','数学系','李新','022-27883987',
'C300')
```

2. 插入另一张表的查询结果

INSERT 语句可以将 SELECT 语句查询的结果插入表中。如果想从另外一张表中合并个人信息到某表，不需要将每条记录的值一个一个地输入，只需要使用一条 INSERT 语句和 SELECT 语句组成的组合语句，即可快速地从一张或多张表向一张表中插入多行。其语法格式如下。

```
INSERT INTO table_name1(column_list1) SELECT(column_list2) FROM table_name2
WHERE(condition);
```

其中，table_name1 表示待插入数据的表；column_list1 表示待插入表中要插入数据的字段；table_name2 表示插入数据的数据来源表；column_list2 表示数据来源表的查询列，该列表必须和 column_list1 列表中的字段个数及数据类型相同；condition 表示 SELECT 语句的查询条件。

【例 5.22】 创建一个名为 teacher_copy 的数据表，其表结构与 teacher 表相同，然后将 teacher 表中职称为副教授的记录赋给 teacher_copy 表。

```
INSERT INTO teacher_copy  SELECT * FROM teacher WHERE tea_profession='副教授'
```

5.7.2 修改数据记录

修改数据记录

表中有了数据之后，接下来可以对数据进行更新和修改，MySQL 中使用 UPDATE 语句修改表中的数据。

修改数据可以只修改单条记录，也可修改多条记录甚至全部记录。UPDATE 语句的语法格式如下。

```
UPDATE 表名 SET 列名 1=表达式 1, [列名 2=表达式 2,…][WHERE 条件];
```

(1) SET 子句，根据 WHERE 子句中指定的条件对符合条件的数据行进行修改。若语句中不设定 WHERE 子句，则更新所有行。

（2）列名 1、列名 2、…为要修改列值的列名，表达式 1、表达式 2、…可以是常量、变量或表达式。可以同时修改所在数据行的多个列值，中间用逗号隔开。

【例 5.23】 修改 department 表中体育系主任的办公地点及电话。

```
UPDATE  department  SET dep_phone='022-27884000',dep_office='C301'  WHERE
  dep_name='体育系'
```

使用 UPDATE 语句修改数据时，可能会有多条记录满足 WHERE 条件。要保证 WHERE 子句的正确性，否则将会破坏所有改变的数据。

删除数据记录

5.7.3 删除数据记录

删除数据表中不再使用的数据也是数据表必不可少的操作之一。例如，学生表中某个学生退学，或者由于教学改革需要取消某一门课程都是对数据表中的数据进行删除操作。DELETE 语句或 TRUNCATE TABLE 语句可用于删除数据表中的一条或多条记录。

1. 通过 DELETE 语句来删除数据

语法格式如下。

```
DELETE  FROM 表名  [WHERE 条件 ];
```

（1）FROM 子句：用于说明从何处删除数据，"表名"为要删除数据的表名。

（2）WHERE 子句：指定删除记录的条件。如果省略 WHERE 子句则删除该表的所有行。

删除数据表中的全部数据是很简单的操作，但也是一个危险的操作。一旦删除了所有记录，就无法恢复。因此，在删除操作之前一定要对现有的数据进行备份，以避免不必要的麻烦。

【例 5.24】 删除 department 表中体育系和英语系主任的信息。

```
DELETE FROM department WHERE dep_name IN ('体育系','英语系');
```

2. 清除表数据

使用 TRUNCATE TABLE 语句将删除指定表中的所有数据。因此，也称其为清除表数据语句。其语法格式如下。

```
TRUNCATE TABLE 表名
```

（1）使用 TRUNCATE TABLE 命令后，AUTO_INCREMENT 计数器被重新设置

为该列的初始值。

(2) 对于参与了索引和视图的表,不能使用 TRUNCATE TABLE 删除数据,而应使用 DELETE 语句。

TRUNCATE TABLE 在功能上与不带 WHERE 子句的 DELETE 语句相同,二者均删除数据表中的全部行。但 TRUNCATE TABLE 比 DELETE 速度快,且使用的系统和事务日志资源少。DELETE 语句每次删除一行,并在事务日志中为所删除的每行记录一项。而 TRUNCATE TABLE 通过释放存储表数据所用的数据页来删除数据,并且只在事务日志中记录页的释放。

任务 5.8 设置数据完整性

任务说明:在正确创建数据库之后,需要考虑数据的完整性、安全性等要求。数据库的完整性是指数据库中的数据应始终保持正确的状态,防止不符合语义的错误数据输入,以及无效操作所造成的错误结果。为了维护数据库的完整性,防止错误信息的输入和输出,关系模型提供了3类完整性约束规则:实体完整性、参照完整性和用户定义完整性。利用约束规则对电子学校系统中各张表进行约束。

5.8.1 数据完整性的含义

对数据库的数据施加完整性约束,是 DBMS 最为重要的功能之一。数据完整性包括数据的一致性和正确性。完整性约束(或简称“约束”)是数据库的内容必须随时遵守的规则,它描述了对数据库的哪一次更新是被允许的。

在定义表结构的同时,可以定义与该表相关的完整性约束条件,包括实体完整性、参照完整性和用户定义完整性。这些完整性约束条件都被存入系统的数据字典中,当用户操作表中的数据时,由数据库管理系统自动检查该操作是否违背这些完整性约束条件。这些约束条件主要包括 PRIMARY KEY(主键约束)、NOT NULL(非空约束)、DEFAULT(默认值约束)、UNIQUE(唯一性约束)、FOREIGN KEY(外键参照完整性约束)以及 CHECK(检查约束)。学习创建和修改约束的方法,掌握数据约束条件的实际应用,对实现数据完整性起到不可或缺的作用。

5.8.2 设置 PRIMARY KEY 约束

在 MySQL 中,为了快速查找表中的某条信息,可以通过设置主键来实现。PRIMARY KEY 约束可以唯一标识表中的记录,这就好比身份证可以用来标识人的身份一样。通过定义 PRIMARY KEY 约束来创建主键,而且 PRIMARY KEY 约束的列不能取空值。

可以用两种方式定义主键,作为列或表的完整性约束。作为列的完整性约束时,只需要在列定义时加上关键字 PRIMARY KEY,这个在5.2.2节中已介绍过。作为表的完整性约束时,需要在语句最后加上一条 PRIMARY KEY(col_name,…)语句。

【例 5.25】 创建成绩信息表 grade 用来记录每门课程的学生学号、课程代码、考试成绩、考试时间和地点。其中学生学号和课程代码构成复合主键。

```
CREATE TABLE grade (
  gra_stuid char(12) NOT NULL,
  gra_couno char(8) NOT NULL,
  gra_score float NOT NULL,
  gra_time datetime NOT NULL,
  gra_classroom varchar(30) NOT NULL,
  PRIMARY KEY (gra_stuid,gra_couno)
);
```

原则上，任何列或者列的组合都可以充当一个主键。但是主键列必须遵守一些规则。这些规则源自于关系模型理论和 MySQL 所制定的规则。

(1) 每张表只能定义一个主键。MySQL 并不要求这样，即可以创建一个没有主键的表。但是，从安全角度应该为每个基本表指定一个主键。主要原因在于，没有主键，可能在一张表中存储两个相同的行。当两个行不能彼此区分时，在查询过程中，它们将会满足同样的条件，更新的时候也总是一起更新，容易造成数据库崩溃。

(2) 表中两个不同的行在主键上不能具有相同的值，这就是唯一性原则。

(3) 如果从一个复合主键中删除一列后，剩下的列构成主键仍然满足唯一性原则，那么，该复合主键是不正确的，这条原则称为最小化原则。也就是说，复合主键不应该包含不必要的列。

(4) 一个列名在一个主键的列表中只能出现一次。

5.8.3 设置 NOT NULL 约束

在上面的例题中，每个字段都要有一个是否 NULL 值的选择，这就是对数据表中将来的数据提出的约束条件。

(1) NULL(允许空值)：表示数值未确定，并不是数字 0 或字符“空格”。

(2) NOT NULL(不允许空值)：表示数据列中不允许空值出现。这样可以确保数据列中必须包含有意义的值。如果数据列中设置“不允许空值”，在向表中输入数据时，就必须输入一个值，否则该行数据将不会被收入表中。

例如，成绩信息表 grade 所有的字段都不能为空值，因为这必须是确定值，才能描述某位同学在某一个时间某一个地点进行该课程考试之后的成绩。设置表的非空约束是指在创建表时为表的某些特殊字段加上 NOT NULL 约束条件。非空约束将保证所有记录中该字段都有值。如果用户新插入的记录中该字段为空值，则数据库系统会自动报错。

5.8.4 设置 DEFAULT 约束

有时候可能会有这种情况：当向表中装载新行时，可能不知道某一列的值，或该值尚不存在。如果该列允许空值,就可以将该行赋予空值;如果不希望有可为空的列,更好的解决办法是为该列定义 DEFAULT 约束。DEFAULT 约束指定在输入操作中没有提供输入值时,系统将自动提供给某列的值。

创建 DEFAULT 约束的语法格式如下。

```
CREATE  TABLE 表名(列名数据类型 列属性 DEFAULT  默认值表达式 )
```

【例 5.26】 在例 5.25 的基础上修改成绩信息表 grade,其中要求在学生未考完之前录入信息时,成绩一列默认为 0。

```
CREATE TABLE grade (
  gra_stuid char(12) NOT NULL,
  gra_couno char(8) NOT NULL,
  gra_score float NOT NULL DEFAULT  0 ,
  gra_time datetime NOT NULL,
  gra_classroom varchar(30) NOT NULL,
  PRIMARY KEY (gra_stuid,gra_couno)
);
```

在使用 DEFAULT 约束时,用户需要注意以下几点。

(1) DEFAULT 约束只能应用于 INSERT 语句,且定义的值必须与该列的数据类型和精度一致。

(2) 每一列上只能有一个 DEFAULT 约束。如果有多个 DEFAULT 约束,系统将无法确定在该列上使用哪个约束。

(3) DEFAULT 约束不能定义在数据类型为 timestamp 的列上,系统会自动提供数据,使用 DEFAULT 约束是没有意义的。

5.8.5 设置 UNIQUE 约束

UNIQUE 约束指定一个或多个列的组合的值具有唯一性,以防止在列中输入重复的值,可以通过它实施数据实体完整性。每个 UNIQUE 约束要建立一个唯一索引。

由于主键值是具有唯一性的,因此主键列不能再实施 UNIQUE 约束。与 PRIMARY KEY 约束不同的是一张表可以定义多个 UNIQUE 约束,但是只能定义一个 PRIMARY KEY 约束;另外 UNIQUE 约束指定的列可以设置为 NULL,但是不允许有一行以上的值同时为空,而 PRIMARY KEY 约束不能用于允许空值的列。

创建 UNIQUE 约束的语法格式如下。

```
CREATE  TABLE 表名(列名数据类型 列属性 UNIQUE)
```

【例 5.27】 在建立系部信息表 department 时,为系部名称列添加 UNIQUE 约束,保证系部名称不重复。

```
CREATE TABLE department (
  dep_no char(12) NOT NULL,
  dep_name varchar(30) NOT NULL  UNIQUE,
  dep_head char(10) DEFAULT NULL ,
  dep_phone char(12) DEFAULT NULL ,
  dep_office varchar(30) DEFAULT NULL ,
  PRIMARY KEY ('dep_no')
) ;
```

5.8.6 设置 FOREIGN KEY 约束

外键是用于建立和加强两张表的数据之间连接的一列或多列。通过将表中主键值的一列或多列添加到另一张表中,可以创建两张表之间的连接,而这个列就成为第二张表的外键。可以称前者为主键表(或父表),后者为外键表(或子表)。建立外键约束,就是要将一张表中的主键字段与另一张表的外键字段建立关联关系。通过外键约束,可以强制参照完整性,以维护两张表之间的一致性关系。例如在成绩表中,学号用来代表一个学生,但是如果在成绩表中输入的学生学号在学生信息表中根本不存在,或输入时写错了,该怎么办呢?

在创建表时为其设置 FOREIGN KEY 约束的语法格式如下。

```
CREATE  TABLE 表名
(列名数据类型,
  …
  CONSTRAINT 外键名称 FOREIGN KEY(列名 1) REFERENCES  父表(列名 2)
)
```

(1) 列名 1 是设置 FOREIGN KEY 约束的列。

(2) 列名 2 是父表中的主键列。

【例 5.28】 在建立班级信息表 class 时,为班主任一列添加 FOREIGN KEY 约束。其中 class_teacher 作为外键,参照 teacher 表中 tea_no 字段。

```
CREATE TABLE class (
  class_id char(15) NOT NULL,
  class_name varchar(30) NOT NULL,
  class_num int(11) NOT NULL,
  class_monitor char(15) DEFAULT NULL,
  class_teacher char(12) DEFAULT NULL,
  class_enteryear datetime NOT NULL,
  PRIMARY KEY (class_id),
  KEY class_teacher (class_teacher),
  CONSTRAINT class_ibfk_1 FOREIGN KEY (class_teacher) REFERENCES teacher (tea_no)
) ENGINE=InnoDB DEFAULT CHARSET=utf8;
```

5.8.7 设置 CHECK 约束

利用主键和外键约束可以实现一些常见的完整性操作。在进行数据完整性管理时，还需要一些针对数据表的列进行限制数值范围的约束。例如，学生的成绩范围应为0～100，性别应该为男或者女。这样的规则可以使用CHECK完整性约束来指定。

CHECK约束在创建表时定义，可以定义为列完整性约束，也可以定义为表的完整性约束。

设置CHECK约束的语法格式如下。

```
CHECK(表达式)
```

"表达式"指定需要检查的条件，在更新表数据时，MySQL会检查更新后的数据行是否满足CHECK的条件。

【例5.29】 在建立班级信息表class时，为班级人数class_num一列添加CHECK约束，其中class_num要求只能在1～60中取值。

```
CREATE TABLE class (
  class_id char(15) NOT NULL,
  class_name varchar(30) NOT NULL,
  class_num int(11) NOT NULL CHECK (class_num > 0 AND class_num < 60),
  class_monitor  char(15) DEFAULT NULL,
  class_teacher  char(12) DEFAULT NULL,
  class_enteryear  datetime NOT NULL,
  PRIMARY KEY ( class_id),
  KEY class_teacher (class_teacher),
  CONSTRAINT class_ibfk_1 FOREIGN KEY (class_teacher) REFERENCES teacher (tea_no)
) ENGINE=InnoDB DEFAULT CHARSET=utf8;
```

使用CHECK约束应注意以下一些问题。

(1) 一张表可以定义多个CHECK约束，但是每个CREATE TABLE语句只能为每列定义一个CHECK约束。

(2) 当用户执行INSERT或UPDATE命令时，CHECK约束便会检查添加或修改后字段中的数据是否符合指定的条件。

(3) 自动编号字段、timestamp数据类型字段不能应用CHECK约束。

拓展实训：电子商务网站数据表的创建与维护操作

1. 实训任务

根据用户提出的要求，在电子商务网站数据库interecommerce中实施表的创建与维护操作(注：本书以"电子商务网站数据库"为实训案例，如果没有特殊说明，该实训数据库贯穿本书始终)。

2. 实训目的

（1）掌握创建数据表的相关操作。
（2）掌握维护数据表的操作。
（3）掌握复制数据表的操作。
（4）掌握删除数据表的操作。
（5）掌握数据表中数据记录的操作。
（6）掌握设置数据完整性的操作。

3. 系统 E-R 模型图（见图 5.26）

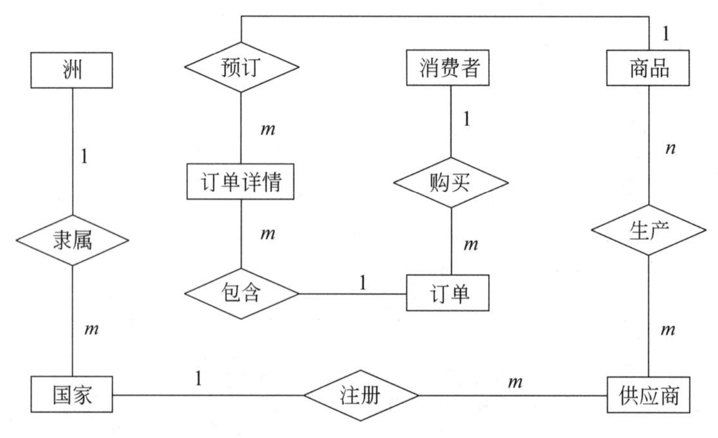

图 5.26　系统 E-R 模型图

洲信息表 state(洲代码,洲名称,注释说明)

国家信息表 country(国家编号,国家名称,所属洲代码,注释说明)

供应商信息表 supplier(供应商编号,供应商名称,供应商地址,所在国家编号,供应商电话,账户余额,注释说明)

商品信息表 goods(商品编号,商品名称,生产商编号,品牌名称,商品种类,规格大小,包装方式,零售价格,注释说明)

消费者信息表 customer(消费者编号,消费者名称,消费者地址,所属国家编号,联系电话,消费者账户金额,所在市场分类,注释说明)

订单信息表 order(订单编号,消费者编号,订单状态,订单总价,订单日期,订单优先级,订单登记人员,送货优先级,注释说明)

订单详情信息表 lineitem(订单详情编号,订单编号,商品编号,供应商编号,购买数量,扩展价格,折扣率,税费,返回状态,订单运输状态,订单提交时间,发货时间,收货时间,交付方式,送货方式,注释说明)

4. 实训内容

（1）通过 CREATE TABLE 语句创建洲信息表 state。

参考语句：

```
CREATE TABLE state (
  sta_id char(20) NOT NULL,
  sta_name varchar(50) NOT NULL,
  sta_explain text
);
```

（2）使用 SHOW CREATE TABLE 语句查看洲信息表 state 的详细结构。

参考语句：

```
SHOW CREATE TABLE state \G;
```

（3）使用 SQL 语句复制洲信息表 state 的结构和数据。

参考语句：

```
CREATE TABLE state_copy AS (SELECT * FROM state);
```

（4）使用 ALTER TABLE 语句修改洲信息表 state_copy，将其 sta_id 的数据类型修改为 varchar。

参考语句：

```
ALTER TABLE state_copy MODIFY  sta_id  varchar(20) NOT NULL;
```

（5）使用 DROP TABLE 语句删除表 state_copy。

参考语句：

```
DROP TABLE state_copy;
```

（6）使用 INSERT 语句向洲信息表 state 中添加数据。

参考语句：

```
INSERT INTO state VALUES('00001', '亚洲', null);
INSERT INTO state VALUES('00002', '欧洲', null);
INSERT INTO state VALUES('00003', '非洲', null);
INSERT INTO state VALUES('00004', '美洲', null);
INSERT INTO state VALUES('00005', '大洋洲', null);
INSERT INTO state VALUES('00006', '大洋洲', null);
```

（7）使用 UPDATE 语句修改洲信息表 state，使 sta_id 编号为 00006 的洲名称修改为大洋洲备份。

参考语句：

```
UPDATE state SET sta_name='大洋洲备份'  WHERE sta_id='00006';
```

(8) 使用 DELETE 语句删除洲信息表 state 中 sta_id 编号为 00006 的记录。

参考语句:

```
DELETE FROM  state  WHERE sta_id='00006';
```

(9) 设置国家信息表 country,其中需要对 cou_id 设置为主键约束,对 cou_id、cou_name 和 cou_stateid 3 个字段设置为非空约束,对 cou_name 字段设置为唯一性约束,对 cou_stateid 字段设置为外键约束。

参考语句:

```
CREATE TABLE country (
  cou_id char(18) NOT NULL,
  cou_name varchar(100) NOT NULL,
  cou_stateid char(20) NOT NULL,
  cou_explain text,
  PRIMARY KEY(cou_id),
  UNIQUE KEY index_cou_name(cou_name),
  KEY cou_stateid(cou_stateid),
  CONSTRAINT country_ibfk_1 FOREIGN KEY(cou_stateid) REFERENCES state (sta_id)
) ENGINE=InnoDB DEFAULT CHARSET=utf8;
```

本章小结

本章主要介绍数据操纵语言,可以实现对数据库的基本操作,例如对表中数据的插入、修改和删除。删除数据表时一定要特别小心,因为删除数据表的同时会删除数据表中的所有记录。结合电子学校系统数据库详细讲解了表的完整性约束相关内容,通过对案例程序的讲授和运行演示,基本涵盖了实践开发与应用中对数据表的基本操作,为今后数据表的查询奠定了技术基础。

课后习题

1. 单选题

(1) 向表中指定字段添加值时,如果其他没有指定值的字段设置了默认值,那么这些字段添加的将是(   )。

A. NULL　　　　B. 默认值

C. 添加失败,语法有误　　　　D. ""

(2) 下列选项中,关于向表中添加记录时不指定字段名的说法中,正确的是(   )。

A. 值的顺序任意指定

B. 值的顺序可以调整

C. 值的顺序必须与字段在表中的顺序保持一致

D. 以上说法都不对

(3) 下面选项中,适合存储文章内容或评论的数据类型是(　　)。

A. char　　B. varchar

C. text　　D. varbinary

(4) 下面选项中,只删除数据表中全部数据并且效率最高的 SQL 语句关键字是(　　)。

A. TRUNCATE　　B. DROP　　C. DELETE　　D. ALTER

(5) 下面选项中,用于更新表中记录的关键字是(　　)。

A. ALTER　　B. CREATE　　C. UPDATE　　D. DROP

(6) 下列选项中,用于删除数据表结构的关键字是(　　)。

A. DELETE　　B. DROP　　C. ALTER　　D. CREATE

(7) 下列选项中,INSERT 语句的基本语法格式书写正确的是(　　)。

A. INSERT INTO 表名(字段名 1,字段名 2,…) VALUES(值 1,值 2,…);

B. INSERT INTO 表名 VALUES(值 1,值 2,…);

C. INSERT 表名(字段名 1,字段名 2,…) VALUES(值 1,值 2,…);

D. INSERT INTO 表名(字段名 1,字段名 2,…) VALUE(值 1,值 2,…);

(8) 下列选项中,采用不指定表的字段名的方式向表 student 中添加 id 为 1,name 为"小王"的记录,正确的 SQL 语句是(　　)。

A. INSERT INTO student("id","name") VALUES(1,"小王");

B. INSERT INTO student VALUE(1,"小王");

C. INSERT INTO student VALUES(1,'小王');

D. INSERT INTO student(id,name) VALUES(1,'小王');

(9) 下面选项中,表示二进制大数据的类型是(　　)。

A. char　　B. varchar　　C. text　　D. blob

(10) 下面选项中,表示大文本的数据类型是(　　)。

A. char　　B. varchar　　C. text　　D. varbinary

2. 填空题

(1) 在 MySQL 中,要想保证数据表中存在数据,可以通过________语句向数据表中添加数据。

(2) MySQL 中使用________语句来更新表中的记录。

(3) 数据表中的字段默认值是通过________关键字定义的。

(4) 在 MySQL 中,存储的小数都是使用________和定点数来表示的。

(5) 非空约束指的是字段的值不能为________。

3. 简答题

(1) 写出更新表中记录的基本语法格式。

(2) 简述主键的作用及其特征。

第 6 章　查询电子学校系统数据表

任务描述

数据库程序员在创建完电子学校系统数据库,设计并规划好数据表结构及字段的数据类型,并且输入完毕数据信息之后,日常的主要工作之一就是根据用户的不同需求对数据表信息进行查询操作。

学习目标

(1) 理解查询语句的语法规则。
(2) 了解各种查询子句的含义。
(3) 理解单表数据查询的功能。
(4) 掌握单表数据查询所包含的各种查询方法的操作。
(5) 理解多表连接查询的功能及分类。
(6) 掌握多表连接查询所包含的各种查询方法的操作。
(7) 理解嵌套查询的功能及对应关键字的含义。
(8) 掌握嵌套查询所包含的各种查询方法的操作。
(9) 掌握数据联合查询的含义与具体操作。

学习导航

本任务主要讲解数据库应用系统开发中数据的查询技术。依据对数据库系统进行设计、创建、使用、优化、管理及维护这一操作流程,本任务属于对数据信息的使用阶段。学习如何根据数据库应用系统的功能需求,使用 SELECT 语句实现对数据表的各种查询操作,为数据库应用系统的开发与使用奠定坚实的基础。查询操作学习导航如图 6.1 所示。

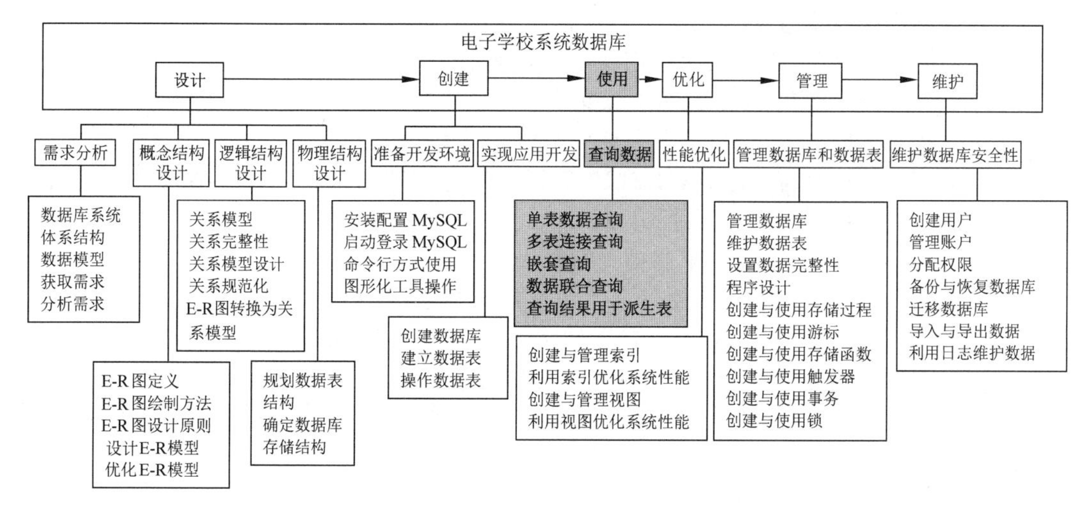

图6.1　查询操作学习导航

任务6.1　单表数据查询操作

任务说明：利用WHERE、ORDER、GROUP子句，聚合函数和关键字，实现对电子学校系统数据表指定数据列或选取数据行的精确查询与模糊查询。实现对单一数据表所有信息和指定数据列的查询；完成限定数据记录条数的查询；实现将查询结果复制到新数据表或备份到文本文件的操作；利用WHERE子句检索出符合单一条件或多条件的数据记录；使用聚合函数完成对数据的统计操作；分组筛选数据；对查询结果进行排序输出。

6.1.1　查询语句的语法规则

数据查询是在开发与使用数据库应用系统时最基本、最常见、最重要的操作，为了满足用户对数据查看、计算、统计、分析等需求，查询操作需要从数据表中筛选符合条件的数据，并将提取的有效数据放入关系模式的结果集，以数据表的组织形式显示。MySQL数据库系统提供了功能强大、结构复杂的SELECT语句实现数据的查询操作。为了清晰地理解SELECT语句，下面所示的语法格式将略去细节，仅对SELECT语句中各子句进行宏观介绍，具体内容结合对应实例展开讲述。数据查询语句的语法格式如下。

```
SELECT 子句 1  FROM 子句 2  [WHERE 表达式 1]
[GROUP BY 子句 3 [HAVING 表达式 2]]  [ORDER BY 子句 4]
[UNION 运算符]  [LIMIT [M,]N]  [INTO OUTFILE 输出文件名];
```

SELECT语句中各子句的功能说明如下。

(1) SELECT子句：指定查询结果中需要显示的列。

(2) FROM子句：指定查询的数据源，可以是数据表或视图。

(3) WHERE 表达式：指定查询的检索条件。

(4) GROUP BY 子句：指定查询结果的分组条件。

(5) HAVING 表达式：指定分组或集合的筛选条件。

(6) ORDER BY 子句：指定查询结果的排序列和排序方法。

(7) UNION 运算符：将多个 SELECT 语句的查询结果组合成一个结果集，包含在联合查询中所检索出来的全部数据记录。

(8) LIMIT [M,]N：用于限制查询结果集的行数。

(9) INTO OUTFILE 输出文件名：将查询的结果集保存到指定的文件中。

学习提示：SELECT 语句中，用"[ ]"表示的部分均为可选项。本任务主要讲解 SELECT 语句语法和基本使用，所有 SQL 代码均在 SQLyog 图形化工具界面中进行编辑和运行。每条 SQL 语句均以";"结束，命令中的标点符号一律为半角。

无条件查询单一数据表信息

6.1.2 无条件查询单一数据表信息

单表的无条件查询实质就是对列的查询，所谓对数据列的查询是指从表中选择指定的属性值组成的结果集。

1. 语法格式

```
SELECT [ALL|DISTINCT]<选项> [AS <显示列名>] [,<选项> [AS <显示列名>] [,…]]
FROM <表名|视图名> [LIMIT[M,]N];
```

2. 具体说明

(1) ALL：表示输出查询结果中的所有数据，包括重复记录，默认值是 ALL。

(2) DISTINCT：表示在查询结果集中去掉重复的数据项。

(3) 选项：表示查询结果集中的输出列，可以是数据表的字段名，也可以是表达式或函数，使用 * 表示要显示数据表中所有列。如果选项是表达式或函数，系统自动设置输出列名，不使用数据表的原始字段名，可以使用 AS 关键字对其重新命名。

(4) 显示列名：在输出的结果集中，设置选项显示的列名可用单引号界定或不界定。通常有两种方法指定列名，即"选项列名"和"选项 AS 列名"。

(5) 表名|视图名：指定检索数据记录的表或视图。

(6) LIMIT[M,] N：返回查询结果集中前 N 行。参数 M 表示偏移量，M 取值为 0 时，从查询结果的第一条记录开始；M 取值为 1 时，从查询结果的第二条记录开始，以此类推，偏移量默认值为 0。加上[M,]，表示从数据表第 M 行开始，返回查询结果集中的 N 行；M 从 0 开始，N 的取值范围由表中的记录数决定。

3. 操作实例

1) 查询单一数据表指定列的信息

【例 6.1】 查询全体学生的基本信息。

```
USE eleccollege;
SELECT * FROM student;
```

上述 SELECT 语句等价于：

```
SELECT stu_no,stu_name,stu_sex,stu_politicalstatus,stu_birthday,
       stu_identitycard,stu_speciality,stu_address,stu_postcode,
       stu_telephone,stu_email,stu_resume,stu_poor,stu_enterscore,
       stu_fee,stu_photo FROM student;
```

查询命令运行结果如图 6.2 所示。

stu_no	stu_name	stu_sex	stu_politicals...	stu_birthday	stu_identitycard	stu_speciality	stu_address	stu_po...	stu_telephone	stu_email	stu_resume	stu_poor	st...	stu_fee	stu_photo
201803010001	靳锦东	男	预备党员	1997-09-27	130100199709273457	数字艺术	河北省石家庄	050000	15638763904	8764567890@qq.com	本... 39B	0	425	7800	(Binar... 51K
201901010001	张晓辉	男	共青团员	2000-11-15	120101200011156679	软件技术	天津市和平区	300041	15645653478	zhangxiaohui@126.com	张... 99B	0	398	5600	(Binar... 51K
201901010002	李红丽	女	共青团员	2001-03-07	120106200103074566	软件技术	天津市河东区	300171	13087765438	lihonghong@163.com	本... 84B	1	407	5600	(Binar... 46K
201901010003	孙云	男	共青团员	2000-08-12	330100200008126677	软件技术	浙江省杭州市	310000	17825489986	4673338893@qq.com	本... 63B	0	462	5600	(Binar... 51K
201901020001	赵辉	男	共青团员	1999-11-09	120022199911018879	信息应用	天津市西青区	300380	13346787652	zhaohui111@126.com	本... 105B	0	445	5600	(Binar... 51K
201902010001	王强	男	共青团员	1999-05-18	120103199905183557	网络技术	天津市河西区	300202	17836548936	wangqiang@163.com	本... 27B	0	398.5	5600	(Binar... 51K
201902010002	刘晓霞	女	预备党员	1998-10-23	120101199810233566	网络技术	天津市和平区	300041	15638764890	2334777744@qq.com	本... 33B	1	409	5600	(Binar... 46K
201902020001	李立	男	共青团员	1999-07-13	120106199907136349	网络安全	天津市河东区	300171	13526547899	3666644488@qq.com	李... 78B	1	472	5600	(Binar... 51K
201903020001	王丽莉	女	共青团员	2000-09-12	120101200009123466	视觉传达	天津市和平区	300041	13098845762	4674822276@qq.com	我... 78B	1	496	7644	(Binar... 46K
201903020002	刘梅梅	女	共青团员	1999-04-28	110101199904289786	视觉传达	北京市东城区	100010	13042278764	liumei123@163.com	本... 69B	0	438	7800	(Binar... 46K

图 6.2 显示 student 表的所有数据记录

学习提示：除非需要使用表中所有数据，通常不建议使用 * 检索数据表的所有记录，以免由于获取的数据量过多而降低查询性能。另外，本任务中所用到的数据库是 eleccollege，所有待查询的数据表均是来源于该数据库，如无特殊说明，默认都在 eleccollege 数据库中执行。

【例 6.2】 查询全体学生的学号、姓名和所学专业。

```
SELECT stu_no,stu_name,stu_speciality FROM student;
```

查询命令运行结果如图 6.3 所示。

stu_no	stu_name	stu_speciality
201803010001	靳锦东	数字艺术
201901010001	张晓辉	软件技术
201901010002	李红丽	软件技术
201901010003	孙云	软件技术
201901020001	赵辉	信息应用
201902010001	王强	网络技术
201902010002	刘晓霞	网络技术
201902020001	李立	网络安全
201903020001	王丽莉	视觉传达
201903020002	刘梅梅	视觉传达

图 6.3 显示 student 表中指定数据列的信息

【例 6.3】 查询全体教师的姓名、研究领域及专业技术职称。

```
SELECT tea_name,tea_research,tea_profession FROM teacher;
```

查询命令运行结果如图 6.4 所示。可见，利用 SELECT 子句查询数据表，在查询结果中所设定列的检索顺序可以与数据表中原始列的顺序不一致，用户根据应用需求自行更改数据列的显示顺序。

tea_name	tea_research	tea_profession
赵一文	英语	讲师
钱小红	英语	副教授
孙淑华	马克思主义原理	教授
徐文	英语翻译	教授
李晓梅	数据库原理	教授
周蕙	软件工程	副教授
武冀云	人工智能	讲师
吕文杰	计算机软件设计	副教授
邓林安	心理学	政工师
郭豪	大学生思想政治教育	助教
董鑫	计算机科学	讲师
韩旭鹏	教学管理	助理政工师
郑莹	网络技术	副教授
王杨	网络安全	副教授
韩东建	网络编程	副教授
许慧丽	思想政治教育原理	讲师
冯悦	平面设计	讲师
陈思杰	建筑设计	教授
李梓轩	数字媒体	教授
马春梅	心理学	助教
彭玉	马克思主义哲学	讲师
王红梅	古典音乐	副教授
高旭	马克思主义基本原理	副教授

图 6.4　按照实际指定顺序显示数据列的信息

2）为查询结果中的字段定义别名

默认情况下，查询结果集显示的列名就是数据表中所要检索的字段名，为了方便应用程序的代码编写，通常数据表的字段名都是英文名字，可读性较差。希望查询结果能够按照用户乐于接受的形式显示，使用 AS 关键字改变查询结果集中的列名，以便增强显示的友好性。

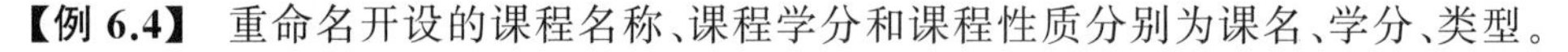

【例 6.4】 重命名开设的课程名称、课程学分和课程性质分别为课名、学分、类型。

为查询结果中的字段定义别名

```
SELECT cou_name 课名,'课程学分:',cou_credit 学分,cou_type AS 类型
FROM course;
```

运行结果如图 6.5 所示。可见，查询所有开设的课程名称、课程学分和课程性质，为“课程名称”列指定别名为“课名”，“课程学分”所在列指定别名为“学分”，并且在“学分”列

课名	课程学分:	学分	类型
大学英语	课程学分:	4.5	公共基础
实用英语	课程学分:	4.5	公共基础
思想道德修养与法律基础	课程学分:	3.0	公共基础
数据库技术	课程学分:	3.5	专业技能
JAVA语言程序设计	课程学分:	4.0	专业基础
人工智能技术应用	课程学分:	2.5	专业选修
计算机网络基础	课程学分:	3.5	专业基础
计算机密码学	课程学分:	2.5	专业选修
PHOTOSHOP技术应用	课程学分:	1.5	专业技能
平面构成	课程学分:	3.0	专业基础
马克思主义理论	课程学分:	3.0	公共选修
音乐欣赏	课程学分:	1.0	公共选修

图 6.5　重新定义数据列的别名

前面添加说明列，内容为“课程学分：”，“课程性质”所在列指定别名为“类型”。

3）查询经过计算的列

查询经过计算的列

SELECT 子句中的选项既可以是原始数据表中已经设定好的字段名称，也可以是经过计算的表达式或函数的值。

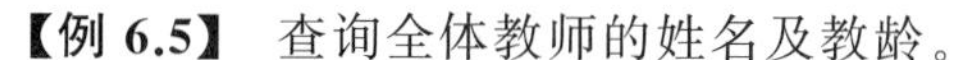

【例 6.5】 查询全体教师的姓名及教龄。

```
SELECT tea_name,YEAR(CURDATE())-YEAR(tea_worktime) FROM teacher;
```

查询命令运行结果如图 6.6 所示。显然，查询结果的第 2 列不是字段名而是计算表达式，借助当前时间年份减去教师参加工作年份，即可计算出该教师的教龄。其中，CURDATE()是系统函数，用于返回当前系统日期；YEAR()函数返回指定日期中的年份。此外，SELECT 子句中的选项除了算术表达式之外，还可以是字符串常量或函数等。

图 6.6 中显示结果的列标题很不直观，通过指定别名的方式，用户可以自行改变查询结果的列标题，而不会影响数据表中的字段名，以提升检索结果的可读性。将上述 SQL 语句修改如下，查询命令运行结果如图 6.7 所示。

```
SELECT tea_name AS 姓名,YEAR(CURDATE())-YEAR(tea_worktime) 教龄
FROM teacher;
```

tea_name	YEAR(CURDATE())-YEAR(tea_worktime)
赵一文	9
钱小红	14
孙淑华	29
徐文	27
李晓梅	21
周蕙	12
武冀云	7
吕文杰	10
邓林安	7
郭豪	3
董鑫	10
韩旭鹏	9
郑莹	11
王杨	10
韩东建	12
许蕙丽	10
冯悦	8
陈思杰	21
李梓轩	19
马春梅	5
彭玉	19
王红梅	14
高旭	18

图 6.6 计算教师的教龄

姓名	教龄
赵一文	9
钱小红	14
孙淑华	29
徐文	27
李晓梅	21
周蕙	12
武冀云	7
吕文杰	10
邓林安	7
郭豪	3
董鑫	10
韩旭鹏	9
郑莹	11
王杨	10
韩东建	12
许蕙丽	10
冯悦	8
陈思杰	21
李梓轩	19
马春梅	5
彭玉	19
王红梅	14
高旭	18

图 6.7 对计算列重命名

【例 6.6】 将学生考试成绩的 80%作为该课程的期末成绩输出。

```
SELECT gra_stuid,gra_couno,gra_score*0.8 FROM grade;
```

查询命令运行结果如图 6.8 所示。

【例 6.7】 将所有课程的学分增加 10%之后，输出课程名称及学分。

```
SELECT cou_name AS 课程名称,cou_credit * 1.1 AS 学分 FROM course;
```

查询命令运行结果如图 6.9 所示。

gra_stuid	gra_couno	gra_score*0.8
201803010001	c0000002	68
201803010001	c3000001	57.6
201901010001	c0000001	52
201901010001	c1000001	62.400000000000006
201901010001	c1000002	72
201901010002	c0000001	44.800000000000004
201901010003	c0000001	67.2
201901020001	c0000001	54.400000000000006
201901020001	c1000002	57.6
201902010001	c0000001	46.400000000000006
201902010001	c2000001	64.8
201902010001	c9000001	71.2
201902010002	c2000001	58.400000000000006
201902010002	c9000001	62.400000000000006
201903020001	c3000001	72.8
201903020002	c3000001	68.8

图 6.8 计算考试成绩的 80%的分数

课程名称	学分
大学英语	4.95
实用英语	4.95
思想道德修养与法律基础	3.30
数据库技术	3.85
JAVA语言程序设计	4.40
人工智能技术应用	2.75
计算机网络基础	3.85
计算机密码学	2.75
PHOTOSHOP技术应用	1.65
平面构成	3.30
马克思主义理论	3.30
音乐欣赏	1.10

图 6.9 计算增加 10%之后的学分

4）利用 LIMIT 子句实现规定行数的查询

利用 LIMIT 子句实现规定行数的查询

当查询的结果集需要返回部分数据记录时，在 SELECT 语句中可以启用 LIMIT 子句来指定查询结果从哪一条记录开始以及共计查询多少条记录。

【例 6.8】 查询学生信息表中前 5 条记录。

```
SELECT * FROM student LIMIT 5;
```

上述 SELECT 语句等价于：

```
SELECT * FROM student LIMIT 0,5;
```

查询命令运行结果如图 6.10 所示。

stu_no	stu_name	stu_sex	stu_politic...	stu_birthday	stu_identitycard	stu_speciality	stu_address	stu_po...	stu_telephone	stu_email	stu_resume	stu_poor	st...	stu_fee	stu_photo
201803010001	靳锦东	男	预备党员	1997-09-27	130100199709273457	数字艺术	河北省石家庄	050000	15638763904	8764567890@qq.com	本... 39B	0	425	7800	(Binar... 51K
201901010001	张晓辉	男	共青团员	2000-11-15	120101200011156679	软件技术	天津市和平区	300041	15645653478	zhangxiaohui@126.com	张... 99B	0	398	5600	(Binar... 51K
201901010002	李红丽	女	共青团员	2001-03-07	120106200103074566	软件技术	天津市河东区	300171	13087765438	lihonghong@163.com	本... 84B	1	407	5600	(Binar... 46K
201901010003	孙云	男	共青团员	2000-08-12	330100200008126677	软件技术	浙江省杭州市	310000	17825489986	4673338893@qq.com	本... 63B	0	462	5600	(Binar... 51K
201901020001	赵辉	男	共青团员	1999-11-09	120022199911018879	信息应用	天津市西青区	300380	13346787652	zhaohui11@126.com	本... 105B	0	445	5600	(Binar... 51K

图 6.10 限定显示学生信息的前 5 条记录

【例 6.9】 查询学生信息表中第 3 条记录后的 4 条记录。

```
SELECT * FROM student LIMIT 3,4;
```

查询命令运行结果如图 6.11 所示。

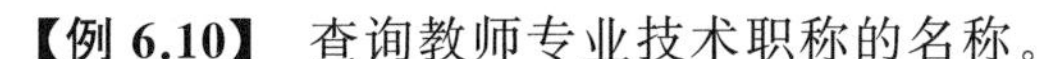

stu_no	stu_name	stu_sex	stu_politic...	stu_birthday	stu_identitycard	stu_speciality	stu_address	stu_po...	stu_telephone	stu_email	stu_resume		stu_poor	st...	stu_fee	stu_photo	
201901010003	孙云	男	共青团员	2000-08-12	330100200008126677	软件技术	浙江省杭州市	310000	17825489986	4673338893@qq.com	本...	63B	0	462	5600	(Binar...	51K
201901020001	赵辉	男	共青团员	1999-11-09	120022199911018879	信息应用	天津市西青区	300380	13346787652	zhaohui111@126.com	本...	105B	0	445	5600	(Binar...	51K
201902010001	王强	男	共青团员	1999-05-18	120103199905183557	网络技术	天津市河西区	300202	17836548936	wangqiang@163.com	本...	27B	0	398.5	5600	(Binar...	51K
201902010002	刘晓磊	女	预备党员	1998-10-23	120101199810233566	网络技术	天津市和平区	300041	15638764890	2334777744@qq.com	本...	33B	1	409	5600	(Binar...	46K

图 6.11 限定显示从第 3 条记录开始顺延 4 条记录的学生信息

5）去掉重复行的数据查询

去掉重复行的数据查询

当查询结果集中的数据重复出现，不仅影响阅读效率而且造成大量数据冗余，使用 DISTINCT 关键字可以去掉重复的数据项。

【例 6.10】 查询教师专业技术职称的名称。

```
SELECT tea_profession FROM teacher;
```

查询命令运行结果如图 6.12 所示，可以看出查询结果中有大量的重复信息，如果只想检索出教师的专业技术职称有哪些，并且将重复的信息去掉，可以使用关键字 DISTINCT。将上述 SQL 代码修改如下。

```
SELECT DISTINCT tea_profession FROM teacher;
```

去掉重复列后，查询命令运行结果如图 6.13 所示。

tea_profession
讲师
副教授
教授
教授
教授
副教授
讲师
副教授
政工师
助教
讲师
助理政工师
副教授
副教授
副教授
讲师
讲师
教授
教授
助教
讲师
副教授
副教授

图 6.12 显示有重复的职称名称

tea_profession
讲师
副教授
教授
政工师
助教
助理政工师

图 6.13 显示无重复的职称名称

6）利用查询结果创建新数据表

利用查询结果创建新数据表

MySQL 提供复制数据表的功能。利用 SELECT 语句的查询结果可以创建一张新数据表，新数据表的属性列由 SELECT 语句目标列表达式确定，属性列的列名、数据类型、先后顺序都与 SELECT 语句目标列表达式一致。新数据表记录行的数据均来自 SELECT 语句的查询结果，值既可以是原始数据表中对应列的数值，也可以是计算列表达式和函数。利用 SELECT 检索结果创建新表的语法格式如下。

```
CREATE TABLE <新表名> SELECT 语句;
```

【例 6.11】 利用查询结果创建一张新数据表。

创建一张存放学生简要信息的数据表 studentbrief,该表中包含学号、姓名、政治面貌和专业名称等信息,并且显示新创建的数据表 studentbrief 的所有内容。

```
CREATE TABLE studentbrief
SELECT stu_no,stu_name,stu_politicalstatus,stu_speciality FROM student;
```

执行完上述 SQL 命令后,查看 eleccollege 数据库中表的信息,的确创建了一张名为 studentbrief 的数据表,如图 6.14 所示。

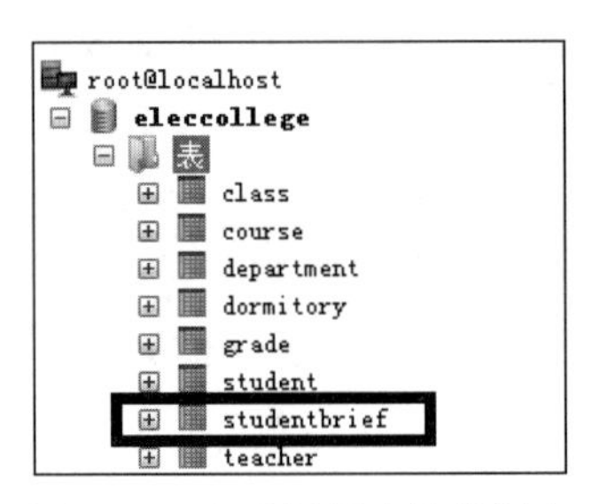

图 6.14　查看新创建的数据表

查询 studentbrief 表中的所有信息,如图 6.15 所示,已经成功地将 student 表中的部分数据复制到新表 studentbrief 中。

```
SELECT * FROM studentbrief;
```

stu_no	stu_name	stu_politicalstatus	stu_speciality
201803010001	靳锦东	预备党员	数字艺术
201901010001	张晓辉	共青团员	软件技术
201901010002	李红丽	共青团员	软件技术
201901010003	孙云	共青团员	软件技术
201901020001	赵辉	共青团员	信息应用
201902010001	王强	共青团员	网络技术
201902010002	刘晓霞	预备党员	网络技术
201902020001	李立	共青团员	网络安全
201903020001	王丽莉	共青团员	视觉传达
201903020002	刘梅梅	共青团员	视觉传达

图 6.15　显示 studentbrief 表中所有记录

7）查询结果输出到文本文件

查询结果输出到文本文件

SELECT 语句中所提供的 INTO 子句可以将查询结果输出到指定的文本文件中,实现数据的备份操作。INTO 子句必须在 SELECT 语句中使用,单独使用无效。具体语法格式如下。

```
SELECT 子句 INTO OUTFILE '[文件路径]文本文件名'
[FIELDS TERMINATED BY '分隔符']
```

其中,“文件路径”即为指定文本文件的存储位置,默认为当前目录;“分隔符”是指用来设置字段之间分隔的符号,默认是制表符“\t”。

【例 6.12】 将班级信息备份到 F 盘 DATA 文件夹的 classinfo.txt 文本文件中,字段分隔符使用“、”。

```
SELECT * FROM class
INTO OUTFILE 'F:/DATA/classinfo.txt' FIELDS TERMINATED BY '、';
```

上述 SQL 语句执行后将在 F 盘的 DATA 文件夹中创建一个名为 classinfo.txt 的文本文件,打开该文件即可查看到 class 数据表中对应的数据信息,如图 6.16 所示。如果 DATA 文件夹中已经存在同名文件,系统将提示“错误代码: 1086 File 'F: /DATA/classinfo.txt' already exists”,命令将被终止执行。

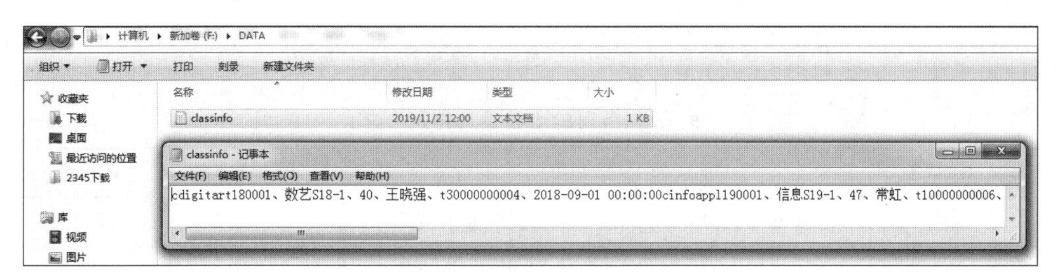

图 6.16 查看所创建的文本文件内容

6.1.3 利用 WHERE 子句查询符合条件的数据

利用 WHERE 子句查询符合条件的数据

在日常应用中,大部分的查询工作聚焦在获取满足用户需求的数据,因此在查询数据时要指定查询条件,以便筛选出用户所需要的信息。在 SELECT 语句中,查询条件由 WHERE 子句限定。

1. 语法格式

```
SELECT [ALL|DISTINCT] <选项> [AS <显示列名>] [,<选项> [AS <显示列名>] [,…]]
FROM <表名|视图名>  WHERE<条件表达式>;
```

2. 具体说明

WHERE 子句中的条件表达式是借助运算符将列名、常量、函数、变量及子查询等连接起来的逻辑表达式,运算符的分类与表述符号如表 6.1 所示。

表 6.1 运算符的分类与表述符号

分　类	运　算　符
比较运算符	＝、＜、＞、＜＝、＞＝、＜＞、！＝、！＜、！＞
范围运算符	BETWEEN AND、NOT BETWEEN AND

续表

分　类	运　算　符
列表运算符	IN、NOT IN
字符匹配符	LIKE、NOT LIKE
空值判断符	IS NULL、IS NOT NULL
逻辑运算符	AND、OR、NOT

1）比较运算符

使用比较运算符可以比较两个表达式的大小，由此起到限定查询条件的目的，其语法格式如下，常用的比较运算符及含义如表 6.2 所示。

```
WHERE 表达式 1 比较运算符 表达式 2
```

表 6.2　常用的比较运算符及含义

运　算　符	含　义	运　算　符	含　义	运　算　符	含　义
=	等于	<=	小于或等于	!=	不等于
<	小于	>=	大于或等于	!<	不小于
>	大于	<>	不等于	!>	不大于

比较运算符中提供两种不等于表现形式，即“<>”和“!=”，二者是等价的。

2）逻辑运算符

在执行查询操作时，有时用户的需求相对复杂，单一查询条件无法实现准确的查询结果，需要同时指定多个查询条件，此时可以使用逻辑运算符将多个查询条件连接起来，形成逻辑表达式。可供使用的逻辑运算符有 AND、OR 和 NOT，3 个逻辑运算符可以联合使用。其语法格式如下。

```
WHERE NOT 逻辑表达式|逻辑表达式 1 逻辑运算符 逻辑表达式 2
```

AND 表示逻辑与运算，所连接的两个或多个查询条件必须同时为 TRUE 结果才为 TRUE，否则结果为 FALSE。OR 表示逻辑或运算，所连接的两个或多个查询条件中只要有一个表达式的值为 TRUE，其结果就为 TRUE，当参与运算的表达式都为 FALSE 时，结果才为 FALSE。NOT 表示逻辑非运算，对指定表达式的值取反。

3）范围运算符

WHERE 子句中使用的 BETWEEN 关键字可以实现查找某一范围内的数据，如果使用 NOT BETWEEN AND 关键字，可以实现查找不在某一范围内的数据。其语法格式如下。

```
WHERE 表达式 [NOT] BETWEEN 初始值 AND 终止值
```

其中，NOT 是可选项，初始值是查询范围的下限，终止值是查询范围的上限，初始值一定要小于终止值。

4）字符匹配符

WHERE 子句中使用的字符匹配符 LIKE 或 NOT LIKE 可以完成表达式或字符串的比较，进而实现字符串的模糊查询操作。其语法格式如下。

```
WHERE 字段名 [NOT] LIKE '字符串' [ESCAPE '转义字符']
```

其中，NOT 是可选项，“字符串”表示即将参与比较运算的字符串。借助通配符可实现对字符串的模糊匹配，在 MySQL 数据库系统中使用包含通配符的字符串时，一定要用单引号(')或双引号(")将字符串与通配符一同引起来。MySQL 中使用的通配符及功能说明如表 6.3 所示。“ESCAPE '转义字符'”的作用是当用户要查询的字符串本身包含通配符时，使用该选项对通配符进行转义。

表 6.3　MySQL 中使用的通配符及功能说明

通配符	说明	示　　例
%	任意多个字符串	g%：表示查询以 g 开头的任意字符串，如 good。 %g：表示查询以 g 结尾的任意字符串，如 bag。 %g%：表示查询在任何位置包含字母 g 的所有字符串，如 dog、game、danger
_	任何单个字符串	_o：表示查询以任意一个字符开头，以 o 结尾且长度为 2 的字符串，如 do、go。 a_：表示查询以 a 开头，后面跟任意一个字符且长度为 2 的字符串，如 at、as、an

5）正则表达式

正则表达式用来检索或替换符合某个模式的文本内容，根据指定的匹配模式匹配文本中符合要求的特殊字符串。如从某一文本文件中提取电话号码，在一篇文章中查找重复出现的单词或者替换用户输入的某些词语等。正则表达式强大而灵活，通常应用于复杂的查询。在 MySQL 中使用关键字 REGEXP 指定正则表达式的字符匹配模式，其语法格式如下。

```
WHERE 字段名 REGEXP '模式串'
```

REGEXP 常用的字符匹配选项的含义如表 6.4 所示。

表 6.4　REGEXP 常用的字符匹配选项的含义

选　　项	说　　明	示　　例
^	匹配文本信息的开始位置	^c：匹配以字母 c 开头的字符串，如 case、cab
$	匹配文本信息的结束位置	ly$：匹配以 ly 结尾的字符串，如 badly、clearly
.	匹配除“\n”之外的任意单个字符	f.y：匹配任意 f 和 y 之间有一个字符的字符串，如 fly、fry
*	匹配零个或多个在它前面的字符	*g：匹配字符 g 前面有任意多个字符的字符串，如 along、among、bang、beg、cg
+	匹配前面的字符 1 次或多次	ca+：匹配以 c 开头后面紧跟至少 1 个 a 的字符串，如 can、case、cater

续表

选　项	说　明	示　例
＜字符串＞	匹配包含指定字符串的文本	oo：字符串中至少要包含 oo，如 too、cool、oops、noodle、proof
[字符集合]	匹配字符集合中任意一个字符	[ab]：匹配 a 或 b，如 add、big、sofa、climb
[^]	匹配不包含方括号内的任意字符	[^ab]：匹配不包含 a 或 b 的任意字符串
字符串{n,}	匹配前面的字符串至少 n 次	a{2,}：匹配两个或更多的 a，如 aa、aaaa、aaaaaaa
字符串{m,n}	匹配前面的字符串至少 m 次，至多 n 次，若 n 是 0，m 为可选参数	a{2,4}：至少匹配 2 个 a，最多匹配 4 个 a，如 aa、aaa、aaaa

6）列表运算符

利用 WHERE 子句指定查询条件时，如果要确定某一表达式的值是否存在于某个列表值所规定的范围之中，可使用关键字 IN 或 NOT IN 限定查询条件。其语法格式如下。

```
WHERE 表达式 [NOT] IN 值列表
```

其中，NOT 是可选项，当存在多个值时，用括号将具体的值括起来，列表值之间用逗号“,”分隔。

7）空值的查询

当数据表中的列未提供任何数据值时，系统自动设置为空值。在设置 WHERE 子句的查询条件时，使用 IS NULL 关键字可以判断数据表的值是否为空；反之，要查询的数据表的值如果不为空，使用 IS NOT NULL 关键字。其语法格式如下。

```
WHERE 字段 IS [NOT] NULL
```

3. 操作实例

1）查询满足单一条件的数据表信息

查询满足单一条件的数据表信息

【例 6.13】 查询所有专任教师的信息。

```
SELECT * FROM teacher WHERE tea_appointment='专任教师';
```

查询命令运行结果如图 6.17 所示。

tea_no	tea_name	tea_profession	tea_department	tea_worktime	tea_appointment	tea_research
t00000000001	赵一文	讲师	d00000000001	2010-09-10 00:00:00	专任教师	英语
t00000000002	钱小红	副教授	d00000000001	2005-09-01 00:00:00	专任教师	英语
t00000000003	孙淑华	教授	d00000000001	1990-09-10 00:00:00	专任教师	马克思主义原理
t10000000001	李晓梅	教授	d00000000002	1998-09-11 00:00:00	专任教师	数据库原理
t10000000002	周蕙	副教授	d00000000002	2007-09-10 00:00:00	专任教师	软件工程
t10000000003	武翼云	讲师	d00000000002	2012-09-10 00:00:00	专任教师	人工智能
t20000000001	郑莹	副教授	d00000000003	2008-09-10 00:00:00	专任教师	网络技术
t20000000002	王杨	副教授	d00000000003	2009-04-10 00:00:00	专任教师	网络安全
t30000000001	冯悦	讲师	d00000000004	2011-04-10 00:00:00	专任教师	平面设计
t30000000002	陈思杰	教授	d00000000004	1998-09-10 00:00:00	专任教师	建筑设计
t90000000001	彭玉	讲师	d00000000005	2000-09-01 00:00:00	专任教师	马克思主义哲学
t90000000002	王红梅	副教授	d00000000005	2005-09-10 00:00:00	专任教师	古典音乐

图 6.17　查询专任教师的数据信息

【例 6.14】 查询所有课程学分大于 4 的课程名称和学分。

```
SELECT cou_name,cou_credit FROM course WHERE cou_credit>4;
```

查询命令运行结果如图 6.18 所示。

【例 6.15】 查询考试成绩不及格学生的学号和成绩。

```
SELECT gra_stuid 学号,gra_score 成绩 FROM grade WHERE gra_score<60;
```

查询命令运行结果如图 6.19 所示。

cou_name	cou_credit
大学英语	4.5
实用英语	4.5

图 6.18 学分大于 4 的课程信息

学号	成绩
201901010002	56
201902010001	58

图 6.19 成绩小于 60 的学生信息

【例 6.16】 查询除软件技术专业之外所有学生的姓名和入学成绩。

```
SELECT stu_name 姓名, stu_enterscore 入学成绩
FROM  student  WHERE stu_speciality<>'软件技术';
```

查询命令运行结果如图 6.20 所示。

学习提示：在 MySQL 数据库系统中，比较运算符可以连接所有数据类型，当所连接的数据类型是非数字类型时，用单引号(')将数据引起来。此外，在使用比较运算符时，切记运算符两边表达式的数据类型必须一致。

2）复合条件的数据查询操作

复合条件的数据查询操作

【例 6.17】 查询软件技术专业男同学的姓名、所学专业和政治面貌。

```
SELECT stu_name 姓名, stu_speciality 所学专业,stu_politicalstatus 政治面貌
FROM  student  WHERE stu_speciality='软件技术' AND stu_sex='男';
```

查询命令运行结果如图 6.21 所示。

姓名	入学成绩
靳锦东	425
赵辉	445
王强	398.5
刘晓霞	409
李立	472
王丽莉	496
刘梅梅	438

图 6.20 非软件技术专业的学生信息

姓名	所学专业	政治面貌
张晓辉	软件技术	共青团员
孙云	软件技术	共青团员

图 6.21 软件技术专业男同学的信息

【例 6.18】 查询参加工作时间在 2014 年之后或者技术职称是讲师的教师的姓名、参加工作时间和职称信息。

```
SELECT tea_name 姓名,tea_worktime 参加工作时间,tea_profession 技术职称
FROM teacher WHERE tea_worktime>='2014-01-01' OR tea_profession='讲师';
```

查询命令运行结果如图 6.22 所示。

姓名	参加工作时间	技术职称
赵一文	2010-09-10 00:00:00	讲师
武冀云	2012-09-10 00:00:00	讲师
郭豪	2016-09-10 00:00:00	助教
董鑫	2009-09-10 00:00:00	讲师
许慧丽	2009-04-10 00:00:00	讲师
冯悦	2011-04-10 00:00:00	讲师
马春梅	2014-09-01 00:00:00	助教
彭玉	2000-09-01 00:00:00	讲师

图 6.22　2014 年之后参加工作或技术职称是讲师的教师信息

【例 6.19】 查询非公共基础课的课程名称和课程性质。

```
SELECT cou_name 课程名称, cou_type 课程性质 FROM course
WHERE NOT cou_type='公共基础';
```

上述 SELECT 语句等价于：

```
SELECT cou_name 课程名称, cou_type 课程性质 FROM course
WHERE cou_type!='公共基础';
```

查询命令运行结果如图 6.23 所示。

课程名称	课程性质
数据库技术	专业技能
JAVA语言程序设计	专业基础
人工智能技术应用	专业选修
计算机网络基础	专业基础
计算机密码学	专业选修
PHOTOSHOP技术应用	专业技能
平面构成	专业基础
马克思主义理论	公共选修
音乐欣赏	公共选修

图 6.23　课程性质不是公共基础课的课程信息

学习提示：当 WHERE 子句中有 NOT 运算符时，应当将 NOT 放在表达式的前面。AND 和 OR 运算符可以联合使用，AND 的优先级高于 OR，当两者一同使用时，先运算 AND 两侧的条件表达式，然后再运算 OR 两侧的条件表达式。

3）利用 BETWEEN AND 关键字实现限定范围的查询

BETWEEN AND 关键字实现限定范围的查询

【例 6.20】 查询学生考试成绩在 80～90 分的学生的学号和成绩。

```
SELECT gra_stuid 学号,gra_score 成绩 FROM grade
WHERE gra_score BETWEEN 80 AND 90;
```

上述 SELECT 语句等价于：

```
SELECT gra_stuid 学号, gra_score 成绩 FROM grade
WHERE gra_score>=80 AND gra_score<=90;
```

查询命令运行结果如图 6.24 所示。

学习提示：使用 BETWEEN…AND 实现限定范围的查询时，等价于由 AND 运算符连接两个比较运算符组成的条件表达式。

学号	成绩
201803010001	85
201901010001	90
201901010003	84
201902010001	81
201902010001	89
201903020002	86

图 6.24 成绩在 80～90 分的学生学号和成绩信息

4）利用字符匹配符 LIKE 实现模糊查询

匹配符 LIKE 实现模糊查询

【例 6.21】 查询所有姓王的学生的姓名和出生日期。

```
SELECT stu_name, stu_birthday FROM student  WHERE stu_name LIKE '王%';
```

查询命令运行结果如图 6.25 所示。

【例 6.22】 查询生源地不是天津市的学生的姓名和生源地。

```
SELECT stu_name, stu_address FROM student
WHERE stu_address NOT LIKE '%天津市%';
```

查询命令运行结果如图 6.26 所示。

【例 6.23】 查询学生姓名中第二个字是“晓”的学生的姓名。

```
SELECT stu_name FROM student WHERE stu_name LIKE '_晓%';
```

查询命令运行结果如图 6.27 所示。

stu_name	stu_birthday
王强	1999-05-18
王丽莉	2000-09-12

图 6.25 姓王的同学

stu_name	stu_address
靳锦东	河北省石家庄
孙云	浙江省杭州市
刘梅梅	北京市东城区

图 6.26 生源地不是天津市

stu_name
张晓辉
刘晓霞

图 6.27 姓名第二个字是“晓”的学生的姓名

【例 6.24】 查询课程代码是 c1000001 的课程代码和课程名称。

```
SELECT cou_no,cou_name FROM course WHERE cou_no LIKE 'c1000001';
```

上述 SELECT 语句等价于：

```
SELECT cou_no,cou_name FROM course WHERE cou_no='c1000001';
```

查询命令运行结果如图 6.28 所示。

【例 6.25】 查询软件 S19-1 班的班级名称和班长姓名。

```
SELECT class_name,class_monitor FROM class
WHERE class_name LIKE '软件 S19/-1' ESCAPE '/';
```

查询命令运行结果如图 6.29 所示。

cou_no	cou_name
c1000001	数据库技术

图 6.28　代码是 c1000001 的课程信息

class_name	class_monitor
软件S19-1	尚华

图 6.29　软件 S19-1 班的班级名称和班长姓名

学习提示：进行模糊查询的过程中，比较字符串不区分大小写，若 LIKE 后面的匹配字符串不包含通配符，可以用“＝”（等于）运算符取代 LIKE，用“＜＞”（不等于）运算符代替 NOT LIKE。在 ESCAPE'/'中，“/”表示转义字符，匹配串中紧跟在“/”之后的字符不再具有通配符的含义，转义为普通的字符。

5）使用正则表达式实现匹配查询

使用正则表达式实现匹配查询

【例 6.26】　查询课程名称以“计”开头的课程名称和开课学期。

```
SELECT cou_name,cou_term FROM course WHERE cou_name REGEXP '^计';
```

查询命令运行结果如图 6.30 所示。

【例 6.27】　查询课程名称以“应用”结尾的课程名称和开课学期。

```
SELECT cou_name,cou_term FROM course WHERE cou_name REGEXP '应用$';
```

查询命令运行结果如图 6.31 所示。

cou_name	cou_term
计算机网络基础	1
计算机密码学	5

图 6.30　以“计”开头的课程名称和开课学期

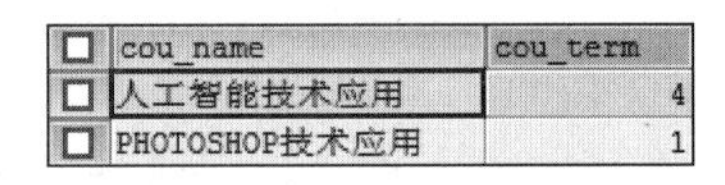

cou_name	cou_term
人工智能技术应用	4
PHOTOSHOP技术应用	1

图 6.31　以“应用”结尾的课程名称和开课学期

【例 6.28】　查询学生联系电话中有“78”数字的学生姓名和电话号码。

```
SELECT stu_name,stu_telephone FROM student
WHERE stu_telephone REGEXP '78';
```

查询命令运行结果如图 6.32 所示。

stu_name	stu_telephone
张晓辉	15645653478
孙云	17825489986
赵辉	13346787652
王强	17836548936
李立	13526547899
刘梅梅	13042278764

图 6.32　电话号码中有“78”数字的学生姓名和电话号码

利用 IN 关键字实现列表数据查询

6）利用 IN 关键字实现列表数据查询

【例 6.29】　查询软件技术专业、网络技术专业和视觉传达专业学生的姓名和所学专业的名称。

```
SELECT stu_name,stu_speciality FROM student
WHERE stu_speciality IN ('软件技术','网络技术','视觉传达');
```

上述 SELECT 语句等价于：

```
SELECT stu_name,stu_speciality FROM student WHERE stu_speciality='软件技
术' OR stu_speciality='网络技术' OR stu_speciality='视觉传达';
```

查询命令运行结果如图 6.33 所示。

stu_name	stu_speciality
张晓辉	软件技术
李红丽	软件技术
孙云	软件技术
王强	网络技术
刘晓霞	网络技术
王丽莉	视觉传达
刘梅梅	视觉传达

图 6.33 查询指定专业的学生信息

学习提示：在 WHERE 子句中使用 IN 关键字指定查询条件时，数据表中不能出现 NULL 空值，有效值列表中不能有 NULL 值数据。

7）利用空值关键字实现数据查询

【例 6.30】 查询没有指定班长的班级信息。

因为 19 级的班级是新入学的学生，有的班级开了班会选举了班长，而有的班由于各种原因还没有选出班长，针对还没有选出班长的班级进行统计。

```
SELECT * FROM class WHERE class_monitor IS NULL;
```

查询命令运行结果如图 6.34 所示。

class_id	class_name	class_num	class_monitor	class_teacher	class_enteryear
cvisualco190002	视觉S19-2	43	(NULL)	(NULL)	2019-09-01 00:00:00

图 6.34 查询还没有选出班长的班级信息

【例 6.31】 查询已经指定了班长的班级信息。

```
SELECT * FROM class WHERE class_monitor IS NOT NULL;
```

查询命令运行结果如图 6.35 所示。

class_id	class_name	class_num	class_monitor	class_teacher	class_enteryear
cdigitart180001	数艺S18-1	40	王晓强	t30000000004	2018-09-01 00:00:00
cinfoappl190001	信息S19-1	47	常虹	t10000000006	2019-09-01 00:00:00
cnetsecur190001	安全S19-1	41	胡平	t20000000004	2019-09-01 00:00:00
cnettechn190001	网络S19-1	45	翟翊	t20000000004	2019-09-01 00:00:00
csoftware190001	软件S19-1	45	尚华	t10000000006	2019-09-01 00:00:00
cvisualco190001	视觉S19-1	42	赵馨	t30000000004	2019-09-01 00:00:00

图 6.35 查询已经选出了班长的班级信息

学习提示：IS 不能用“＝”代替，NULL 不等于数值 0 或空字符。NULL 值之间不能匹配，所以，在此不能使用比较运算符或者 LIKE 运算符对空值进行判断。

利用聚合函数实现数据统计操作

6.1.4 利用聚合函数实现数据的统计操作

MySQL 中的聚合函数是对数据信息进行汇总统计分析，可以作为数据列的标识符出现在 SELECT 子句的目标列、HAVING 子句的设定条件中以及 ORDER BY 子句中。主要包括计数、求和、求平均值、求最大值和最小值等功能。在 SELECT 语句中如果使用了 ORDER BY 子句，聚合函数是对分组结果进行统计，否则是对全部结果集进行统计计数。

1. 聚合函数的语法格式及含义

聚合函数的主要功能是实现对数据表中指定列的值进行统计计算，并返回单个数值。MySQL 提供的常用聚合函数的语法及含义如表 6.5 所示。

表 6.5 常用聚合函数的语法及含义

聚合函数名	语法格式	含义
COUNT	COUNT(＊)	统计并返回元组个数
	COUNT([DISTINCT|ALL]＜列名＞)	统计列名所规定的数据列中值的个数
SUM	SUM([DISTINCT|ALL]＜列名＞)	统计列名所规定的数据列中值的总和
AVG	AVG([DISTINCT|ALL]＜列名＞)	统计列名所规定的数据列中值的平均值
MAX	MAX([DISTINCT|ALL]＜列名＞)	统计列名所规定的数据列中值的最大值
MIN	MIN([DISTINCT|ALL]＜列名＞)	统计列名所规定的数据列中值的最小值

用于求总和的聚合函数 SUM 以及求平均值的聚合函数 AVG，所计算的列必须是数值型。如果使用 DISTINCT 关键字，在计算统计时将列中的重复值去掉，否则指定 ALL 关键字（ALL 是默认值），表示对整个查询数据进行聚合运算，当然要包括重复值。

利用 COUNT 和 SUM 实现统计操作

2. 操作实例

【例 6.32】 统计学生总人数。

```
SELECT COUNT(*) AS 学生总人数 FROM student;
```

查询命令运行结果如图 6.36 所示。

学生总人数
10

图 6.36 统计学生总人数

【例 6.33】 查看学生选修了几门课程。

同一门课程如果有多人选修也只统计一次，说明该课程有学生选修。

```
SELECT COUNT(DISTINCT gra_couno) AS 总选修课程数 FROM grade;
```

查询命令运行结果如图 6.37 所示。

【例 6.34】 计算公共基础课总学分。

```
SELECT SUM(cou_credit) FROM course WHERE cou_type='公共基础';
```

查询命令运行结果如图 6.38 所示。

图 6.37 选修课程总数

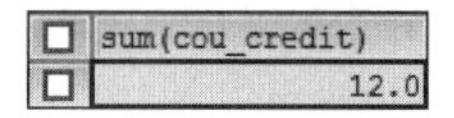

图 6.38 公共基础课总学分

【例 6.35】 计算代码为 c1000001 课程的平均成绩。

利用 AVG、MAX 和 MIN 实现统计操作

```
SELECT AVG(gra_score) FROM grade WHERE gra_couno='c1000001';
```

查询命令运行结果如图 6.39 所示。

【例 6.36】 查询代码为 c0000001 课程考试成绩的最高分和最低分。

```
SELECT MAX(gra_score) AS 最高分, MIN(gra_score) AS 最低分
FROM grade WHERE gra_couno='c0000001';
```

查询命令运行结果如图 6.40 所示。

【例 6.37】 查询参加考试的学生人数。

如果一位学生参加了一门以上的课程考试,人数也记为 1,换言之,只要学生有考试成绩,无论是几门课的成绩都记为 1 人,所以要去掉学号的重复值,并且还要保证该学生有考试成绩,否则不在统计范围之内。

```
SELECT COUNT(DISTINCT gra_stuid) AS 参加考试的人数
FROM grade WHERE gra_score IS NOT NULL;
```

查询命令运行结果如图 6.41 所示。

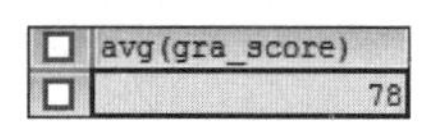

图 6.39 平均成绩

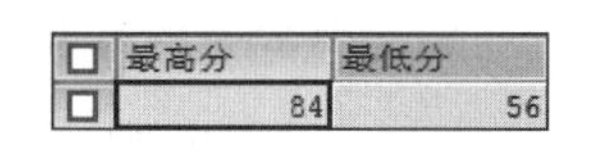

图 6.40 最高分和最低分

图 6.41 参加考试的人数

6.1.5 利用 GROUP BY 子句实现分组筛选数据

在日常工作中,仅对数据表全部数据进行汇总统计,往往不能满足用户需求,有时需要针对具体组别进行分类汇总。例如,计算学生平均成绩时,如果仅算出所有学生所有课程的平均成绩,这个数据意义不大,实践中,需要计算每一位学生的平均成绩或每一门课程的平均成绩,这时就需要用到分组统计操作。

1. 语法格式

使用 GROUP BY 子句可以对查询结果按照某一指定列或多列进行数据值的分组统计，以实现对查询结果进行进一步的归纳、汇总。与聚合函数联合使用，可以为结果集中的每个分组计算一个汇总值。其语法格式如下。

```
[GROUP BY 列名 1,列名 2[,…n] [HAVING 条件表达式]]
```

2. 具体说明

GROUP BY 子句将查询结果集中的数据记录按照指定的列名分组，在所规定的列上，将对应值相同的记录划分到同一组。利用 HAVING 子句实现对分组信息的再次筛选，如果写上 HAVING 子句，只将符合 HAVING 条件的组输出；否则，无 HAVING 子句时，可以输出所有分组信息。GROUP BY 子句通常是对某个子集或某一组数据进行汇总运算或统计分析，在 SELECT 语句的输出列中，只允许两种目标列表达式：一种是聚合函数；另一种是出现在 GROUP BY 子句中的分组字段。此外，在 GROUP BY 子句里要使用数据表中的列名称，而不能使用 AS 子句中指定的列的别名。

利用 GROUP BY 子句实现分组筛选数据

3. 操作实例

【例 6.38】 统计各系部的教师人数。

```
SELECT tea_department AS 系部编号,COUNT(*) AS 教师人数
FROM teacher GROUP BY tea_department;
```

查询命令运行结果如图 6.42 所示。

【例 6.39】 统计各专业男生、女生的人数。

```
SELECT stu_speciality AS 专业,stu_sex AS 性别,COUNT(*) AS 学生人数
FROM student GROUP BY stu_speciality,stu_sex;
```

查询命令运行结果如图 6.43 所示。

系部编号	教师人数
d00000000001	4
d00000000002	8
d00000000003	4
d00000000004	4
d00000000005	3

图 6.42　各系部的教师人数

专业	性别	学生人数
信息应用	男	1
数字艺术	男	1
网络安全	男	1
网络技术	女	1
网络技术	男	1
视觉传达	女	2
软件技术	女	1
软件技术	男	2

图 6.43　各专业男生、女生的人数

【例 6.40】 统计每一门课程考试的平均成绩。

```
SELECT gra_couno AS 课程代码,AVG(gra_score) AS 平均成绩
FROM grade GROUP BY gra_couno;
```

查询命令运行结果如图 6.44 所示。

【例 6.41】 显示课程平均成绩大于 80 分的课程代码和平均成绩。

利用 HAVING 子句实现限定筛选数据

```
SELECT gra_couno AS 课程代码,AVG(gra_score) AS 平均成绩
FROM grade GROUP BY gra_couno HAVING AVG(gra_score)>80;
```

查询命令运行结果如图 6.45 所示。

课程代码	平均成绩
c0000001	66.2
c0000002	85
c1000001	78
c1000002	81
c2000001	77
c3000001	83
c9000001	83.5

图 6.44 每一门课程的平均成绩

课程代码	平均成绩
c0000002	85
c1000002	81
c3000001	83
c9000001	83.5

图 6.45 平均成绩大于 80 分的课程信息

【例 6.42】 统计各专业男生的人数。

```
SELECT stu_speciality AS 专业,COUNT(*) AS 男生人数
FROM student WHERE stu_sex='男' GROUP BY stu_speciality;
```

上述代码等价于:

```
SELECT stu_speciality AS 专业,COUNT(*) AS 男生人数
FROM student GROUP BY stu_speciality,stu_sex HAVING stu_sex='男';
```

查询命令运行结果如图 6.46 所示。

学习提示:WHERE 与 HAVING 子句都是用来限定查询条件的,但是二者的作用对象不同。WHERE 设定的条件作用于被查询的数据表,选取出满足条件的数据记录;而 HAVING 设定的条件作用于分组后的数据集,从中过滤出满足条件的结果组。

专业	男生人数
信息应用	1
数字艺术	1
网络安全	1
网络技术	1
软件技术	2

图 6.46 统计各专业男生人数

6.1.6 利用 ORDER BY 子句实现数据排序检索

通常,使用 SELECT 语句查询数据时,信息记录的输出顺序是按照数据表中排列的物理存储顺序进行显示。在实际应用中,经常需要将查询结果按照指定的先后顺序进行输出,例如,按照学生考试成绩降序显示,成绩相同者,按照学号升序排列,这就需要使用

SELECT 语句中 ORDER BY 子句的功能。

1. 语法格式

用户根据实际需求，利用 ORDER BY 子句将查询结果按照一个或多个数据列进行升序(ASC)或降序(DESC)排列，系统默认值为升序。其语法格式如下。

```
[ORDER BY<列名 1>[ASC|DESC][,<列名 2>[ASC|DESC]][,…]]
```

2. 具体说明

SELECT 语句查询结果集的输出顺序是：首先按照列名 1 的具体值进行排序，若列名 1 的值相同，再按照列名 2 的具体值进行排序，以此类推。如果在列名后面不做特殊说明，即为升序排列；如果列名后明确指出 DESC，则以该列名的值为主进行降序排列。值得注意的是，对于空值而言，进行升序排列时，含有空值的记录最先显示；降序排列时空值的记录最后显示。英文或中文字符均按其 ASCII 码大小比较。数值型数据按其数值的实际大小进行比较。日期型数据按年月日数值的大小进行比较。逻辑型数据，通常 TRUE 大于 FALSE。

3. 操作实例

利用 ORDER BY 子句实现数据排序检索

【例 6.43】 查询教师的姓名、专业技术职称和参加工作时间，查询结果按参加工作时间降序排列。

```
SELECT tea_name 教师姓名, tea_profession 技术职称,
tea_worktime 参加工作时间 FROM teacher ORDER BY tea_worktime DESC;
```

查询命令运行结果如图 6.47 所示。

教师姓名	技术职称	参加工作时间
郭豪	助教	2016-09-10 00:00:00
马春梅	助教	2014-09-01 00:00:00
邓林安	政工师	2012-09-10 00:00:00
武冀云	讲师	2012-09-10 00:00:00
冯悦	讲师	2011-04-10 00:00:00
赵一文	讲师	2010-09-10 00:00:00
韩旭鹏	助理政工师	2010-09-01 00:00:00
吕文杰	副教授	2009-09-10 00:00:00
董鑫	讲师	2009-09-10 00:00:00
许慧丽	讲师	2009-04-10 00:00:00
王杨	副教授	2009-04-10 00:00:00
郑莹	副教授	2008-09-10 00:00:00
韩东建	副教授	2007-09-10 00:00:00
周蕙	副教授	2007-09-10 00:00:00
王红梅	副教授	2005-09-10 00:00:00
钱小红	副教授	2005-09-01 00:00:00
高旭	副教授	2001-09-11 00:00:00
彭玉	讲师	2000-09-01 00:00:00
李梓轩	教授	2000-04-12 00:00:00
李晓梅	教授	1998-09-11 00:00:00
陈思杰	教授	1998-09-10 00:00:00
徐文	教授	1992-09-01 00:00:00
孙淑华	教授	1990-09-10 00:00:00

图 6.47 按参加工作时间降序排列

【例 6.44】 查询所有学生所有课程的考试成绩，按照成绩降序排列，成绩相同者按照学号升序排列。

```
SELECT gra_stuid 学号, gra_score 成绩 FROM grade
ORDER BY gra_score DESC,gra_stuid ASC;
```

查询命令运行结果如图 6.48 所示。

学号	成绩
201903020001	91
201901010001	90
201902010001	89
201903020002	86
201803010001	85
201901010003	84
201902010001	81
201901010001	78
201902010002	78
201902010002	73
201803010001	72
201901020001	72
201901020001	68
201901010001	65
201902010001	58
201901010002	56

图 6.48 按成绩降序、学号升序排列

学习提示：当指定多个列名进行排序时，要逐一指出各列名是升序还是降序。

任务 6.2 多表连接查询操作

任务说明：利用交叉连接、内连接、自连接、外连接实现电子学校系统多张数据表的数据查询。在任务 6.1 中所讲解的数据查询操作基本都是以单一数据表为基础进行的，但是在数据库应用系统的开发中，不可能一张数据表包含所有数据信息，这不符合数据库应用系统设计的规范，将会产生大量的数据冗余。因此，为了获取有效数据经常会涉及从多张数据表中检索数据信息，这就需要用到多表连接查询。

6.2.1 利用交叉连接实现数据查询

实施多表连接查询的实质就是，所要查询的数据分散在多张数据表中，组成查询结果集的数据将来源于多张数据表。可见，当查询需要从多张相关数据表提取数据进行检索，此方法称为连接查询。连接查询是关系数据库中最主要的，在实践应用中使用频率较高的一类查询操作。根据所要查询的具体问题，进行表与表之间的连接操作。通常包括交叉连接(Cross Join)、内连接(Inner Join)、自连接(Self Join)和外连接(Outer Join)等。外连接又可以细分为左外连接(Left Join)、右外连接(Right Join)和全外连接(Full Join)。

1. 语法格式

交叉连接又称笛卡儿连接，是两张数据表之间进行笛卡儿乘积的运算，其结果集的行数是两张数据表记录行数的乘积，即左表中的每一条记录都与右表中所有记录进行连接，查询结果集中的列是进行连接操作的数据表的列之和。其具体语法格式如下。

```
SELECT [ALL|DISTINCT] [别名.]<选项 1>[AS<显示列名>] [,[别名.]<选项 2>
[AS<显示列名>][,…]] FROM <表名 1>[别名 1],<表名 2>[别名 2];
```

2. 具体说明

FROM 子句指出需要连接的表名，表名之间用逗号分隔。在实际应用中使用交叉连接的情况较少，因为利用交叉连接检索的数据实际应用意义不大。而且作为规范化的数据库应用系统，使用交叉连接无太大的应用价值，但是利用交叉连接可以产生大量的数据库测试数据，有助于实施连接操作的运算并可以完成数据库应用系统的测试工作。切记交叉连接不允许添加连接条件。

利用交叉连接实现数据查询

3. 操作实例

【例 6.45】 查询班级所能分配的宿舍，列出班级编号和宿舍楼编号。

```
SELECT C.class_id 班级编号,D.dor_floorid 宿舍楼编号
FROM class C, dormitory D;
```

学习提示：交叉查询涉及多张数据表，通常在列名前加上表名，以示区分不同数据表之间的列名。为了简化书写表名的操作，可以给数据表指定别名，一旦表名被指定了别名，在交叉连接的命令中务必用别名代替表名。上述命令运行结果是将 class 表中每一个班级编号都与宿舍表 dormitory 中宿舍楼编号逐行匹配。

6.2.2 利用内连接实现数据查询

1. 语法格式

内连接是多张数据表实施连接查询最常用的操作，通常使用比较运算符对比两张数据表的公共字段列，返回满足比较条件的数据记录。在关系数据库系统中，具有主从关系的数据表进行连接时，以主表的主键列作为连接条件。作为公共字段列的列名在不同数据表中可以相同也可以不同，但是其数据类型、长度和精度必须相同，且表达同一范畴的意义。其具体语法格式如下。

```
SELECT [ALL|DISTINCT] [别名.]<选项 1>[AS<显示列名>] [,[别名.]<选项 2>
[AS<显示列名>][,…]] FROM <表名 1>[别名 1],<表名 2>[别名 2] [,…]
WHERE <连接条件表达式> [AND<条件表达式>];
```

或者

```
SELECT [ALL|DISTINCT] [别名.]<选项 1>[AS<显示列名>] [,[别名.]<选项 2>
[AS<显示列名>][,…]] FROM <表名 1>[别名 1] INNER JOIN<表名 2>[别名 2]
ON <连接条件表达式> [WHERE<条件表达式>];
```

其中,连接条件表达式的格式如下。

```
[<表名 1>]<别名 1.列名><比较运算符>[<表名 2>]<别名 2.列名>
```

2. 具体说明

在第一种语法格式中,WHERE 子句指定了连接类型;在第二种语法格式中,FROM 子句指定了连接类型。连接条件是表明在连接查询中,两张表进行连接操作时所满足的条件。连接条件表达式中所使用的比较运算符可以是等号“=”,表示等值连接;可以是非等比较运算符,例如>、<、>=、<=、!=、!>、!<、<>等,表示不等值连接。

FROM 子句可以有多张数据表,表名与别名之间使用空格隔开。如果利用 WHERE 子句指定连接类型,一定要添加连接条件表达式,表明两张数据表之间必须有相等的公共列。在应用中可以不用定义别名,表名被默认为别名,定义别名是为了简化程序代码的书写,一旦定义别名,不再使用表名。如果在输出列或条件表达式中出现的列名是某一张数据表中独一无二的列名,在列名前可以不加别名;如果该列名是多张数据表的公共字段,必须在列名前加上别名。

3. 操作实例

利用内连接实现数据查询

【例 6.46】 查询每位学生的基本情况和考试信息。

学生的基本情况存放在 student 表中,考试信息存放在 grade 表中,要查询的内容来源于上述两张表,而这两张表是通过学生学号公共字段建立的内连接。

```
SELECT S.* ,G.* FROM student S, grade G WHERE s.stu_no=G.gra_stuid;
```

上述代码等价于:

```
SELECT S.* ,G.* FROM student S INNER JOIN grade G ON s.stu_no=G.gra_stuid;
```

查询命令运行结果如图 6.49 所示。

stu_no	stu_name	s...	st...	stu_birt...	stu_ident...	stu...	stu_a...	stu...	stu_...	stu_email
201803010001	靳锦东	男	预备党	1997-09-27	130100199709	数字艺	河北省石	050000	1563876	8764567890
201803010001	靳锦东	男	预备党	1997-09-27	130100199709	数字艺	河北省石	050000	1563876	8764567890
201901010001	张晓辉	男	共青团	2000-11-15	120101200011	软件技	天津市和	300041	1564565	zhangxiaoh
201901010001	张晓辉	男	共青团	2000-11-15	120101200011	软件技	天津市和	300041	1564565	zhangxiaoh
201901010001	张晓辉	男	共青团	2000-11-15	120101200011	软件技	天津市和	300041	1564565	zhangxiaoh
201901010002	李红丽	女	共青团	2001-03-07	120106200103	软件技	天津市河	300171	1308776	lihonghong
201901010003	孙云	男	共青团	2000-08-12	330100200008	软件技	浙江省杭	310000	1782548	4673338893
201901020001	赵辉	男	共青团	1999-11-09	120022199911	信息应	天津市西	300380	1334678	zhaohui111
201901020001	赵辉	男	共青团	1999-11-09	120022199911	信息应	天津市西	300380	1334678	zhaohui111
201902010001	王强	男	共青团	1999-05-18	120103199905	网络技	天津市河	300202	1783654	wangqiang@
201902010001	王强	男	共青团	1999-05-18	120103199905	网络技	天津市河	300202	1783654	wangqiang@
201902010001	王强	男	共青团	1999-05-18	120103199905	网络技	天津市河	300202	1783654	wangqiang@
201902010002	刘晓霞	女	预备党	1998-10-23	120101199810	网络技	天津市和	300041	1563876	2334777744
201902010002	刘晓霞	女	预备党	1998-10-23	120101199810	网络技	天津市和	300041	1563876	2334777744
201903020001	王丽莉	女	共青团	2000-09-12	120101200009	视觉传	天津市和	300041	1309884	4674822276
201903020002	刘梅梅	女	共青团	1999-04-28	110101199904	视觉传	北京市东	100010	1304227	liumei123@

stu_no	stu_resume		s...	st...	s...	stu_photo		gra_stuid	gra_couno	gr...	gra_time	gra_cl...
201803010001	本...	39B	0	425	7800	(Binar...	51K	201803010001	c0000002	85	2019-06-28	K0001
201803010001	本...	39B	0	425	7800	(Binar...	51K	201803010001	c3000001	72	2018-12-30	K0001
201901010001	张...	99B	0	398	5600	(Binar...	51K	201901010001	c0000001	65	2019-11-01	K0002
201901010001	张...	99B	0	398	5600	(Binar...	51K	201901010001	c1000001	78	2019-10-31	K0002
201901010001	张...	99B	0	398	5600	(Binar...	51K	201901010001	c1000002	90	2019-11-01	K0002
201901010002	本...	84B	1	407	5600	(Binar...	46K	201901010002	c0000001	56	2019-11-01	K0002
201901010003	本...	63B	0	462	5600	(Binar...	51K	201901010003	c0000001	84	2019-11-01	K0002
201901020001	本...	105B	0	445	5600	(Binar...	51K	201901020001	c0000001	68	2019-11-01	K0002
201901020001	本...	105B	0	445	5600	(Binar...	51K	201901020001	c1000002	72	2019-10-30	K0003
201902010001	本...	27B	0	398.5	5600	(Binar...	51K	201902010001	c0000001	58	2019-11-01	K0005
201902010001	本...	27B	0	398.5	5600	(Binar...	51K	201902010001	c2000001	81	2019-11-01	K0006
201902010001	本...	27B	0	398.5	5600	(Binar...	51K	201902010001	c9000001	89	2019-10-29	K0004
201902010002	本...	33B	1	409	5600	(Binar...	46K	201902010002	c2000001	73	2019-11-01	K0006
201902010002	本...	33B	1	409	5600	(Binar...	46K	201902010002	c9000001	78	2019-10-29	K0004
201903020001	我...	78B	1	496	7800	(Binar...	46K	201903020001	c3000001	91	2019-11-01	K0007
201903020002	本...	69B	0	438	7800	(Binar...	46K	201903020002	c3000001	86	2019-11-01	K0007

图 6.49 显示学生的基本情况和考试信息

在图 6.49 中看到，student 表中的 stu_no 列和 grade 表中的 gra_stuid 列实质是相同的列，都代表学生的学号，可以将目标列中重复字段去掉，减少数据冗余，此时该连接称为自然连接，将在 6.2.3 节详细讲解。将例 6.46 代码修改成如下形式，只显示学生的学号、姓名、政治面貌、所学专业、课程代码和考试成绩。

```
SELECT stu_no, stu_name,stu_politicalstatus,stu_speciality,gra_couno,gra_score
FROM student,grade WHERE stu_no=gra_stuid;
```

上述代码等价于：

```
SELECT stu_no, stu_name,stu_politicalstatus,stu_speciality,gra_couno,
gra_score
FROM student,grade WHERE student.stu_no=grade.gra_stuid;
```

查询命令运行结果如图 6.50 所示。

stu_no	stu_name	stu_p...	stu_spec...	gra_couno	gra_score
201803010001	靳锦东	预备党员	数字艺术	c0000002	85
201803010001	靳锦东	预备党员	数字艺术	c3000001	72
201901010001	张晓辉	共青团员	软件技术	c0000001	65
201901010001	张晓辉	共青团员	软件技术	c1000001	78
201901010001	张晓辉	共青团员	软件技术	c1000002	90
201901010002	李红丽	共青团员	软件技术	c0000001	56
201901010003	孙云	共青团员	软件技术	c0000001	84
201901020001	赵辉	共青团员	信息应用	c0000001	68
201901020001	赵辉	共青团员	信息应用	c1000002	72
201902010001	王强	共青团员	网络技术	c0000001	58
201902010001	王强	共青团员	网络技术	c2000001	81
201902010001	王强	共青团员	网络技术	c9000001	89
201902010002	刘晓霞	预备党员	网络技术	c2000001	73
201902010002	刘晓霞	预备党员	网络技术	c9000001	78
201903020001	王丽莉	共青团员	视觉传达	c3000001	91
201903020002	刘梅梅	共青团员	视觉传达	c3000001	86

图 6.50　利用自然连接去掉重复信息

学习提示：上述第一段代码中没有给表指定别名，输出列也没有在列名前加上表名，WHERE 子句中条件表达式的列名前同样没有表名，这是因为所有的字段名都是唯一的，不存在重复现象。第二段代码与第一段代码的不同在于，WHERE 子句中条件表达式的列名前加上了表名，以示区分该列名是哪一张数据表的。由此可见，可以在不同数据表中使用相同的列名，只要标识出该列名隶属于哪一张数据表即可。

【例 6.47】 查询参加考试的学生姓名、课程名称和对应课程的考试成绩。

该查询涉及三张数据表的内容，学生姓名来源于学生信息表 student，课程名称来源于课程信息表 course，考试成绩来源于成绩信息表 grade，其中，student 和 grade 之间通过学生学号建立连接关系，course 和 grade 之间通过课程代码建立连接关系。

```
SELECT S.stu_name 学生姓名,C.cou_name 课程名称, G.gra_score 考试成绩
FROMstudent S,course C,grade G WHERE S.stu_no=G.gra_stuid
AND C.cou_no=G.gra_couno
```

上述代码等价于：

```
SELECT stu_name 学生姓名,cou_name 课程名称,gra_score 考试成绩
FROM student S INNER JOIN grade G ON S.stu_no=G.gra_stuid INNER JOIN
course C ON C.cou_no=G.gra_couno
```

查询命令运行结果如图 6.51 所示。

学生姓名	课程名称	考试成绩
靳锦东	实用英语	85
靳锦东	PHOTOSHOP技术应用	72
张晓辉	大学英语	65
张晓辉	数据库技术	78
张晓辉	JAVA语言程序设计	90
李红丽	大学英语	56
孙云	大学英语	84
赵辉	大学英语	68
赵辉	JAVA语言程序设计	72
王强	大学英语	58
王强	计算机网络基础	81
王强	马克思主义理论	89
刘晓霞	计算机网络基础	73
刘晓霞	马克思主义理论	78
王丽莉	PHOTOSHOP技术应用	91
刘梅梅	PHOTOSHOP技术应用	86

图 6.51　参加考试的学生姓名、课程名称和对应课程的考试成绩

【例 6.48】 查询考试成绩在 80 分以上的学生姓名、课程名称以及考试成绩。

```
SELECT S.stu_name 学生姓名,C.cou_name 课程名称, G.gra_score 考试成绩
FROM student S, course C, grade G WHERE S.stu_no=G.gra_stuid
AND C.cou_no=G.gra_couno AND gra_score>=80;
```

上述代码等价于：

```
SELECT stu_name 学生姓名,cou_name 课程名称,gra_score 考试成绩
FROM student S INNER JOIN grade G ON S.stu_no=G.gra_stuid INNER JOIN
course C ON C.cou_no=G.gra_couno WHERE gra_score>=80;
```

查询命令运行结果如图 6.52 所示。

学生姓名	课程名称	考试成绩
靳锦东	实用英语	85
张晓辉	JAVA语言程序设计	90
孙云	大学英语	84
王强	计算机网络基础	81
王强	马克思主义理论	89
王丽莉	PHOTOSHOP技术应用	91
刘梅梅	PHOTOSHOP技术应用	86

图 6.52　成绩大于 80 分的学生姓名、课程名称和考试成绩

利用自连接
实现数据查询

6.2.3 利用自连接实现数据查询

1. 语法格式

表连接操作既可以是不同表之间的连接，又可以是针对一张数据表进行与自身连接，将同一张表的不同记录行实施连接，该连接称为自连接。换言之，可以将自连接视为一张数据表的两个副本之间进行的连接操作。其具体语法格式如下。

```
SELECT [ALL|DISTINCT] [别名.]<选项 1>[AS<显示列名>] [,[别名.]<选项 2>
[AS<显示列名>][,…]] FROM <表名 1>[别名 1],<表名 1>[别名 2] [,…]
WHERE <连接条件表达式> [AND<条件表达式>];
```

2. 具体说明

对某一张数据表进行自连接操作时，必须为该数据表指定两个别名，以便在逻辑上将其看成是独立的两张表。

3. 操作实例

【例 6.49】 查询同时参加了 c0000001 和 c1000002 课程考试的学生的学号。

```
SELECT G1.gra_stuid FROM  grade G1, grade G2
WHEREG1.gra_stuid=G2.gra_stuid AND G1.gra_couno='c0000001'
AND G2.gra_couno='c1000002';
```

查询命令运行结果如图 6.53 所示。

【例 6.50】 查询与李晓梅老师在同一个系部的专任教师姓名、系部编号与聘任岗位。

```
SELECT T2.tea_name,T2.tea_department,T2.tea_appointment FROM teacherT1,
teacher T2 WHERE T1.tea_department=T2.tea_department AND T1.tea_name=
'李晓梅' AND T2.tea_name!='李晓梅' AND T2.tea_appointment='专任教师';
```

查询命令运行结果如图 6.54 所示。

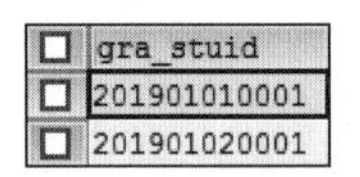

gra_stuid
201901010001
201901020001

图 6.53 同时参加两门课程考试的学生

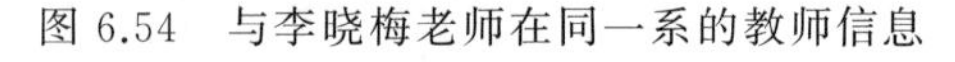

tea_name	tea_department	tea_appointment
周蕙	d00000000002	专任教师
武襄云	d00000000002	专任教师

图 6.54 与李晓梅老师在同一系的教师信息

利用外连接
实现数据查询

6.2.4 利用外连接实现数据查询

1. 语法格式

在自然连接中，只将两张表中相互匹配的记录行显示在结果集中，但是外连接仅对需要连接的其中一张表做限制，而另一张表可以不加限定，将其所有记录行都显示在结果集中。其具体语法格式如下。

```
SELECT [ALL|DISTINCT] [别名.]<选项 1>[AS<显示列名>] [,[别名.]<选项 2>
[AS<显示列名>][,…]] FROM <表名 1> LEFT|RIGHT|FULL[OUTER] JOIN <表名 2>
ON <表名 1.列 1>=<表名 2.列 2>;
```

2. 具体说明

根据所限定数据表的不同，外连接又可以细分为左外连接、右外连接和全外连接。其中，左外连接是指在连接条件中对左边的数据表不加以限制，将连接表达式左边表中的非匹配记录行全部显示在查询结果集中。右外连接是指在连接条件中对右边的数据表不加以限制，将连接表达式右边表中的非匹配记录行全部显示在查询结果集中。全外连接是指对条件表达式两侧的数据表均不加以限制，将两张表中的所有数据记录行全部显示在结果集中。

3. 操作实例

【例 6.51】 查询所有学生的基本情况以及参加考试的信息。

本例如果使用普通内连接进行查询，只能将已经参加了考试的学生的基本信息和对应的考试信息检索出来。但是，在实际应用中，有时需要了解所有学生的基本情况并且还要知道哪些学生参加过考试，这就需要利用外连接进行操作。

```
SELECT student.stu_name,student.stu_sex,student.stu_telephone,
grade.gra_couno,grade.gra_score FROM student LEFT JOIN grade ON
student.stu_no=grade.gra_stuid;
```

查询命令运行结果如图 6.55 所示。

stu_name	stu_sex	stu_telephone	gra_couno	gra_score
靳锦东	男	15638763904	c0000002	85
靳锦东	男	15638763904	c3000001	72
张晓辉	男	15645653478	c0000001	65
张晓辉	男	15645653478	c1000001	78
张晓辉	男	15645653478	c1000002	90
李红丽	女	13087765438	c0000001	56
孙云	男	17825489986	c0000001	84
赵辉	男	13346787652	c0000001	68
赵辉	男	13346787652	c1000002	72
王强	男	17836548936	c0000001	58
王强	男	17836548936	c2000001	81
王强	男	17836548936	c9000001	89
刘晓霞	女	15638764890	c2000001	73
刘晓霞	女	15638764890	c9000001	78
李立	男	13526547899	(NULL)	(NULL)
王丽莉	女	13098845762	c3000001	91
刘梅梅	女	13042278764	c3000001	86

图 6.55 所有学生的基本情况以及参加考试的信息

学习提示：本例使用了左外连接查询，即对 student 表不做限制，将该表所有记录行均显示出来。李立同学虽然没有参加考试，对应的课程代码和成绩是 NULL，但是他的姓名、性别和联系电话等基本信息还是被添加到查询结果集中。

【例 6.52】 查询所有教师的基本情况以及具体的任课信息。

```
SELECT cou_name,cou_type, tea_name,tea_research FROM course
RIGHT JOIN teacher ON course.cou_teacher=teacher.tea_no;
```

查询命令运行结果如图 6.56 所示。

cou_name	cou_type	tea_name	tea_research
大学英语	公共基础	赵一文	英语
实用英语	公共基础	钱小红	英语
思想道德修养与法律基础	公共基础	孙淑华	马克思主义原理
(NULL)	(NULL)	徐文	英语翻译
数据库技术	专业技能	李晓梅	数据库原理
JAVA语言程序设计	专业基础	周蕙	软件工程
人工智能技术应用	专业选修	武冀云	人工智能
(NULL)	(NULL)	吕文杰	计算机软件设计
(NULL)	(NULL)	邓林安	心理学
(NULL)	(NULL)	郭豪	大学生思想政治教育
(NULL)	(NULL)	董鑫	计算机科学
(NULL)	(NULL)	韩旭鹏	教学管理
计算机网络基础	专业基础	郑莹	网络技术
计算机密码学	专业选修	王杨	网络安全
(NULL)	(NULL)	韩东建	网络编程
(NULL)	(NULL)	许馨丽	思想政治教育原理
PHOTOSHOP技术应用	专业技能	冯悦	平面设计
平面构成	专业基础	陈思杰	建筑设计
(NULL)	(NULL)	李梓轩	数字媒体
(NULL)	(NULL)	马春梅	心理学
马克思主义理论	公共选修	彭玉	马克思主义哲学
音乐欣赏	公共选修	王红梅	古典音乐
(NULL)	(NULL)	高旭	马克思主义基本原理

图 6.56 所有教师的基本情况以及具体的任课信息

学习提示：本例使用了右外连接查询，即对 teacher 表不做限制，将该表所有记录行均显示出来。即使有的教师没有任课信息，但是他的基本信息还是被添加到查询结果集中。由此可见，左外连接和右外连接的操作相同，区别仅是数据表相对于 JOIN 关键字的位置不同。

任务 6.3 嵌套查询操作

任务说明：利用嵌套子查询和相关子查询，实现电子学校系统数据检索操作，并借助查询结果完成对数据的更新。在实践应用中，有时需要设定较为复杂的查询条件，有时数据的查询条件要依赖于其他查询的结果，为了清晰地表现出查询条件的层次，实现多层查询的需求，首选是嵌套查询操作。这是实现多表间查询的又一有效方法，即将一条 SELECT 语句作为另一条 SELECT 语句的一部分设定查询条件，实施查询操作。在明确嵌套查询的基本概念和执行过程的基础上，进一步掌握子查询用作表达式、子查询用作相关数据、子查询用作派生表、子查询作为数据修改条件以及子查询作为数据删除条件等相关操作，以此解决数据查询过程中的实际问题。

6.3.1 嵌套查询简介

嵌套查询操作简介

1. 嵌套查询的概念

在 MySQL 中，由 SELECT…FROM…WHERE 语句可以构建一个查询块，如果将一个查询块嵌入另一个查询块的 WHERE 子句或 HAVING 子句的判定条件中，称该查询为嵌套查询或子查询。在此可以将嵌入的查询块称为下层查询块，又称为内层查询或子查询；被嵌入的查询块称为上层查询块，又称为外层查询、父查询或主查询。MySQL 数据库系统允许多层嵌套查询，即在子查询中又可以再次嵌套其他子查询。通常子查询又可以细分为嵌套子查询和相关子查询两种。需要注意的是，子查询中的 SELECT 语句要用一对括号界定，查询操作必须有明确的结果。此外，ORDER BY 子句不能在子查询的 SELECT 语句中使用，只能对最外层查询的最终结果进行排序输出。利用嵌套查询可以将多个简单查询构造成复杂查询，不仅增强了 MySQL 查询数据的能力，而且层层嵌套的方式进行 SQL 的程序设计，再现结构化程序设计思想的意蕴。

2. 子查询的执行过程

子查询的执行顺序是由里向外逐层处理的，先要对最里层的子查询进行查询处理，在其上一级查询处理之前，该层查询必须处理完毕，并将其子查询的结果用于建立其上一级父查询的检索条件。下面通过剖析一个子查询的实例，进一步说明子查询的执行过程。查询参加过 c0000001 课程考试的学生姓名，子查询程序代码如下。

```
SELECT stu_name FROM student WHERE stu_no IN
(SELECT gra_stuid FROM grade WHERE gra_couno='c0000001');
```

（1）先执行 SELECT gra_stuid FROM grade WHERE gra_couno='c0000001'这条查询语句，在成绩信息表 grade 中检索出参与了课程 c0000001 考试的学生学号。此时符合检索条件的学号包括 201901010001、201901010002、201901010003、201901020001、201902010001。

（2）再执行 SELECT stu_name FROM student WHERE stu_no IN(201901010001，201901010002，201901010003，201901020001，201902010001)这条查询语句，此时的内层子查询已经被检索出来的查询结果集所代替，在此，查询学生信息表 student，查找这 5 个学号所对应的学生姓名，进行显示。

6.3.2 利用嵌套子查询实现数据检索

1. 嵌套子查询的含义

嵌套子查询的实质是不相关子查询，执行该查询时不依赖于外部嵌套。当内层子查询执行完毕，得到的结果集不显示，只将其作为外层查询的条件进行使用，当外层查询执行完毕后，系统才输出检索的结果集，子查询允许多层嵌套。

2. 嵌套子查询的种类

根据子查询返回值个数的不同，可以分为返回单个值的子查询和返回值列表的子查询。其中，返回单个值的子查询其实质是子查询返回的值被外层查询用来做比较操作，可用的比较运算符包括=、!=、<、<=、>、>=等，该值也可以是在子查询中利用聚合函数计算得到的值。返回值列表的子查询其实质是子查询返回的列表值被外层查询的 IN、NOT IN、ANY(SOME)、ALL 等关键字操作使用。上述两种嵌套子查询的种类实际上是将子查询作为表达式来使用。

利用比较运算符实现子查询

3. 操作实例

1）利用比较运算符实现子查询

【例 6.53】 查询所有教龄小于平均教龄的教师姓名。

```
SELECT tea_name FROM teacher WHERE YEAR(CURDATE())-YEAR(tea_worktime)
<(SELECT AVG(YEAR(CURDATE())-YEAR(tea_worktime))FROM teacher);
```

查询命令运行结果如图 6.57 所示。

学习提示：利用比较运算符实现子查询的语法格式为“WHERE 表达式比较运算符(子查询)”。

【例 6.54】 查询与王丽莉专修同一个专业的同学的姓名和所学专业名称。

```
SELECT stu_name,stu_speciality FROM student WHERE stu_speciality=
(SELECT stu_speciality FROM student WHERE stu_name='王丽莉');
```

查询命令运行结果如图 6.58 所示。

学习提示：如果与王丽莉同学学习相同专业的同学当中没有重名的同学，子查询的结果是单个值，用等号“=”作为外层查询的比较运算符没有问题；否则，存在重名现象，子查询的结果是一个值列表，应当使用 IN 关键字作为外层查询的操作符。

tea_name
赵一文
周蕙
武翼云
吕文杰
邓林安
郭豪
董鑫
韩旭鹏
郑莹
王杨
韩东建
许慧丽
冯悦
马春梅

图 6.57 小于平均教龄的教师姓名

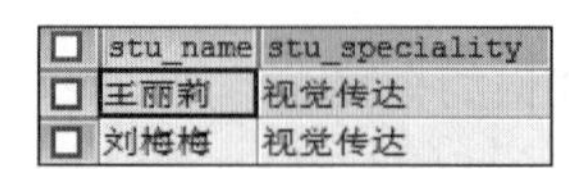

stu_name	stu_speciality
王丽莉	视觉传达
刘梅梅	视觉传达

图 6.58 与王丽莉是同一专业的同学姓名和所学专业名称

2）利用 IN 关键字实现子查询

利用 IN 关键字实现子查询

IN 的含义是属于、存在的意思，用于判断外层查询中某个属性列的值是否存在于子查询的结果集中。通常情况，子查询的结果是一个集合，因而 IN 关键字是嵌套子查询中使用频率较高的操作符。

【例 6.55】 查询没有参加大学英语课程考试的学生的姓名和所学专业。

```
SELECT stu_name,stu_speciality FROM student WHERE stu_no NOT IN
(SELECT gra_stuid FROM grade WHERE gra_couno IN
(SELECT cou_no FROM course WHERE cou_name='大学英语'));
```

查询命令运行结果如图 6.59 所示。

stu_name	stu_speciality
靳锦东	数字艺术
刘晓霞	网络技术
李立	网络安全
王丽莉	视觉传达
刘梅梅	视觉传达

图 6.59 没有参加大学英语课程考试的学生的姓名和所学专业

学习提示：例 6.55 查询命令的执行顺序是，第一步，在课程信息表 course 中查询出大学英语课程的代码；第二步，根据检索出的课程代码在成绩信息表 grade 中查找参与了该课程考试的学生的学号；第三步，在学生信息表 student 中查询不是这些学号的学生的姓名和所学专业。可见，利用 IN 关键字实现子查询的语法格式为“WHERE 表达式［NOT］IN(子查询)”。

3）利用 ANY(SOME)和 ALL 关键字实现子查询

利用 ANY 和 ALL 关键字实现子查询

当子查询返回的结果集是一个单列集合时，使用 ANY(SOME)和 ALL 关键字对子查询的结果进行比较操作。关键字 ANY 和 SOME 属于同义词，ANY 和 ALL 需要和比较运算符一同使用，其具体用法和基本含义如表 6.6 所示。

表 6.6 ANY(SOME)和 ALL 关键字的用法和基本含义

用　法	基本含义	用　法	基本含义
>ANY	大于子查询结果集中某个值	<=ANY	小于或等于子查询结果集中某个值
>ALL	大于子查询结果集中所有值	<=ALL	小于或等于子查询结果集中所有值
< ANY	小于子查询结果集中某个值	=ANY	等于子查询结果集中某个值
< ALL	小于子查询结果集中所有值	=ALL	等于子查询结果集中所有值
>= ANY	大于或等于子查询结果集中某个值	!=ANY 或<>ANY	不等于子查询结果集中某个值
>=ALL	大于或等于子查询结果集中所有值	!=ALL 或<>ALL	不等于子查询结果集中任意一个值

【例 6.56】 查询比公共基础课某一门课学分多的课程名称和学分。

```
SELECT cou_name,cou_credit FROM course WHERE cou_credit>ANY(SELECT
cou_credit FROM course WHERE cou_type='公共基础')AND cou_type<>'公共基础';
```

查询命令运行结果如图 6.60 所示。

学习提示：例 6.56 的执行顺序是，在子查询中先检索出所有公共基础课程的学分，生成一个查询的结果集合；然后，处理外层查询，在课程信息表中找出学分小于子查询结果集合中某一个值，并且该课程的类型还不能是公共基础课，这样的课程名称以及该课程对应的学分。可见，利用 ANY(SOME)和 ALL 关键字实现子查询的语法格式为“＜字段＞＜比较运算符＞[ANY|ALL]＜子查询＞”。

【例 6.57】 查询比所有公共基础课学分都少的课程名称和学分。

```
SELECT cou_name,cou_credit FROM course WHERE cou_credit<ALL(SELECT cou_credit
FROM course WHERE cou_type='公共基础')AND cou_type<>'公共基础';
```

上述代码等价于：

```
SELECT cou_name,cou_credit FROM course WHERE cou_credit<
(SELECT MIN(cou_credit) FROM course WHERE cou_type='公共基础')
AND cou_type<>'公共基础';
```

查询命令运行结果如图 6.61 所示。

cou_name	cou_credit
数据库技术	3.5
JAVA语言程序设计	4.0
计算机网络基础	3.5

图 6.60　比公共基础课某一门课学分多的课程信息

cou_name	cou_credit
人工智能技术应用	2.5
计算机密码学	2.5
PHOTOSHOP技术应用	1.5
音乐欣赏	1.0

图 6.61　比所有公共基础课学分都少的课程名称和学分

学习提示：为了实现同一功能可以使用子查询，也可以使用聚合函数。在实践应用中，结合具体项目需求选取性能较高的命令运行即可。

6.3.3　利用相关子查询实现数据检索

1. 相关子查询的含义

相关子查询又称为重复子查询，子查询的执行依赖于外层查询，子查询根据外层查询的某个属性来获取查询结果集。嵌套子查询中的子查询仅被执行一次，与嵌套子查询不同，相关子查询要反复执行相应的查询过程，具体执行过程如下。

(1) 从外层查询中取出一个记录行，将该记录行引用列的值传递给子查询。

(2) 执行内层的子查询，得到子查询操作结果值。

(3) 如果子查询中有记录行与其相匹配，则外层查询取出此行放入结果集。

(4) 重复上述(1)～(3)步，直至处理完外层查询数据表中的每一行。

2. EXISTS 关键字用于相关子查询

在相关子查询中，经常使用 EXISTS 关键字，EXISTS 表示存在量词，用∃符号代表存在量词。利用 EXISTS 关键字进行的子查询不返回任何实际数据，只返回一个逻辑值，真值 TRUE 或假值 FALSE。具体功能就是在 WHERE 子句中测试子查询返回的记录行是否存在，如果记录行存在就返回真值，否则返回假值。具体语法格式如下。

```
WHERE [NOT] EXISTS (子查询)
```

利用存在量词 EXISTS 实施子查询，如果内层查询结果集为非空，则外层的 WHERE 子句返回真值，否则返回假值。由 EXISTS 定义的子查询，查询结果只返回逻辑真值或逻辑假值，无须显示具体列名，因此其目标列表达式要用 *。相关子查询与不相关子查询的本质区别在于，相关子查询是动态执行的子查询，内层子查询的查询条件要依赖于外层父查询的某个属性值。

3. 操作实例

【例 6.58】 查询已经参加了 c1000001 课程考试的学生的姓名和所学专业。

```
SELECT stu_name,stu_speciality FROM student WHERE stu_no IN(SELECT
gra_stuid FROM grade WHERE stu_no=gra_stuid AND gra_couno='c1000001');
```

上述代码等价于：

```
SELECT stu_name,stu_speciality FROM student WHERE EXISTS
(SELECT * FROM grade WHERE stu_no=gra_stuid AND gra_couno='c1000001');
```

查询命令运行结果如图 6.62 所示。

学习提示：使用 EXISTS 或 NOT EXISTS 关键字进行的子查询，不能用其他形式的子查询等价代替；然而，使用 IN、ANY、ALL 和比较运算符完成的子查询可以使用 EXISTS 子查询进行等价替换。

【例 6.59】 查询没有参加过任何一门课程考试的学生的姓名和所学专业。

```
SELECT stu_name,stu_speciality FROM student WHERE NOT EXISTS
(SELECT * FROM grade WHERE stu_no=gra_stuid );
```

查询命令运行结果如图 6.63 所示。

stu_name	stu_speciality
张晓辉	软件技术

图 6.62 参加 c1000001 课程考试的学生的姓名和所学专业

stu_name	stu_speciality
李立	网络安全

图 6.63 没有参加过任何考试的学生的姓名和所学专业

子查询的结果用作派生表的操作

6.3.4 子查询的结果用作派生表的操作

1. 子查询作为派生表的含义

利用 SELECT 语句实施查询,其结果集是一张关系表。显然,子查询的结果集可以作为查询操作的数据源表放在 FROM 子句后面,此时的数据源表称为派生表。在 SELECT 语句的使用过程中,要借助别名引用派生表。

2. 子查询作为派生表的操作

子查询通常放在 FROM 子句的后面,当执行 SQL 代码时,先要执行 FROM 后边的子查询,得到一张虚表,利用 AS 子句为该虚表定义一个表名。然后,在执行外层查询时,这张被定义了表名的虚表将作为查询的数据源表,参与外层的查询操作,以便完成最初设定的查询任务。

3. 操作实例

【例 6.60】 查询年龄在 18~20 岁的学生的姓名、性别和年龄。

```
SELECT * FROM(SELECT stu_name,stu_sex,YEAR(NOW())-YEAR(stu_birthday)
AS st_age FROM student ) AS studenttemp WHERE st_age BETWEEN 18 AND 20;
```

stu_name	stu_sex	st_age
张晓辉	男	19
李红丽	女	18
孙云	男	19
赵辉	男	20
王强	男	20
李立	男	20
王丽莉	女	19
刘梅梅	女	20

图 6.64 年龄在 18~20 岁的学生的姓名、性别和年龄

查询命令运行结果如图 6.64 所示。

学习提示:子查询通过计算求出学生的年龄 st_age 列,该列将添加到作为外层查询的数据源表 studenttemp 中,与原始学生信息数据表 student 中的 stu_name 和 stu_sex 列一同作为虚表的数据列参与查询操作。另外,列的别名不能作为 WHERE 子句的条件表达式,如果需要使用别名作为过滤条件,要使用子查询作为派生表。

利用子查询更新数据信息

6.3.5 利用子查询更新数据信息

利用子查询不仅可以构造复杂的查询逻辑,实现对应的查询任务,而且可以利用子查询的结果集更新相应数据表中的数据信息。

1. 子查询的结果集用于插入数据

在对数据库系统进行开发或测试的操作中,经常会遇到对数据表进行复制的情况。例如,将一张数据表中满足限定条件的数据的某些列,复制到另外一张表中。使用 INSERT…SELECT 命令,可以将 SELECT 命令的查询结果集添加到现有数据表中,与多个单行的 INSERT 命令相比,执行效率要高。具体语法格式如下。

```
INSERT [INTO] 表名 SELECT 列名 1[,列名 2,…,列名 n]
FROM 表名 WHERE 条件表达式
```

2. 子查询的结果集用于修改数据

当数据更新依赖于其他数据表的数据信息时,通常使用子查询作为 UPDATE 的更新条件。有时子查询也可以作为更新数据的结果集。

3. 子查询的结果集用于删除数据

当删除数据要依赖于其他数据表的查询结果时,通常使用子查询作为 DELETE 的删除条件。

4. 操作实例

【例 6.61】 创建课程备用表 coursespare。

将课程性质是专业基础并且学分高于 2.5 的课程检索出来,作为新一届课程标准调整的基础数据,存储到 coursespare 数据表中。

```
CREATE TABLE coursespare LIKE course;
INSERT INTO coursespareSELECT * FROM course
WHERE cou_type='专业基础' AND cou_credit>2.5;
```

上述 SQL 代码运行结果如图 6.65 所示。

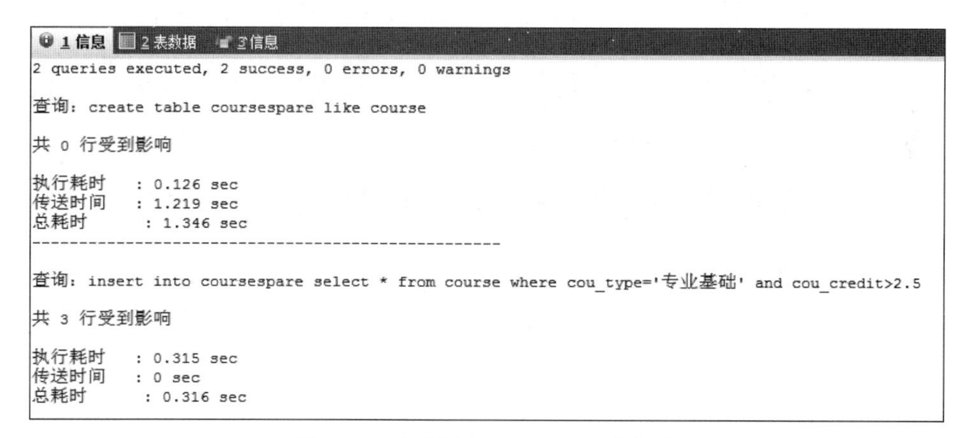

图 6.65 成功创建 coursespare 数据表

学习提示:由图 6.65 可见,通过复制表语句创建了 coursespare 数据表,其表结构与 course 相同,接下来,使用 INSERT…SELECT 命令将查询结果集中的记录行插入 coursespare 表中。从查询结果来看,有 3 条符合条件的记录被添加到新创建的数据表 coursespare 中。值得注意的是,INSERT…SELECT 语句在使用时,一定保证目标表中列的数据类型与源表中对应列的数据类型的一致性,还要确定目标表中列是否存在默认值,或被忽略的列是否允许为空,如果不允许为空,必须给这些列赋予具体的值。

【例 6.62】 修改学生需缴纳学费金额。

统计学生考试的平均成绩,凡是平均成绩大于或等于 85 分并且是贫困生的学生,将其所交学费的金额在原金额的基础上下调 2%,以示奖励。

```
UPDATE student SET stu_fee=stu_fee * 0.98 WHERE stu_poor=1 AND stu_no
IN(SELECT gra_stuid FROM grade GROUP BY gra_stuid HAVING AVG(gra_score)>=85);
```

上述 SQL 代码运行结果如图 6.66 所示。

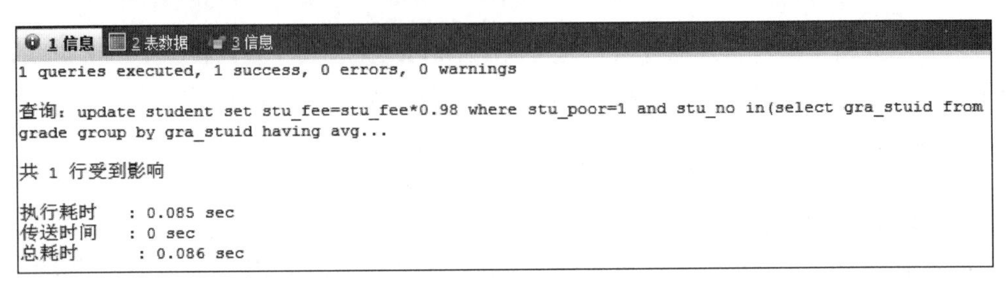

图 6.66 成功修改 student 数据表

学习提示:由图 6.66 可见,本案例是对学生所缴纳的学费金额属性值进行修改。此时需要依赖两个条件:条件一是该学生是贫困生,即 stu_poor=1;条件二是子查询统计出的学生考试的平均成绩大于或等于 85 分的所有学生的学号。执行结果显示,有 1 行受到影响,说明有 1 位同学符合上述减少学费的条件,并且已经将其学费下调了 2%。

【例 6.63】 将已经放入课程备用表中的课程记录从课程信息表中删除。

```
DELETE FROM course WHERE cou_noIN(SELECT cou_no FROM coursespare);
```

上述 SQL 代码运行结果如图 6.67 所示。

```
1 信息 | 2 表数据 | 3 信息
1 queries executed, 1 success, 0 errors, 0 warnings

查询: delete from course where cou_no in(select cou_no from coursespare)

共 3 行受到影响

执行耗时   : 0.107 sec
传送时间   : 0 sec
总耗时      : 0.108 sec
```

图 6.67 成功删除指定的课程信息

学习提示:由于相关课程信息已备份到备用数据表中,为了清晰地对新一届课程标准做修改,将原始课程信息表中已经备份的课程信息删除。通过子查询找出需要删除的课程代码,如图 6.67 所示,有 3 条符合条件的记录被删除。

任务 6.4 数据联合查询操作

任务说明：利用 UNION 关键字完成电子学校系统多张数据表之间的联合查询。在数据库系统的日常应用中，有时查询任务相对复杂，涉及多张数据表。如果利用连接查询或子查询的方法编写查询条件，其查询代码的复杂度较高，可读性较差。此时可以考虑将多个简单查询的结果进行联合，既可以实现查询功能又可以降低查询条件的复杂度。分解较为复杂的查询任务，针对每一个小任务实施查询，将多个 SELECT 语句查询返回的结果集合并成一个内容丰富的大结果集。该结果集包含每一个小查询任务所生成的查询结果集中的全部数据记录行。结合具体实例进一步理解联合查询的功能和实现方法。

1. 语法格式

利用 SELECT 语句进行数据查询，查询结果是由符合查询条件的数据记录组成的集合，因此对 SELECT 语句查询结果可以进行集合操作。具体语法格式如下。

```
SELECT 语句 1 UNION[ALL] SELECT 语句 2[UNION[ALL]<SELECT 语句 3>][…n]
```

2. 具体说明

MySQL 数据库系统只支持联合查询的并（UNION）操作运算，不能进行交（INTERSECT）操作和差（EXCEPT）操作。UNION 是联合查询关键字，与 JOIN 不同，JOIN 是将数据表进行水平组合，而 UNION 是将数据表进行垂直组合。ALL 是用来显示结果集所有行的关键字，如果省略 ALL，系统自动删除结果集中的重复行。如果使用 ORDER BY 或 LIMIT 子句进行查询时，只能在联合查询的最后一个查询后指定，并且使用第一个查询的列名作为结果集的显示列名。

3. 操作实例

数据联合查询操作

【例 6.64】 查询软件技术专业以及政治面貌是共青团员的学生的学号、姓名、政治面貌和所学专业。

```
SELECT stu_no,stu_name,stu_politicalstatus,stu_speciality FROM student WHERE
stu_speciality="软件技术" UNION
SELECT stu_no,stu_name,stu_politicalstatus,stu_speciality FROM student WHERE
stu_politicalstatus="共青团员";
```

查询命令运行结果如图 6.68 所示。

学习提示：使用 UNION 关键字进行联合查询操作时，要保证每个联合查询语句的选择列表都要有相同数量的表达式。每个查询选择表达式也要具有相同的数据类型，或者系统自动将其转换成相同的数据类型，在进行系统的自动转换时，通常将低精度的数据

	stu_no	stu_name	stu_politicalstatus	stu_speciality
☐	201901010001	张晓辉	共青团员	软件技术
☐	201901010002	李红丽	共青团员	软件技术
☐	201901010003	孙云	共青团员	软件技术
☐	201901020001	赵辉	共青团员	信息应用
☐	201902010001	王强	共青团员	网络技术
☐	201902020001	李立	共青团员	网络安全
☐	201903020001	王丽莉	共青团员	视觉传达
☐	201903020002	刘梅梅	共青团员	视觉传达

图 6.68　软件技术专业以及政治面貌是共青团员的学生信息

类型转换成高精度的数据类型。各条 SELECT 语句对应的结果集显示的顺序务必一致。

拓展实训:电子商务网站数据信息的查询操作

1. 实训任务

根据用户提出的检索请求,在"电子商务网站数据库"interecommerce 中实施查询操作(注:本书以"电子商务网站数据库"为实训案例,如果没有特殊说明,该实训数据库贯穿本书始终)。

2. 实训目的

(1) 掌握单一数据表无条件查询的相关操作。
(2) 掌握限定输出行数的查询操作。
(3) 掌握在查询结果集中去掉重复列的查询操作。
(4) 掌握利用查询结果创建新数据表的查询操作。
(5) 掌握符合单一条件的查询操作。
(6) 掌握符合多条件的查询操作。
(7) 掌握利用范围运算符实现查询操作。
(8) 掌握模糊查询操作。
(9) 掌握利用正则表达式实现查询操作。
(10) 掌握利用 IN 关键字实现列表数据查询操作。
(11) 掌握利用聚合函数实现数据的统计操作。
(12) 掌握分组筛选数据的操作。
(13) 掌握对数据进行排序的检索操作。
(14) 掌握多表连接查询的操作。
(15) 掌握嵌套查询操作。
(16) 掌握联合查询操作。

3. 实训内容

(1) 查询所有商品的基本信息。
参考语句:

```
SELECT * FROM goods;
```

（2）查询供应商的名称、联系电话和账户余额。

参考语句：

```
SELECT sup_name AS  供应商名称,sup_telephone AS 联系电话, sup_balance AS 账户余
额  FROM supplier;
```

（3）将所有商品价格下降10%之后，显示商品名称、原始价格和新价格。

参考语句：

```
SELECT goo_name,goo_price,goo_price*0.9 AS 调整后价格 FROM goods;
```

（4）查询国家信息表中第3条记录后的4条记录。

参考语句：

```
SELECT * FROM country LIMIT 3,4;
```

（5）查询所有国家隶属的洲代码。

参考语句：

```
SELECT DISTINCT cou_stateid FROM country;
```

（6）创建一张简要的商品信息表goodbrief，该表包括商品编号和商品名称。

参考语句：

```
CREATE TABLE goodsbrief SELECT goo_id,goo_name FROM goods;
```

（7）查询订单状态是已发货的订单信息。

参考语句：

```
SELECT * FROM order1 WHERE ord_status='已发货';
```

（8）查询客户的账户余额小于2万元的客户名称和账户余额。

参考语句：

```
SELECT cus_name,cus_balance FROM customer WHERE
cus_balance<20000;
```

（9）查询商品种类是计算机并且包装方式是包装盒的商品信息。

参考语句：

```
SELECT * FROM goods WHERE goo_kind='计算机'AND
goo_package='包装盒';
```

（10）查询国家所隶属的洲编号是 00001 或者是 00002 的国家信息。
参考语句：

```
SELECT * FROM country WHERE cou_stateid='00001' OR
cou_stateid='00002';
```

（11）查询商品价格在 3000～5000 元的商品名称和商品价格。
参考语句：

```
SELECT goo_name,goo_price FROM goods WHERE goo_price
BETWEEN 3000 AND 5000;
```

（12）查询商品名称中包含"机"这个信息的商品。
参考语句：

```
SELECT * FROM goods WHERE goo_name LIKE '%机%';
```

（13）查询供应商联系电话中有数字"56"的供应商信息。
参考语句：

```
SELECT * FROM supplier WHERE sup_telephone REGEXP '56';
```

（14）查询隶属于洲编号是 00001、00003 和 00005 的国家信息。
参考语句：

```
SELECT * FROM country WHERE cou_stateid IN
('00001','00003','00005');
```

（15）查询供应商的数量。
参考语句：

```
SELECT COUNT(*) FROM supplier;
```

（16）查询商品的总价格、平均价格、最高价格和最低价格。
参考语句：

```
SELECT SUM(goo_price),AVG(goo_price) ,MAX(goo_price),
MIN(goo_price) FROM goods;
```

（17）查询隶属于不同洲的国家的数量。
参考语句：

```
SELECT COUNT(*) FROM country GROUP BY cou_stateid;
```

(18) 在第17题检索结果的基础上，将数量大于或等于3的信息显示输出。

参考语句：

```
SELECT COUNT(*)FROM country GROUP BY cou_stateid HAVING
COUNT(*)>=3;
```

(19) 按照订单总额降序排列输出订单编号和订单总额。

参考语句：

```
SELECT ord_id,ord_total FROM order1 ORDER BY ord_total DESC;
```

(20) 显示国家的名称以及所属的洲的名称。

参考语句：

```
SELECT cou_name, sta_name FROM country C, state S WHERE
c.cou_stateid=s.sta_id;
```

(21) 查找已发货的订单编号、订单登记人、每种商品的购买数量。

参考语句：

```
SELECT ord_id, ord_registrar, lin_quantity FROM order1 O JOIN
lineitem L ON O.ord_id=L.lin_orderid WHERE ord_status='已发货';
```

(22) 查询有过购买记录的客户姓名和客户类型。

参考语句：

```
SELECT cus_name,cus_market FROM customer WHERE
EXISTS(SELECT * FROM order1 WHERE ord_customerid=cus_id);
```

(23) 查询购买数量小于3以及折扣率小于0.95的商品编号和供应商编号。

参考语句：

```
SELECT lin_goodsid,lin_supplierid FROM lineitem WHERE
lin_quantity<3 UNION SELECT lin_goodsid,lin_supplierid FROM lineitem WHERE
lin_discount<0.95;
```

本章小结

本章主要介绍SELECT查询语句的用法，结合电子学校系统数据库详细讲解了单表数据查询、多表连接查询、嵌套查询以及数据联合查询等相关内容。通过对案例程序的讲授和运行演示，基本涵盖了SELECT语句在实践开发与应用中的操作方法，夯实了设计与实现数据查询功能的技术基础。

课后习题

1. 单选题

（1）在 SELECT 语句中，以下（　　）子句能将结果集中的数据行根据选择列的值进行逻辑分组，将数据表的内容汇总成子集，实现对每个组的聚合运算。

A. LIMIT　　B. GROUP BY　　C. WHERE　　D. ORDER BY

（2）在 SELECT 语句中，用于实现模糊查询的关键字是（　　）。

A. AND　　B. NOT　　C. LIKE　　D. OR

（3）联合查询使用的关键字是（　　）。

A. LIMIT　　B. UNION　　C. JOIN　　D. ALL

（4）用于去掉查询结果集中重复行的关键字是（　　）。

A. DISTINCT　　B. OR　　C. NOT　　D. ANY

（5）用于统计某张数据表中记录行数量的聚合函数是（　　）。

A. LIMIT　　B. SUM　　C. MAX　　D. COUNT

2. 简答题

（1）简述连接查询和子查询各自的特点。

（2）分析 IS 可否能用“＝”代替并结合案例简述理由。

第7章　优化电子学校系统数据库

任务描述

为了增强电子学校系统数据库中数据的安全性、有效性和完整性，提高信息的检索效率，在数据库应用系统的开发中充分利用索引和视图实现系统优化，提升系统整体性能。

学习目标

(1) 了解索引和视图的基本概念。
(2) 理解索引和视图的作用。
(3) 掌握创建与使用索引和视图的方法。
(4) 掌握修改、删除与维护索引和视图的操作。
(5) 理解索引对数据查询的影响。
(6) 掌握利用视图操作数据的方法。

学习导航

本章主要介绍数据库应用系统在开发过程中，如何利用索引和视图操作提高系统效率，优化系统性能，学习根据应用系统的功能需求，创建与管理索引和视图的操作。优化操作学习导航如图7.1所示。

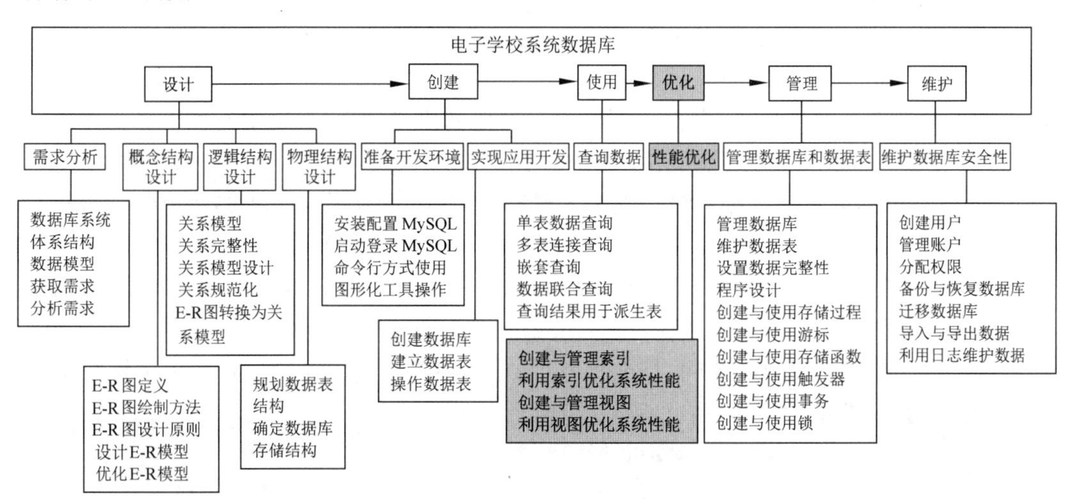

图7.1　优化操作学习导航

任务 7.1　利用索引优化系统性能

任务说明：在数据库应用系统中合理地设计与使用索引，能够极大地提高信息查询速度和系统运行的整体效率。在关系数据库中，索引是一种加速数据检索的数据库结构，在不用查询整体数据库的前提下，快速找出所需数据，以此提高系统操作速度，优化系统性能。

索引的概念与优缺点

7.1.1　索引的概念与优缺点

1. 索引的概念

索引通常也称为“键”(KEY)，是数据表中一列或若干列的集合，是存储引擎用于快速检索信息记录的一种数据结构，可以快速查找数据表中特定的数据记录。索引的建立依赖于数据表，表的存储由两部分组成，即数据页面和索引页面。索引犹如图书目录，如果想查找书中的某个内容，首先要查询书的目录，其次根据目录对应的页码快速找到相应查询内容。MySQL 的存储引擎用类似方法使用索引查询信息，系统先搜索索引页面寻找对应值，然后依据匹配的索引信息在数据页面检索到需要查询的数据行。索引创建完毕，数据库系统进行自动管理，在查询操作时，该表是否建立索引区别不大，只是访问指定记录的速度加快了。

2. 使用索引的优缺点

(1) 使用索引具有如下优点。

① 使用索引可以提高访问数据的速度。

② 创建适当的唯一索引能够保证表中数据记录的唯一性。

③ 在实现数据参照完整性时，创建索引可以加速表与表之间的连接。

④ 利用分组和排序子句实施查询操作，创建索引可以减少分组与排序时间。

(2) 使用索引具有如下缺点。

索引虽然具有诸多优点，但是也不能无节制地创建大量索引，否则不但不能优化系统性能，反而会增加系统负担，降低系统维护速度。

① 对索引的创建与维护需要消耗系统时间，并且随着数据量的增加耗费的时间随之增加。

② 索引要占用磁盘空间，如果设置不当，创建了大量的索引，索引文件将快于数据文件达到最大文件尺寸上限。

③ 对数据表执行增加、删除、修改操作时，已经建立了索引的表，数据库系统自动在索引中完成相应的维护操作，由此降低系统运行速度。

7.1.2 索引的分类与设计原则

1. 索引的分类

MySQL 数据库系统中，索引被分成如下 6 种类型。

（1）普通索引：MySQL 中的基本索引类型，针对已经定义了索引的列可以插入空值和重复值。

（2）唯一索引：定义了索引的列其值必须唯一，允许是空值，主键索引是一种不允许有空值的特殊唯一索引。若是组合索引，列值的组合一定是唯一的。

（3）单列索引：只对单一数据列建立的索引就是单列索引，一张数据表可以包含若干个单列索引。

（4）组合索引：针对数据表多个字段的组合所创建的索引，使用组合索引遵循最左前缀原则，即在查询条件里必须使用组合中最左侧的字段时，索引才能发挥作用。

（5）全文索引：一种特殊类型的索引，被定义索引的列支持全文查找，不是对索引值的直接比较，在索引列中可以插入空值或重复值。全文索引可以在 CHAR、VARCHAR、TEXT 类型的列上创建，MySQL 中只有 MyISAM 存储引擎支持全文索引。

（6）空间索引：针对空间数据类型的字段建立的索引。MySQL 中空间数据类型有 4 种，分别是 GEOMETRY、POINT、LINESTRING、POLYGON。创建空间索引的列必须声明为 NOT NULL，MySQL 中只有 MyISAM 存储引擎支持创建空间索引。

2. 索引的设计原则

适当使用索引可以实现优化系统、提高运行效率的目的，但是索引规划不合理或者缺少索引设计则会影响数据库系统的应用性能。因此，要设计与应用高效的索引一定要遵循相应的设计原则。

（1）索引并非创建越多越好。针对一张数据表设计索引的个数要适当，应创建与使用效率最高的索引。索引数量过多，既占用存储空间，又影响插入、删除、修改语句的执行速度。进行数据更新时，索引随着调整与更新，会导致系统性能下降。

（2）更新频率较高的表避免建立大量索引。经常需要更新的表不要创建大量索引，用于建立索引的列也要尽量减少，仅对频繁查询的字段建立索引即可。

（3）数据信息较少的表没有必要建立索引。数据量不大时，查询消耗的时间可能比遍历索引的时间还要短，即使创建了索引也不会起到预想的优化作用。

（4）数据列的取值变化不大时建议不要创建索引。针对取值变化较大的数据列建立索引，进而可以提高条件表达式的运行效率。例如，“性别”字段的取值只有两个——“男”与“女”，无须建立索引，若创建了索引，对检索效率的提高影响不大，反而使更新速度大幅下降。

（5）根据数据本身的特性选择性地设置唯一索引。创建唯一索引要视数据本身的特性而定，设置的目的是要确保该列数据的完整性，提高查询速度。例如，“学号”字段就具备设置唯一索引的特性,在同一张表中学号不能有重复,对于这样的字段建立唯一索引能够快速找到对应学生的信息。

(6) 频繁进行排序、分组、联合查询操作的字段要建立索引。针对经常进行排序、分组、联合查询的列要创建索引,若待排序的数据列有多个时,考虑在这些列上建立组合索引。

7.1.3 利用图形化工具创建索引

1. 创建索引的说明

所谓创建索引就是指在某张数据表的一列或多列上建立索引,如果为数据表创建UNIQUE 约束,MySQL 自动创建唯一索引。建立唯一索引时,要保证创建索引的列没有重复的数据值,同时也不能包括两个或两个以上的空值,因为两个空值将被看成是重复数据。解决方法是在空值中补充数据或者将其删除,否则无法成功创建索引。索引名称要遵循 MySQL 命名规则,在数据表中必须具有唯一性。创建索引通常有两种方法:在创建数据表时创建索引;为现存数据表添加索引。值得注意的是,只有表的所有者才可以为表创建索引。

图形化工具在建立表时创建索引

2. 创建索引操作实例

1) 利用图形化工具在建立表时创建索引

【例 7.1】 为简要课程信息表 coursebrief 建立名为 index_cou_name 唯一索引。

新建立一张数据表 coursebrief 用于存放简要课程信息,主要包括课程代码(cou_no)、课程名称(cou_name)和课程学分(cou_credit)字段,针对课程名称列创建名为index_cou_name 的唯一索引,操作步骤如下。

(1) 启动 SQLyog 图形化工具并成功连接 MySQL 服务器。

(2) 依次展开"eleccollege|表",选择"表"后右击,在弹出的快捷菜单中选择"创建表"命令,进入创建新表 coursebrief 窗口,选中"索引"选项卡,如图 7.2 所示。

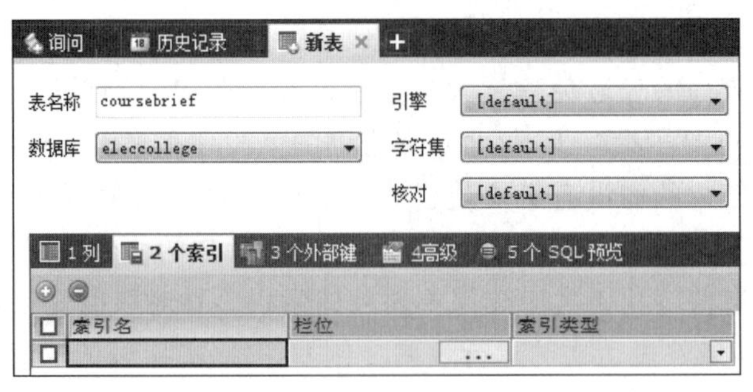

图 7.2 "索引"选项卡

(3) 单击"索引名"下方的文本框,输入 index_cou_name,单击"栏位"下方的 ... 按钮,在弹出的如图 7.3 所示窗口中选择需要建立索引的 cou_name 列,单击"确定"按钮。

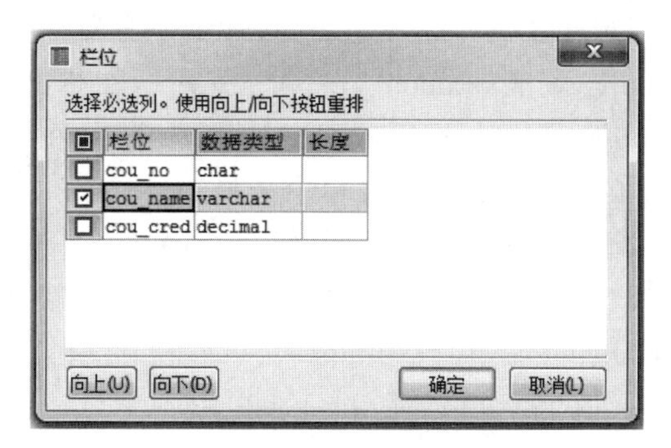

图 7.3　索引列的“栏位”窗口

(4) 单击“索引类型”下方的▾按钮，在弹出的下拉选项中选择 UNIQUE，如图 7.4 所示，单击“保存”按钮，完成创建索引的操作。

图 7.4　输入索引信息的“索引”选项卡

依次展开窗口左侧树形目录“eleccollege|表|coursebrief|索引”，可以看到在 cou_name 字段上成功地建立了一个唯一索引，如图 7.5 所示。

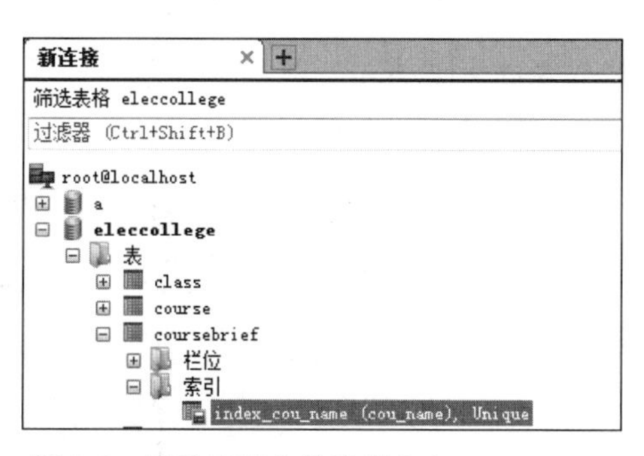

图 7.5　显示已建立的索引 index_cou_name

2) 利用图形化工具在已存在的表中创建索引

图形化工具在已存在的表中创建索引

【例 7.2】 为学生信息表 student 建立名为 index_stu_resume 的全文索引。

学生信息表 student 是一张已经创建完毕的数据表，现在需要对学生简历字段(stu_resume)建立一个全文索引，操作步骤如下。

（1）启动 SQLyog 图形化工具并成功连接 MySQL 服务器。

（2）依次展开“eleccollege|表|student”，右击 student，在弹出的快捷菜单中选择“改变表”命令，进入修改 student 表结构窗口，选中“索引”选项卡，在“索引名”下方文本框中输入 index_stu_resume；在弹出的“栏位”窗口中选择 stu_resume 字段；在“索引类型”中选择 FULLTEXT；在引擎中选择 MyISAM，如图 7.6 所示。

（3）索引信息输入完毕，单击“保存”按钮，弹出“表已成功修改”消息框，如图 7.7 所示，说明成功创建全文索引 index_stu_resume。

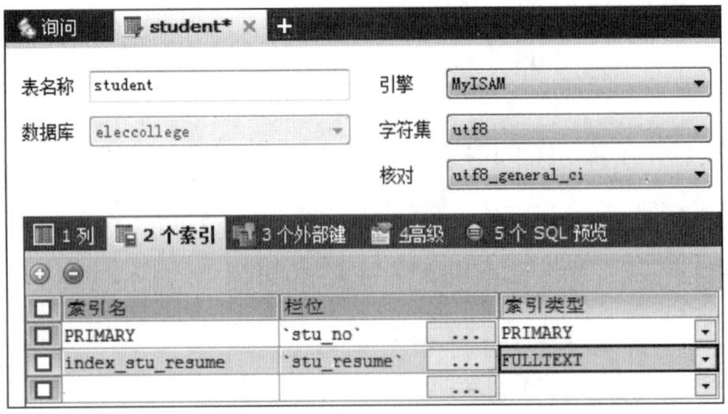

图 7.6　索引信息输入完毕的“索引”选项卡

图 7.7　“表已成功修改”消息框

学习提示：在索引设计中可供选择的索引类型包括 NORMAL、FULLTEXT、PRIMARY 和 UNIQUE 等，其中，NORMAL 表示普通索引；FULLTEXT 表示全文索引；PRIMARY 表示针对主键建立的索引；UNIQUE 表示唯一索引。由于全文索引只有 MyISAM 存储引擎支持，故而需要修改引擎选项。

7.1.4　利用 SQL 语句创建索引

1. 利用 SQL 语句在建立表时创建索引

1）语法格式

MySQL 数据库系统允许使用 CREATE TABLE 语句在建立新数据表的同时创建索引，此方法的操作较为直接、简单、方便。其语法格式如下。

```
CREATE TABLE <表名> (<字段 1><数据类型 1> [<列级完整性约束 1>]
[,<字段 2><数据类型 2> [<列级完整性约束 2>]] [,…]
[,<表级完整性约束 1>] [,<表级完整性约束 2>] [,…]
[UNIQUE|FULLTEXT|SPATIAL]<INDEX|KEY> [索引名] (属性名 [(长度)] [,…]));
```

2）参数具体说明

（1）UNIQUE|FULLTEXT|SPATIAL：此项为可选参数，3 个参数依次表示唯一索引、全文索引和空间索引，操作时 3 项任选其一。如果该参数不做选择，系统默认为普通索引。

（2）INDEX|KEY：两者为同义词，只选其一即可，表示索引关键字。

（3）索引名：用于指定即将创建索引的名称，是可选参数，没有明确指定时，MySQL的默认字段名即为索引名。

（4）属性名：指定索引对应的字段名，该字段一定是表中定义完毕的字段。

（5）长度：所设定的索引长度，只有字符串类型才使用。

3）操作实例

利用 SQL 语句创建索引

【例 7.3】 在创建班级信息表 class 时，为班级编号（class_id）字段建立唯一索引 index_class_id。

```
CREATE TABLE class
(class_id CHAR(15),class_name VARCHAR(30),class_num INT,
class_monitor CHAR(15),class_teacher CHAR(12),class_enteryear DATETIME,
UNIQUE INDEX index_class_id(class_id));
```

【例 7.4】 在创建班级信息表 class 时，为班长（class_monitor）字段建立普通索引 index_class_monitor。

```
CREATE TABLE class
(class_id CHAR(15),class_name VARCHAR(30),class_num INT,
class_monitor CHAR(15),class_teacher CHAR(12),class_enteryear DATETIME,
INDEX index_class_monitor(class_monitor));
```

2. 利用 SQL 语句在已存在的表中创建索引

1）语法格式

MySQL 数据库系统允许使用 CREATE INDEX 语句或者 ALTER TABLE 语句在已经建立完毕的数据表中创建索引。其语法格式分别如下。

（1）使用 CREATE INDEX 语句在已存在的表中创建索引。

```
CREATE [UNIQUE|FULLTEXT|SPATIAL] INDEX <索引名> ON <表名>
(属性名[(长度)][,…]);
```

（2）使用 ALTER TABLE 语句在已存在的表中创建索引。

```
ALTER TABLE 表名 ADD [UNIQUE|FULLTEXT|SPATIAL] INDEX <索引名>
(属性名[(长度)][,…]);
```

利用 SQL 语句在已存在的表中创建索引

具体参数说明请参照上文。

2）操作实例

【例 7.5】 利用 CREATE INDEX 语句为学生信息表 student 的政治面貌字段（stu_politicalstatus）创建名为 index_stu_politicalstatus 的普通索引。

```
CREATE INDEX index_stu_politicalstatus ON student(stu_politicalstatus);
```

学习提示：关键字 ON 后面的表名表示需要创建索引的数据表的名称。

【例 7.6】 利用 ALTER TABLE 语句为教师信息表 teacher 的研究领域字段（tea_research）和专业技术职称字段（tea_profession）创建名为 index_research_profession 的组合索引。

```
ALTER TABLE teacher ADD INDEX
index_research_profession(tea_research,tea_profession);
```

7.1.5 修改索引与删除索引

1. 查看索引

索引创建完毕，可以通过 SQL 语句查看索引的相关信息。利用 SHOW INDEX FROM 语句查看指定表的索引信息，其语法格式如下。

```
SHOW INDEX FROM 表名;
```

【例 7.7】 查看 student 表的索引信息。

```
SHOW INDEX FROM student;
```

查看索引命令运行结果如图 7.8 所示。

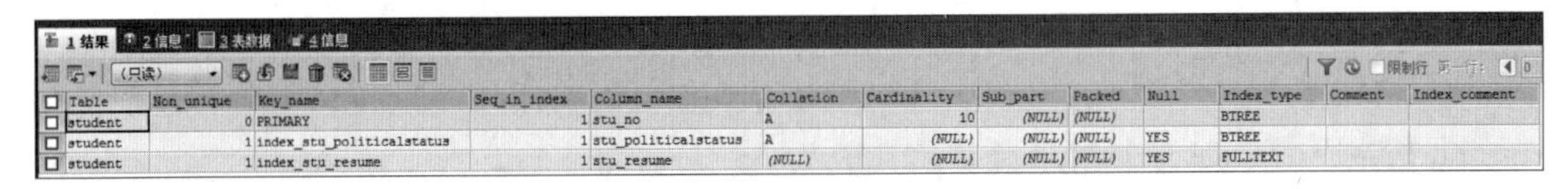

Table	Non_unique	Key_name	Seq_in_index	Column_name	Collation	Cardinality	Sub_part	Packed	Null	Index_type	Comment	Index_comment
student	0	PRIMARY	1	stu_no	A	10	(NULL)	(NULL)		BTREE		
student	1	index_stu_politicalstatus	1	stu_politicalstatus	A	(NULL)	(NULL)	(NULL)	YES	BTREE		
student	1	index_stu_resume	1	stu_resume	(NULL)	(NULL)	(NULL)	(NULL)	YES	FULLTEXT		

图 7.8　查看 student 表的索引信息

学习提示：图 7.8 显示 student 表一共建立了 3 个索引。表中各字段具体说明如下。

(1) Table：表示建立索引的表名。

(2) Non_unique：表示索引是否包含重复值，不能包含为 0，否则为 1。

(3) Key_name：表示索引的名称，取值为 PRIMARY 时，是主键索引。

(4) Seq_in_index：表示索引的序列号，通常从 1 开始。

(5) Column_name：表示建立索引的列名称。

(6) Collation：表示列以某种方式存储到索引中，A 代表升序；NULL 代表无分类。

(7) Cardinality：表示索引中唯一值的数目的估计值。

(8) Sub_part：表示若列只是被部分地编入索引，则是被编入索引的字符的数目；如果整列被编入索引，则是 NULL。

(9) Packed：表示关键字是如何被压缩的，NULL 代表没有被压缩。

(10) Null：表示如果列含有 NULL 值，则为 YES，否则为 NO。

(11) Index_type：表示索引的类型。

(12) Comment：表示注释说明。

(13) Index_comment：表示类型说明。

2. 修改索引

修改索引

在 MySQL 系统中没有提供直接用来修改索引的 SQL 命令，通常需要修改索引时，先将已有的原始索引删除，再根据需求创建一个同名索引，以此实现对索引的修改操作，进而优化数据库系统性能。

3. 删除索引

删除索引

当某一索引不再需要时，应当立即将其删除，释放索引所占用的系统资源。MySQL 提供了利用图形化工具和 SQL 语句两种删除方式。

1) 利用图形化工具删除索引

【例 7.8】 将组合索引 index_research_profession 删除。

(1) 启动 SQLyog 图形化工具并成功连接 MySQL 服务器。

(2) 依次展开"eleccollege|表|teacher|索引"，选择 index_research_profession 索引右击，在弹出的快捷菜单中选择"删除索引"命令，如图 7.9 所示。

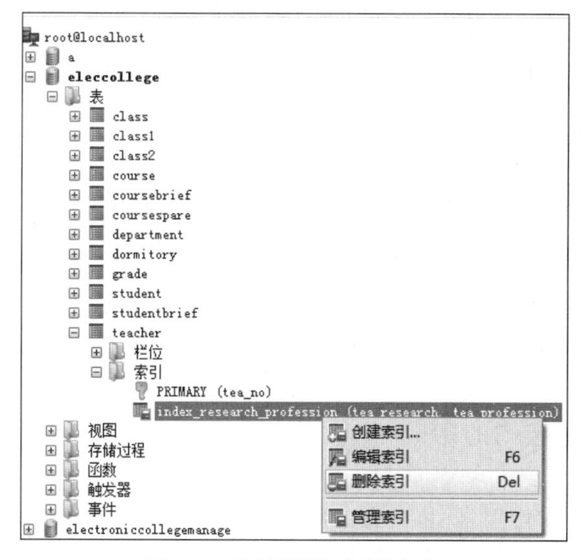

图 7.9 选择"删除索引"命令

(3) 此时系统弹出图 7.10，单击"是"按钮，该索引被成功删除；单击"否"按钮，取消删除索引的操作。

或者依次展开"eleccollege|表"，选中已经创建了索引的表 teacher 并右击，选择"改变表"命令，进入数据表的设计窗口，在该窗口中选择"索引"选项卡，选择需要删除的索引，单击菜单项"其他|索引|删除索引"命令即可。

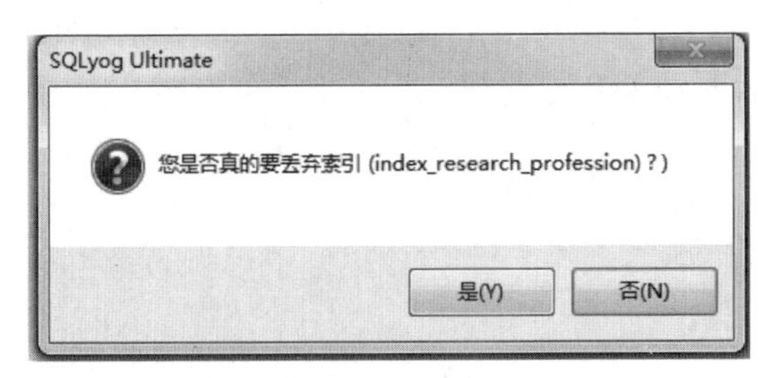

图 7.10 确认删除索引对话框

2) 利用 SQL 语句删除索引

(1) 使用 ALTER TABLE 语句删除索引。

ALTER TABLE 语句删除索引的语法格式如下。

```
ALTER TABLE 表名 DROP INDEX 索引名;
```

【例 7.9】 删除 class 表中名为 index_class_id 的唯一索引。

```
ALTER TABLE class DROP INDEX index_class_id;
```

(2) 使用 DROP INDEX 语句删除索引。

DROP INDEX 语句删除索引的语法格式如下。

```
DROP INDEX 索引名 ON 表名;
```

【例 7.10】 删除 student 表中名为 index_stu_resume 的全文索引。

```
DROP INDEX index_stu_resume ON student;
```

学习提示:删除表中的列时,与该列相关的索引信息也一并被删除。如果要删除的列是某一索引的组成部分,删除该列时,该列也会从索引中删除;如果组成索引的所有列都被删除,则整个索引将被删除。

索引对信息查询的影响

7.1.6 索引对信息查询的影响

在进行信息查询时使用索引,会提高数据库系统的检索效率,利用索引进行数据信息的查询,能够减少查询的记录个数,进而实现优化查询的目的。下面通过使用与不使用索引进行对比,分析对查询操作优化的影响情况。

1. 未使用索引的查询情况

查询 student 表中政治面貌是“共青团员”的学生信息,其代码如下。

```
EXPLAIN SELECT * FROM student WHERE stu_politicalstatus='共青团员';
```

程序运行结果如图 7.11 所示。

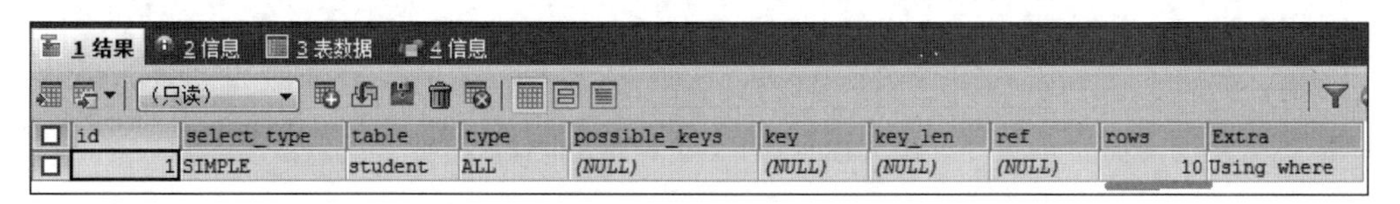

id	select_type	table	type	possible_keys	key	key_len	ref	rows	Extra
1	SIMPLE	student	ALL	(NULL)	(NULL)	(NULL)	(NULL)	10	Using where

图 7.11　未使用索引的查询情况

上述结果表明,表格字段 rows 中的值为 10,表示在查询过程中,student 表中已经存在的 10 条数据记录都被查询了一遍。如果数据的存储量较少,查询操作不会对系统有太大影响,但是当数据量无限增多时,数据库中存储着庞大的资源信息时,用户为了搜索一条数据而要遍历整个数据库中的所有数据记录,这将会耗费大量的时间,导致数据库系统性能大幅下降。

2. 为数据表指定字段建立索引

为 student 表的政治面貌字段建立名为 index_stu_politicalstatus 的索引,创建索引的代码如下。

```
CREATE INDEX index_stu_politicalstatus ON student(stu_politicalstatus);
```

程序运行结果如图 7.12 所示,说明已经成功创建指定的索引。

图 7.12　成功创建索引

3. 应用索引的查询情况

针对已经建立索引的数据表,再次使用 EXPLAIN 关键字进行查询结果的分析,其代码如下。

```
EXPLAIN SELECT * FROM student WHERE stu_politicalstatus='共青团员';
```

程序运行结果如图 7.13 所示。

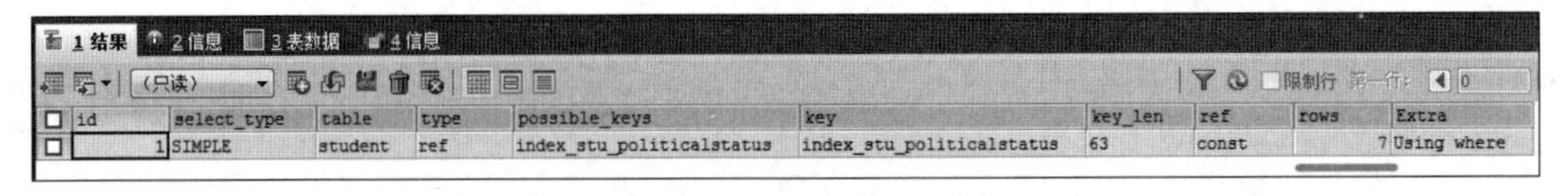

id	select_type	table	type	possible_keys	key	key_len	ref	rows	Extra
1	SIMPLE	student	ref	index_stu_politicalstatus	index_stu_politicalstatus	63	const	7	Using where

图 7.13　使用索引后的查询情况

上述结果显而易见，由于创建了索引，使访问的数据行数由 10 行减少到 7 行。因此，查询操作中，使用索引可以自动优化查询效率，同时也会降低服务器的系统开销。

任务 7.2　利用视图优化系统性能

任务说明：数据库程序员如果根据需求合理地设计与使用视图，不仅可以提高数据的操作效率和存取性能，而且可以增强数据使用的安全性，由此提升系统的整体性能。

视图的概念与优势

7.2.1　视图的概念与优势

1. 视图的概念

视图是从一张或多张基本表或者已存在的视图中导出的虚拟表，从现有数据表中选择对应子集组成用户所需的特殊表，由于视图的构成和结果集是由行和列组成，与数据表的样子十分相似，故而称为虚表。通常，利用 SELECT 语句构建视图，引用视图的方法和引用基本表的方法是相同的。创建与存储视图的实质只是将视图的定义保存到数据库里，视图中显示的数据仍旧保存在基本表中，当用户使用视图时，才从基本表中查找对应数据，将其在视图中动态生成并显示出来，视图中的数据随着基本表数据源的变化而变化。

2. 视图的优势

（1）简化数据操作。对于用户经常使用的多表连接查询、联合查询、子查询、复合条件选择查询等，可以将其定义成视图，每次进行数据查询时，只需要写一条简单的数据查询语句即可，不必要将复杂的查询语句重复书写，由此极大地简化了用户操作数据的工作量。

（2）增强数据安全保障。视图可以作为一种数据安全机制进行使用，借助视图用户只能浏览和修改可见的数据，对于不在视图定义中的数据，对用户是不可见的，当然也就不能进行访问，进而保护数据的安全。

（3）方便数据的合并与分割。随着数据量的增大，在表的设计与使用过程中经常需要对表进行水平或垂直分割，导致表结构频繁发生变化，不利于应用程序的有效运行。利用视图灵活地保存原有数据表结构，在外模式不变的情况下，应用程序完全可以利用视图重载数据。

(4) 完成数据导入导出操作。利用视图可以将基本表中的数据导入或导出。

(5) 集中显示所需要的数据。由于用户可以根据实际需要定义视图,用户也只可以看到视图中定义的数据而非基本表中的全部数据。因此,视图可以使用户集中精力观看感兴趣的特定数据或特定任务的实现,进而提升数据操作效率。

(6) 使用自定义数据。不同水平的用户在使用同一数据库时,利用视图能够使不同用户以各自不同的方式观察到相同或不同的数据集。显然,用户根据自己的需求可以定义相应的数据集。

7.2.2 利用图形化工具创建视图

1. 创建视图的说明

创建视图是指在已存在的基本表或已有视图上建立视图,可以在一张表或多张表上进行创建。对于新建视图的命名可以根据所包含的内容灵活定义,视图一旦创建完毕就可以当作基本表来引用。创建完毕的视图作为一种数据库对象永久地存在磁盘上,但是并不创建所包含的行和列的数据表。访问已存在的视图时,需要从基本表中提取对应的行、列数据,视图对基本表有永久的依赖性。

2. 创建视图操作实例

利用图形化工具创建视图

【例 7.11】 为 eleccollege 数据库创建一个名为 view_stuinfo 的视图。

学生成绩查询是学校管理系统中较为重要的功能,使用频率较高,查询结果显示要友好。通常,需要显示学生姓名、课程名称、考试成绩等信息,这些信息分布在多张数据表中,普通查询需要使用多表连接查询或子查询等方式进行,不仅代码编写烦琐而且当数据量较大时系统运行速度较慢。为了解决上述问题,可以借助视图操作,将学生信息表、课程信息表和成绩信息表进行连接,从不同表中取出所需要的字段定义对应视图,操作步骤如下。

(1) 启动 SQLyog 图形化工具并成功连接 MySQL 服务器。

(2) 展开"eleccollege|视图",选择"视图"并右击,在快捷菜单中选择"创建视图"命令,弹出图 7.14。

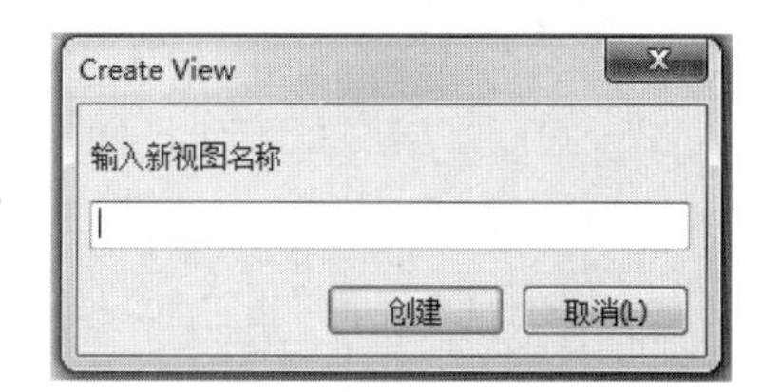

图 7.14 创建视图

(3) 在图 7.14 中输入即将创建的视图名称 view_stuinfo,单击"创建"按钮,此时出现输入创建视图命令的界面,具体 SELECT 代码如下。SQL 代码输入完毕,如图 7.15 所示。

```
(SELECT S.stu_name 学生姓名, C.cou_name 课程名称, G.gra_score 考试成
绩 FROM student S,course C, grade G  WHERE S.stu_no=G.gra_stuid AND
C.cou_no=G.gra_couno);
```

(4) 单击常用工具栏中执行所有查询命令的按钮,完成对视图的创建操作,界面

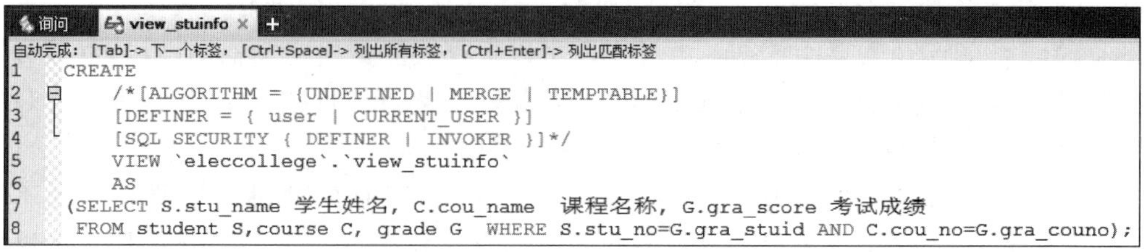
询问
view_stuinfo
自动完成：[Tab]-> 下一个标签，[Ctrl+Space]-> 列出所有标签，[Ctrl+Enter]-> 列出匹配标签
CREATE
/*[ALGORITHM = {UNDEFINED | MERGE | TEMPTABLE}]
[DEFINER = { user | CURRENT_USER }]
[SQL SECURITY { DEFINER | INVOKER }]*/
VIEW `eleccollege`.`view_stuinfo`
AS
(SELECT S.stu_name 学生姓名, C.cou_name 课程名称, G.gra_score 考试成绩
FROM student S,course C, grade G WHERE S.stu_no=G.gra_stuid AND C.cou_no=G.gra_couno);

图 7.15　输入视图创建代码

左侧的资源管理器中已经出现名为 view_stuinfo 的视图，同时界面下方显示成功创建视图的提示信息，如图 7.16 所示。

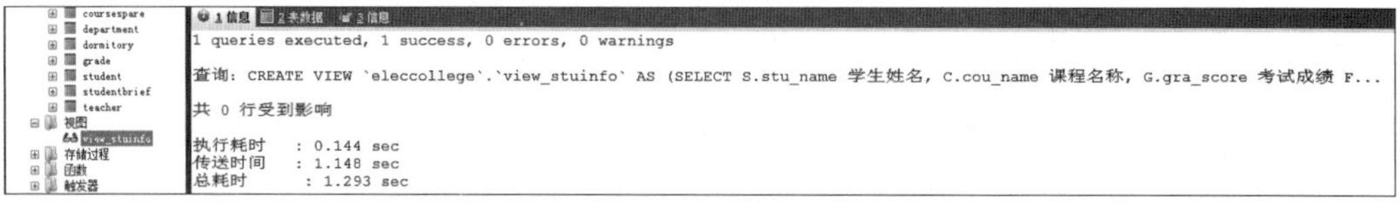
coursexpare
department
dormitory
grade
student
studentbrief
teacher
视图
view_stuinfo
存储过程
函数
触发器
1 信息
2 表数据
3 信息
1 queries executed, 1 success, 0 errors, 0 warnings
查询: CREATE VIEW `eleccollege`.`view_stuinfo` AS (SELECT S.stu_name 学生姓名, C.cou_name 课程名称, G.gra_score 考试成绩 F...
共 0 行受到影响
执行耗时 : 0.144 sec
传送时间 : 1.148 sec
总耗时 : 1.293 sec

图 7.16　成功创建视图的提示信息

学习提示：对视图进行保存时，实质保存的是定义视图时对应的 SELECT 查询，具体保存内容是视图的定义，而不是 SELECT 查询的结果数据。如果创建视图的 SELECT 语句中，包含有字符串表达式比较的 WHERE 子句，要保证服务器端与客户端、数据库与数据表、各字段之间字符编码的一致性，否则在比较过程中将会出现乱码现象，无法进行比较操作，进而不能成功创建视图。

7.2.3　利用 CREATE VIEW 语句创建视图

1. 语法格式

MySQL 数据库系统允许使用 CREATE VIEW 语句创建视图，语法格式如下。

```
CREATE VIEW view_name[(Column[,…n])]
AS select_statement [WITH CHECK OPTION];
```

2. 参数具体说明

(1) view_name：用来定义要创建的视图名称，该参数不能省略，命名规则与标识符的命名规则相同。建议根据视图的具体内容使用见名知意的视图名，并且在同一数据库中视图名要保证具有唯一性，不能重名。

(2) Column：用来声明视图中要使用的列名。

(3) AS：视图定义的关键字，用来说明视图要完成的具体操作。

(4) select_statement：用来定义视图中的 SELECT 命令，但是，在视图定义的 SELECT 命令里，不能启用 ORDER BY 子句。

（5）WITH CHECK OPTION：用来强制所有通过视图修改的数据必须满足 select_statement 语句中指定的选择条件。

3. 操作实例

利用 SQL 语句创建视图

【例 7.12】 创建一个名为 view_teainfo 的视图。

view_teainfo 视图用来检索专任教师姓名和所在系部名称，专任教师姓名存储在教师信息表 teacher 中，系部名称存储在系部信息表 department 中，因此，该视图需要实现多表之间的查询操作。另外，上述检索信息仅对专任教师来讲，所以，这是一个有条件的视图定义操作。

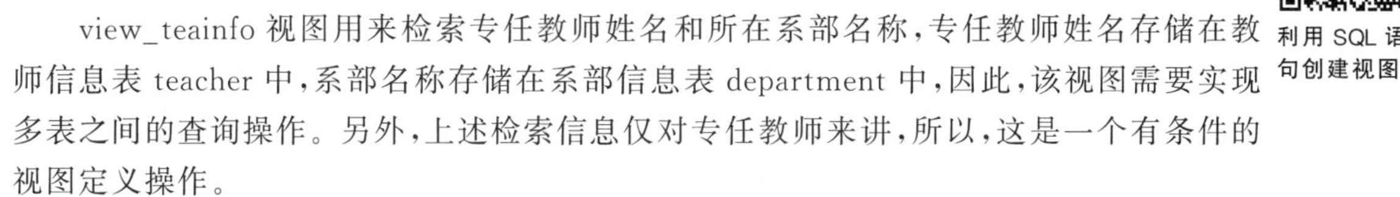

```
CREATE VIEW view_teainfo
AS SELECT T.tea_name,D.dep_name FROM teacher T JOIN department D
ON T.tea_department=D.dep_no WHERE T.tea_appointment='专任教师';
```

视图创建完毕，可以使用 SELECT 命令，像查询基本表一样，显示视图中的数据，以此判断该视图是否正确创建。例如，显示 view_teainfo 视图中所有信息。

```
SELECT * FROM view_teainfo;
```

查询命令运行结果如图 7.17 所示。

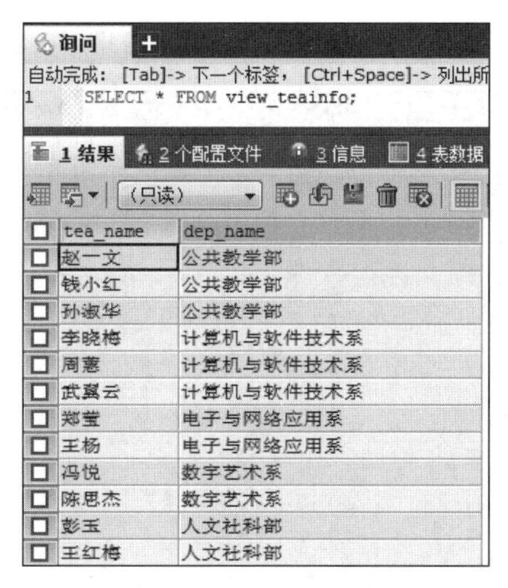

tea_name	dep_name
赵一文	公共教学部
钱小红	公共教学部
孙淑华	公共教学部
李晓梅	计算机与软件技术系
周蕙	计算机与软件技术系
武翼云	计算机与软件技术系
郑莹	电子与网络应用系
王杨	电子与网络应用系
冯悦	数字艺术系
陈思杰	数字艺术系
彭玉	人文社科部
王红梅	人文社科部

图 7.17 查询视图 view_teainfo 中的所有内容

7.2.4 利用视图操作数据

视图成功创建后，就可以像使用基本表一样，利用视图完成对数据信息的添加、修改、删除及查询等相关操作。值得注意的是，通过视图更新数据时，实质也是修改基本表中的数据，同样，基本表中的数据如果发生改变，系统也会自动反映到由基本表产生的视图中。

借助视图查询数据

1. 借助视图查询数据

执行视图的检索操作总是将其转换为视图所依赖的基本表的等价查询，由于创建视图可以向最终用户隐藏复杂得多表连接或多层次的子查询操作细节，因而简化了用户查询语句的 SQL 程序设计。利用 SQL 的 SELECT 命令和 SQLyog 图形化工具均可以实施视图的查询操作，具体方法与查询基本表的操作一样。

1）利用 SQLyog 图形化工具查询视图信息

【例 7.13】 查询 view_stuinfo 视图的所有内容。

（1）启动 SQLyog 图形化工具并成功连接 MySQL 服务器。

（2）依次展开"eleccollege|视图|view_stuinfo"，选择 view_stuinfo 视图并右击，在弹出的快捷菜单中选择"查看数据"命令，如图 7.18 所示。

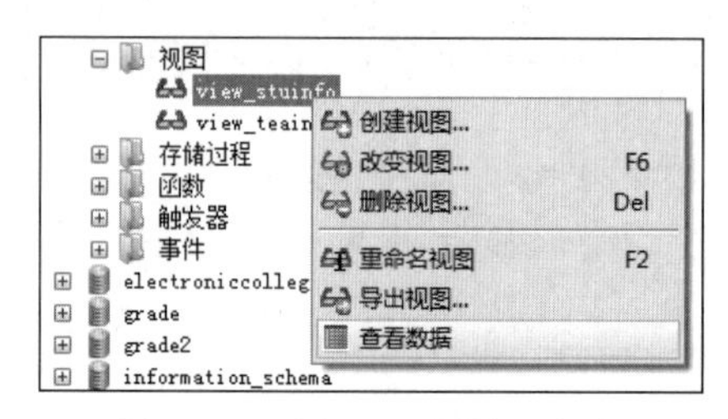

图 7.18　选择"查看数据"命令

（3）执行该命令后，界面右侧将显示视图的所有信息，如图 7.19 所示。

学生姓名	课程名称	考试成绩
靳锦东	实用英语	85
靳锦东	PHOTOSHOP技术应用	72
张晓辉	大学英语	65
张晓辉	数据库技术	78
张晓辉	JAVA语言程序设计	90
李红丽	大学英语	56
孙云	大学英语	84
赵辉	大学英语	68
赵辉	JAVA语言程序设计	72
王强	大学英语	58
王强	计算机网络基础	81
王强	马克思主义理论	89
刘晓霞	计算机网络基础	73
刘晓霞	马克思主义理论	78
王丽莉	PHOTOSHOP技术应用	91
刘梅梅	PHOTOSHOP技术应用	86
(NULL)	(NULL)	(NULL)

图 7.19　显示 view_stuinfo 视图所有信息

2）利用 SELECT 语句查询视图信息

【例 7.14】 查询 view_stuinfo 视图中成绩已及格的信息并按成绩降序排列。

```
SELECT * FROM view_stuinfo WHERE 考试成绩>=60
ORDER BY 考试成绩 DESC;
```

查询命令运行结果如图 7.20 所示。

学生姓名	课程名称	考试成绩
王丽莉	PHOTOSHOP技术应用	91
张晓辉	JAVA语言程序设计	90
王强	马克思主义理论	89
刘梅梅	PHOTOSHOP技术应用	86
靳锦东	实用英语	85
孙云	大学英语	84
王强	计算机网络基础	81
张晓辉	数据库技术	78
刘晓霞	马克思主义理论	78
刘晓霞	计算机网络基础	73
靳锦东	PHOTOSHOP技术应用	72
赵辉	JAVA语言程序设计	72
赵辉	大学英语	68
张晓辉	大学英语	65

图 7.20 查询指定条件的视图信息

学习提示：使用视图进行数据查询时，如果该视图所依赖的基本表添加了新字段，则在视图定义没有修改之前，该视图的检索结果不包含新字段。如果该视图所依赖的基本表或其他视图已经被删除，此时该视图将不能成功执行查询命令。

2. 理解可更新视图的概念

通过视图向基本表插入、修改或删除数据，必须保证该视图是可更新的视图，并非所有的视图都是可更新的视图。如果视图包含以下结构中的任何一种，则该视图就不是可更新视图。

(1) 定义视图的 SELECT 语句中包含聚合函数。

(2) 使用了 DISTINCT 关键字。

(3) 启用了 GROUP BY 子句、ORDER BY 子句或 HAVING 子句。

(4) 运用了 UNION 关键字。

(5) SELECT 语句中包含子查询。

(6) FROM 子句中包含多张数据表。

(7) SELECT 子句中引用了不可更新的视图或常量视图。

(8) WHERE 子句中的子查询引用 FROM 子句中的表。

(9) 视图对应的数据表上存在没有默认值且不为空的列，而该列没有包含在视图中。例如，系部联系电话字段 dep_phone，如果设置了不允许为空的属性，但是该字段又没在对应视图中进行定义，在做插入操作时系统将会报错。

可见，虽然通过更新视图可以操作相关数据表中的数据信息，但还是有一定的限制。在实际应用中，视图还是仅作为查询数据的虚表进行使用，以此优化系统，提高性能，不要过于频繁地利用视图去更新数据表中的信息。

3. 借助视图插入数据

借助视图插入数据

使用 INSERT 语句更新视图的方式向基本表中插入数据，语法格式如下。

```
INSERT [INTO]视图名(列名列表)VALUES(值列表 1),(值列表 1),…,(值列表 n);
```

语法说明与 INSERT 语句参数含义相同。

【例 7.15】 通过 view_depinfo 视图向基本表 department 中添加一条记录。

创建 view_depinfo 视图的定义语句如下。

```
CREATE VIEW view_depinfo AS SELECT dep_no,dep_name FROM department;
```

由此可见，view_depinfo 视图中只包含系部编号和系部名称，借助该视图添加一个新系部的信息，新系部编号为 d00000000006；新系部名称为“经济与管理系”，借助视图插入数据的 SQL 语句如下。

```
INSERT INTO view_depinfo(dep_no,dep_name)
VALUES('d00000000006','经济与管理系');
```

插入命令运行结果如图 7.21 所示，显然，数据信息已被成功插入。

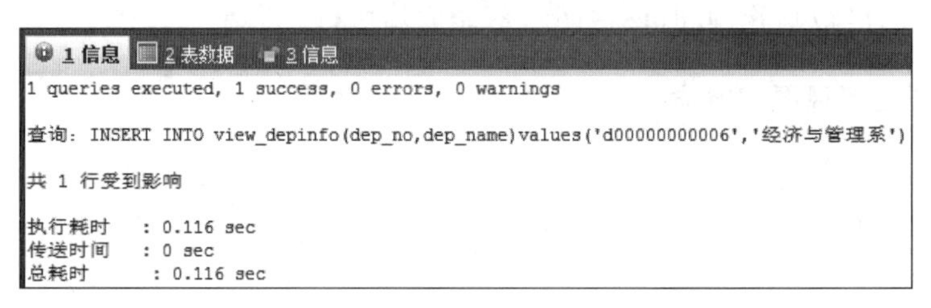

图 7.21　数据成功插入提示信息

通过显示 view_depinfo 视图的内容和基本表 department 的内容再次验证数据插入成功。

```
SELECT * FROM view_depinfo;
```

查询视图命令运行结果如图 7.22 所示。

dep_no	dep_name
d00000000001	公共教学部
d00000000002	计算机与软件技术系
d00000000003	电子与网络应用系
d00000000004	数字艺术系
d00000000005	人文社科部
d00000000006	经济与管理系

图 7.22　查询视图 view_depinfo 信息

```
SELECT * FROM department;
```

查询基本表命令运行结果如图 7.23 所示。

dep_no	dep_name	dep_head	dep_phone	dep_office
d00000000001	公共教学部	张宝庆	022-27884567	A331
d00000000002	计算机与软件技术系	李梅	022-27888762	C425
d00000000003	电子与网络应用系	孙茜	022-27881289	B351
d00000000004	数字艺术系	段安蕾	022-27889344	B442
d00000000005	人文社科部	常新	022-27883987	C277
d00000000006	经济与管理系	(NULL)	(NULL)	(NULL)

图 7.23　查询基本表 department 的信息

学习提示：通过视图向基本表中插入数据，必须保证该视图是可更新的视图，对于可更新的视图，视图中的行和基本表中的行要实时保持一对一的关系。如果在创建视图时使用了 WITH CHECK OPTION 子句，该子句会在更新数据时检查新数据是否符合视图定义中 WHERE 子句的条件。WITH CHECK OPTION 子句只能和可更新视图一起使用。

4. 借助视图修改数据

借助视图修改数据

使用 UPDATE 语句更新视图的方式修改基本表中的数据，语法格式如下。

```
UPDATE 视图名 SET 列名 1=值 1, 列名 2=值 2,…, 列名 n=值 n
WHERE 条件表达式;
```

语法说明与 UPDATE 语句参数含义相同。

【例 7.16】 通过 view_depinfo 视图修改系部名称，将“经济与管理系”修改成“经管系”。

(1) 执行修改操作前，先查询系部信息表中系部编号是 d00000000006 的系部名称，代码如下，运行结果如图 7.24 所示。

```
SELECT dep_no,dep_name FROM  department
WHERE dep_no='d00000000006';
```

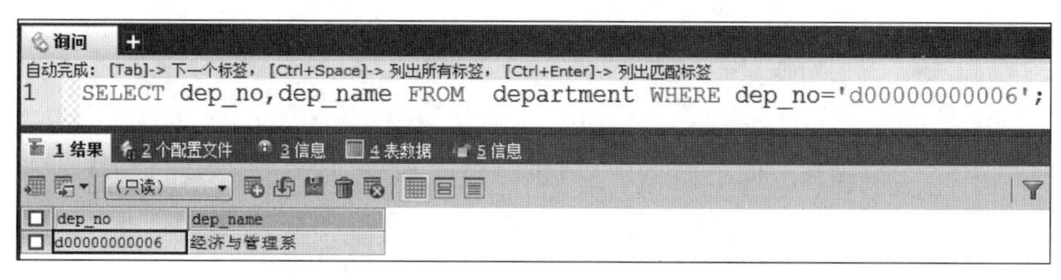

图 7.24　查询修改之前的系部信息

(2) 编写更新视图的修改语句，其代码如下。

```
UPDATE view_depinfo SET dep_name='经管系'
WHERE dep_no='d00000000006';
```

修改命令运行结果如图 7.25 所示，显然，数据信息已被成功修改。

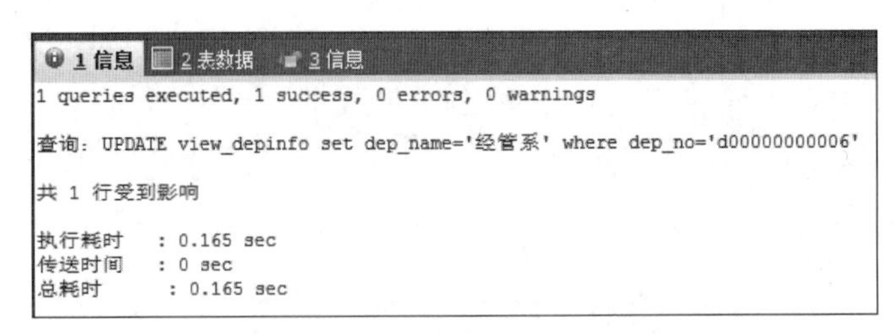

图 7.25　数据成功修改提示信息

(3) 分别查询视图 view_depinfo 和基本表 department 中系部编号是 d00000000006 的系部名称，具体 SQL 代码如下。

① 查询视图 view_depinfo 的 SQL 命令和运行结果。

```
SELECT * FROM view_depinfo WHERE dep_no='d00000000006';
```

查询命令运行结果如图 7.26 所示。

图 7.26　查询视图中系部编号是 d00000000006 的系部名称

② 查询基本表 department 的 SQL 命令和运行结果。

```
SELECT * FROM department WHERE dep_no='d00000000006';
```

查询命令运行结果如图 7.27 所示。

图 7.27　查询基本表中系部编号是 d00000000006 的系部名称

由此可见，基本表中系部编号是 d00000000006 的系部名称已经由“经济与管理系”更改为“经管系”，通过视图修改数据成功。

5. 借助视图删除数据

借助视图删除数据

使用 DELETE 语句删除基本表中的数据，语法格式如下。

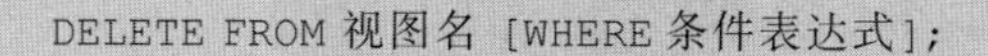

```
DELETE FROM 视图名 [WHERE 条件表达式];
```

语法说明与 DELETE 语句参数含义相同。

【例 7.17】 通过 view_depinfo 视图删除系部名称是“经管系”的记录。

编写更新视图的删除语句，其代码如下。

```
DELETE FROM view_depinfo WHERE dep_name='经管系';
```

删除命令运行结果如图 7.28 所示，显然，数据信息已被成功删除。

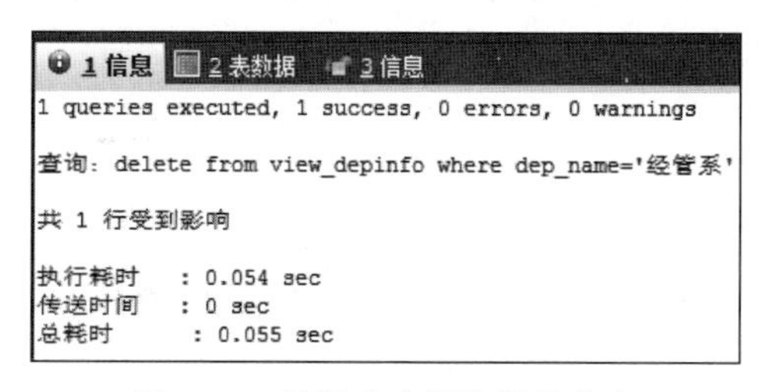

图 7.28　数据成功删除提示信息

通过显示 view_depinfo 视图的内容和基本表 department 的内容再次验证数据删除成功。

(1) 查询视图 view_depinfo 的 SQL 命令和运行结果。

```
SELECT * FROM view_depinfo;
```

查询命令运行结果如图 7.29 所示。

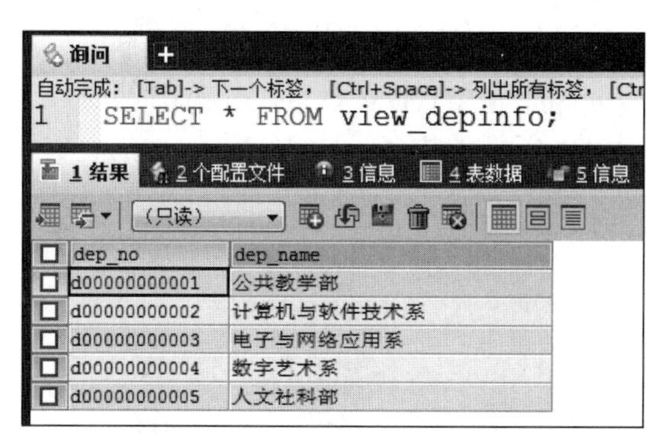

图 7.29　查询视图中所有数据

(2) 查询基本表 department 的 SQL 命令和运行结果。

```
SELECT * FROM department;
```

查询命令运行结果如图 7.30 所示。

图 7.30　查询基本表中所有数据

由此可见，基本表和视图中的数据信息是一致的，系部名称为“经管系”的记录已经不存在了，通过视图删除数据成功。

7.2.5　修改视图的定义

视图被定义之后，随着使用的需要，例如，基本表的字段有所改变或者需要添加/删除视图定义中的某一列或某几列，此时要对视图的定义进行相应修改。MySQL 提供了利用图形化工具和 SQL 语句两种修改方式。

图形化工具修改视图

1. 利用图形化工具修改视图定义

【例 7.18】　修改已创建的视图 view_stuinfo。

视图 view_stuinfo 只是将参与考试的学生和课程以及具体成绩全部显示出来，及格与不及格成绩没有明显分开，现对 view_stuinfo 视图进行修改，只显示成绩不及格的信息，操作步骤如下。

（1）启动 SQLyog 图形化工具并成功连接 MySQL 服务器。

（2）依次展开“eleccollege|视图|view_stuinfo”，选择 view_stuinfo 并右击，在弹出的快捷菜单中选择“改变视图”命令，如图 7.31 所示。

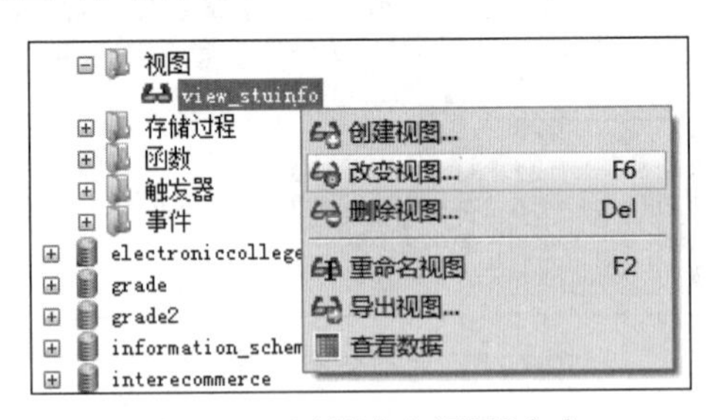

图 7.31　选择“改变视图”命令

（3）此时系统将该视图已经定义的 SQL 代码显示在屏幕窗口右侧，如图 7.32 所示，在已存在的代码中修改，修改之后的 SQL 代码内容如图 7.33 所示，增加了一个判定条件

'g'.'gra_score'<60。

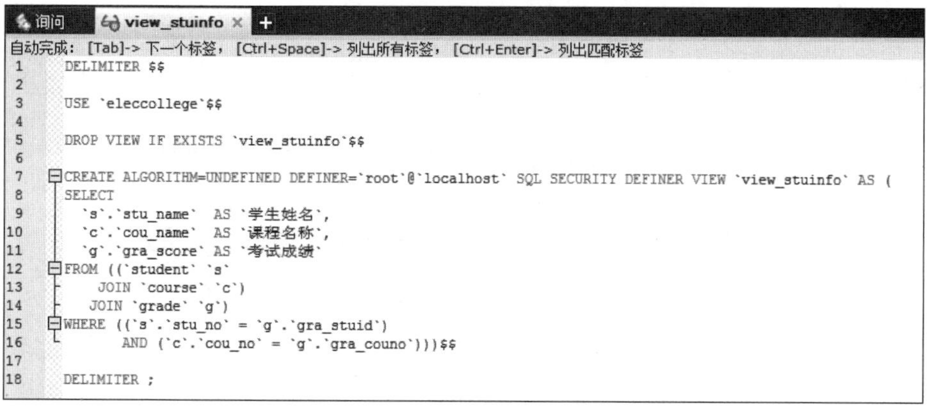

```
询问 | view_stuinfo × | +
自动完成: [Tab]-> 下一个标签, [Ctrl+Space]-> 列出所有标签, [Ctrl+Enter]-> 列出匹配标签
1   DELIMITER $$
2
3   USE `eleccollege`$$
4
5   DROP VIEW IF EXISTS `view_stuinfo`$$
6
7   CREATE ALGORITHM=UNDEFINED DEFINER=`root`@`localhost` SQL SECURITY DEFINER VIEW `view_stuinfo` AS (
8   SELECT
9     `s`.`stu_name`  AS `学生姓名`,
10    `c`.`cou_name`  AS `课程名称`,
11    `g`.`gra_score` AS `考试成绩`
12  FROM ((`student` `s`
13      JOIN `course` `c`)
14     JOIN `grade` `g`)
15  WHERE ((`s`.`stu_no` = `g`.`gra_stuid`)
16        AND (`c`.`cou_no` = `g`.`gra_couno`)))$$
17
18  DELIMITER ;
```

图 7.32　显示视图已定义的 SQL 代码

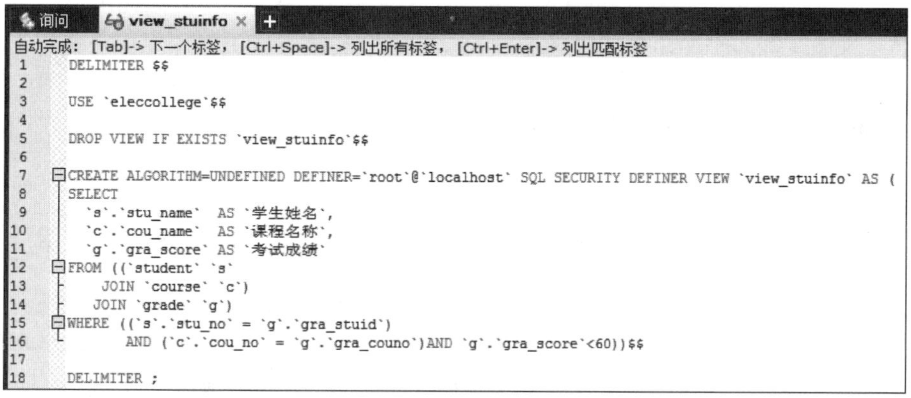

```
询问 | view_stuinfo × | +
自动完成: [Tab]-> 下一个标签, [Ctrl+Space]-> 列出所有标签, [Ctrl+Enter]-> 列出匹配标签
1   DELIMITER $$
2
3   USE `eleccollege`$$
4
5   DROP VIEW IF EXISTS `view_stuinfo`$$
6
7   CREATE ALGORITHM=UNDEFINED DEFINER=`root`@`localhost` SQL SECURITY DEFINER VIEW `view_stuinfo` AS (
8   SELECT
9     `s`.`stu_name`  AS `学生姓名`,
10    `c`.`cou_name`  AS `课程名称`,
11    `g`.`gra_score` AS `考试成绩`
12  FROM ((`student` `s`
13      JOIN `course` `c`)
14     JOIN `grade` `g`)
15  WHERE ((`s`.`stu_no` = `g`.`gra_stuid`)
16        AND (`c`.`cou_no` = `g`.`gra_couno`)AND `g`.`gra_score`<60))$$
17
18  DELIMITER ;
```

图 7.33　显示视图修改之后的 SQL 代码

(4) 将视图定义修改完毕,鼠标放置在代码区域,右击,在弹出的快捷菜单中选择“执行查询|执行所有查询”命令,成功执行修改视图命令之后,显示如图 7.34 所示的信息提示。

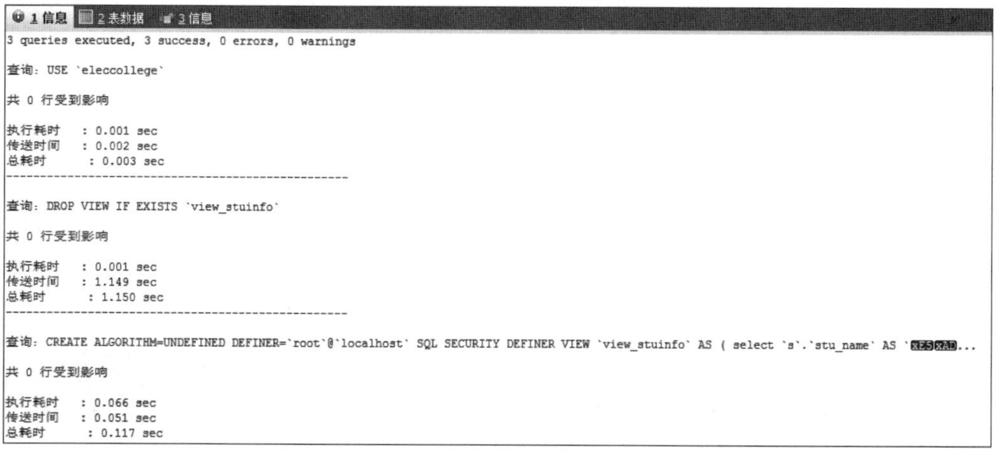

```
1 信息 | 2 表数据 | 3 信息
3 queries executed, 3 success, 0 errors, 0 warnings

查询: USE `eleccollege`

共 0 行受到影响

执行耗时   : 0.001 sec
传送时间   : 0.002 sec
总耗时     : 0.003 sec
--------------------------------------------------

查询: DROP VIEW IF EXISTS `view_stuinfo`

共 0 行受到影响

执行耗时   : 0.001 sec
传送时间   : 1.149 sec
总耗时     : 1.150 sec
--------------------------------------------------

查询: CREATE ALGORITHM=UNDEFINED DEFINER=`root`@`localhost` SQL SECURITY DEFINER VIEW `view_stuinfo` AS ( select `s`.`stu_name` AS `XE5XAD...

共 0 行受到影响

执行耗时   : 0.066 sec
传送时间   : 0.051 sec
总耗时     : 0.117 sec
```

图 7.34　视图定义修改成功的信息提示

（5）为了验证视图修改成功与否，对视图 view_stuinfo 执行查询命令，查询显示结果如图 7.35 所示，可见，只显示了成绩不及格的信息。

```
SELECT * FROM view_stuinfo;
```

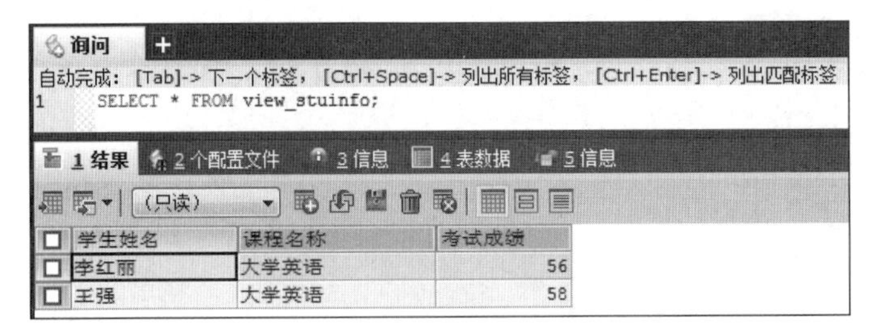

图 7.35　显示视图定义修改之后的数据信息

2. 利用 SQL 语句修改视图定义

1）语法格式

ALTER VIEW 语句修改视图的语法格式如下。

```
ALTER VIEW view_name [(Column[,…n])]
AS select_statement [WITH CHECK OPTION];
```

2）具体说明

修改视图语句的参数含义同创建视图 CREATE VIEW 命令中的参数含义一致。如果创建视图时包含了 WITH CHECK OPTION 选项，则修改视图定义时，在 ALTER VIEW 语句中也要使用 WITH CHECK OPTION 选项。

SQL 语句修改视图

3）操作实例

【例 7.19】 修改视图 view_teainfo。

view_teainfo 视图只是提取了专任教师的姓名和所在系部的名称，在学校管理系统中对专任教师的日常管理与考核时，教师的专业技术职称和研究领域也是要纳入查询范围的，在晋升和奖励中是重点考虑的要素。因此，对 view_teainfo 视图再增加专业技术职称和研究领域两个字段。

```
ALTER VIEW view_teainfo
AS SELECT T.tea_name,D.dep_name,T.tea_profession,T.tea_research
FROM teacher T JOIN department D ON T.tea_department=D.dep_no
WHERE T.tea_appointment='专任教师';
```

成功执行修改视图命令之后，显示如图 7.36 所示的信息提示。

执行查询视图 view_teainfo 数据信息的 SQL 代码，运行结果如图 7.37 所示，再次验证视图定义已被正确修改。

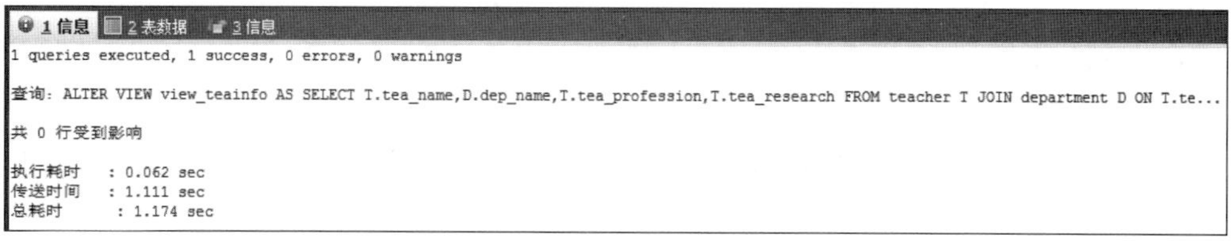

1 信息 2 表数据 3 信息

1 queries executed, 1 success, 0 errors, 0 warnings

查询：ALTER VIEW view_teainfo AS SELECT T.tea_name,D.dep_name,T.tea_profession,T.tea_research FROM teacher T JOIN department D ON T.te...

共 0 行受到影响

执行耗时 : 0.062 sec
传送时间 : 1.111 sec
总耗时 : 1.174 sec

图 7.36 显示视图定义被成功修改的信息

```
SELECT * FROM view_teainfo;
```

询问

自动完成：[Tab]-> 下一个标签，[Ctrl+Space]-> 列出所有标签，[Ctrl+Enter]-> 列出匹配标签

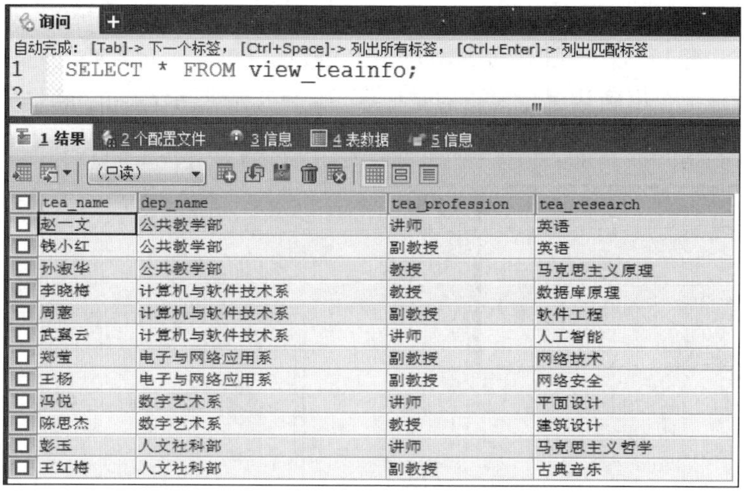

```
1   SELECT * FROM view_teainfo;
```

1 结果 2 个配置文件 3 信息 4 表数据 5 信息

（只读）

tea_name	dep_name	tea_profession	tea_research
赵一文	公共教学部	讲师	英语
钱小红	公共教学部	副教授	英语
孙淑华	公共教学部	教授	马克思主义原理
李晓梅	计算机与软件技术系	教授	数据库原理
周蕙	计算机与软件技术系	副教授	软件工程
武翼云	计算机与软件技术系	讲师	人工智能
郑莹	电子与网络应用系	副教授	网络技术
王杨	电子与网络应用系	副教授	网络安全
冯悦	数字艺术系	讲师	平面设计
陈思杰	数字艺术系	教授	建筑设计
彭玉	人文社科部	讲师	马克思主义哲学
王红梅	人文社科部	副教授	古典音乐

图 7.37 显示视图定义修改之后的数据信息

【例 7.20】 查询视图 view_teainfo 的结构信息。

使用 DESC 语句查看视图定义的结构信息，其代码如下。

```
DESC view_teainfo;
```

执行上述代码显示结果，如图 7.38 所示，可见，该视图中已经包含了 4 个字段，分别是教师姓名、系部名称、专业技术职称和研究领域，由此说明视图定义已被成功修改。

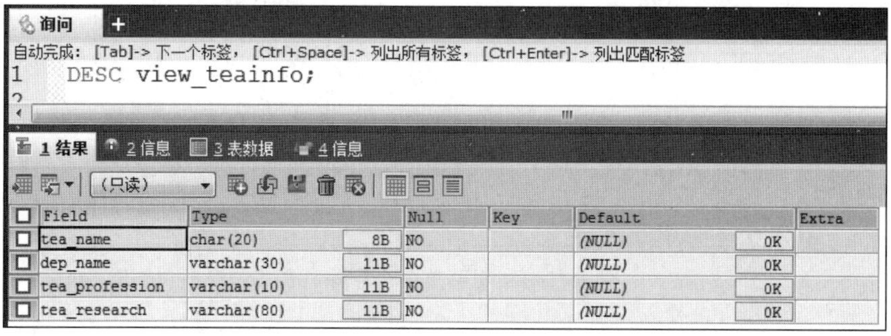

询问

自动完成：[Tab]-> 下一个标签，[Ctrl+Space]-> 列出所有标签，[Ctrl+Enter]-> 列出匹配标签

```
1   DESC view_teainfo;
```

1 结果 2 信息 3 表数据 4 信息

（只读）

Field	Type		Null	Key	Default		Extra
tea_name	char(20)	8B	NO		(NULL)	0K	
dep_name	varchar(30)	11B	NO		(NULL)	0K	
tea_profession	varchar(10)	11B	NO		(NULL)	0K	
tea_research	varchar(80)	11B	NO		(NULL)	0K	

图 7.38 查看视图 view_teainfo 的结构信息

删除视图

7.2.6 删除视图

对于不再需要的视图应当及时将其删除，释放视图定义所占的存储空间。MySQL提供了利用图形化工具和SQL语句两种删除方式。

1. 利用图形化工具删除视图

【例 7.21】 将已创建的视图 view_stuinfo 删除。

（1）启动 SQLyog 图形化工具并成功连接 MySQL 服务器。

（2）依次展开“eleccollege|视图|view_stuinfo”，选择 view_stuinfo 视图并右击，在弹出的快捷菜单中选择“删除视图”命令，如图 7.39 所示。

（3）此时系统弹出确认删除视图的对话框，如图 7.40 所示，单击“是”按钮，该视图被成功删除；单击“否”按钮，取消删除视图的操作。

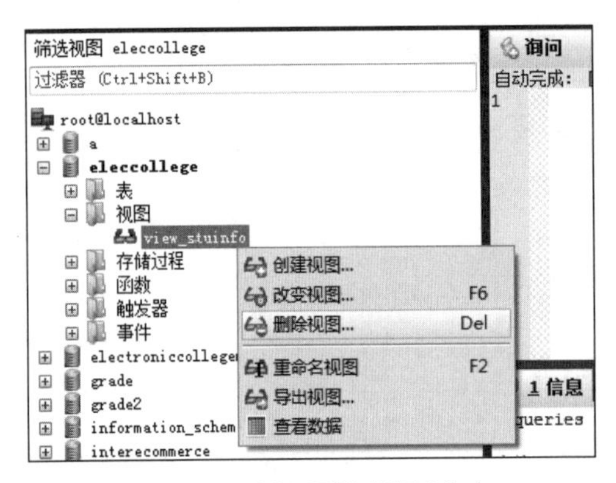

图 7.39 选择“删除视图”命令

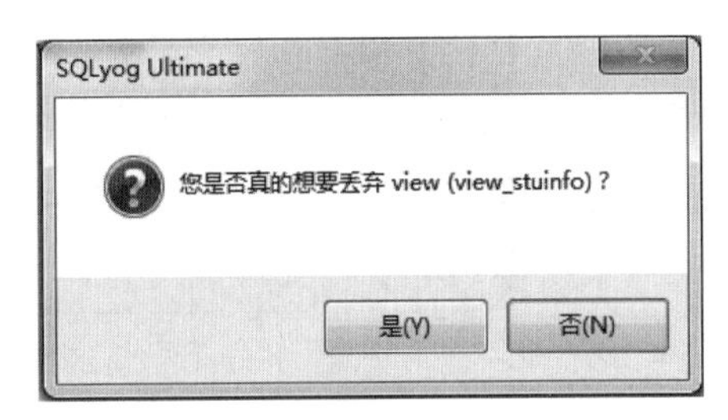

图 7.40 确认删除视图对话框

（4）或者选中需要删除的视图 view_stuinfo，选择菜单“其他|视图|删除视图”命令，如图 7.41 所示，同样弹出确认删除视图的对话框，单击“是”按钮即可成功删除已选中的视图。

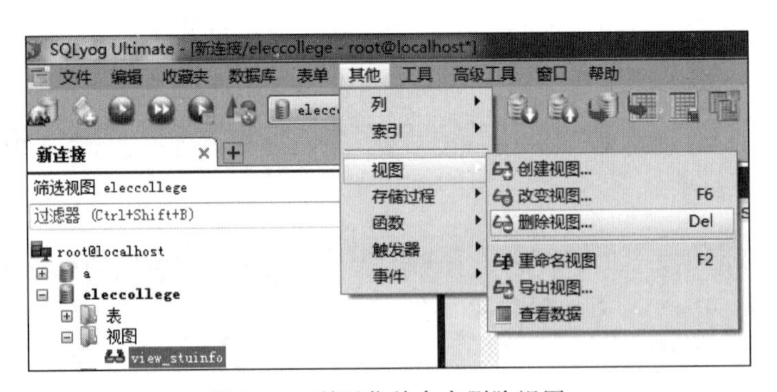

图 7.41 利用菜单命令删除视图

学习提示：若某一视图被另一视图所引用，删除了被引用的视图，当调用另一视图时，系统将提示出错信息，所以通常情况，视图的定义都是基于基本表的，最好不要基于其他视图来定义视图。

2. 利用 SQL 语句删除视图

1）语法格式

DROP VIEW 语句删除视图的语法格式如下。

```
DROP VIEW [view_name] [,…n];
```

2）具体说明

利用 DROP VIEW 语句能够删除由视图名 view_name 指定的具体视图，执行一次该语句既可以删除一个视图，也可以删除多个视图，各视图之间要用逗号分隔，执行删除视图的用户一定要拥有 DROP 删除权限。对视图执行删除操作时，不仅从系统目录中删除该视图的定义，而且与该视图相关的其他信息也一并删除，同时将删除视图的所有权限。

3）操作实例

【例 7.22】 删除视图 view_teainfo。

```
DROP VIEW view_teainfo;
```

学习提示：如果使用 DROP TABLE 命令删除指定的数据表，该表上的任何视图都必须使用 DROP VIEW 命令进行删除。

拓展实训：优化电子商务网站数据库性能

1. 实训任务

根据项目开发的实际需求，在“电子商务网站数据库”interecommerce 中进行系统的优化操作（注：本书以“电子商务网站数据库”为实训案例，如果没有特殊说明，该实训数据库贯穿本书始终）。

2. 实训目的

（1）掌握索引的创建操作。
（2）掌握索引的使用及维护操作。
（3）掌握视图的创建操作。
（4）掌握利用视图操作基本表数据。
（5）掌握视图的维护操作。

3. 实训内容

（1）为 country 表的国家名称字段建立名为 index_cou_name 的唯一索引。

参考语句：

```
CREATE UNIQUE INDEX index_cou_name ON country(cou_name);
```

（2）为 goods 表的商品种类字段建立名为 index_goo_kind 的普通索引。

参考语句：

```
CREATE INDEX index_goo_kind ON goods(goo_kind);
```

（3）为 goods 表的品牌名称和商品种类字段建立名为 index_goo_brand_kind 的组合索引。

参考语句：

```
CREATE INDEX index_goo_brand_kind ON goods(goo_brand,goo_kind);
```

（4）为 supplier 表供应商地址字段建立名为 index_sup_address 的全文索引。

参考语句：

```
CREATE FULLTEXT INDEX index_sup_address ON supplier(sup_address);
```

（5）查看 goods 表的索引信息。

参考语句：

```
SHOW INDEX FROM goods;
```

（6）删除 supplier 表上名为 index_sup_address 的全文索引。

参考语句：

```
DROP INDEX index_sup_address ON supplier;
```

（7）使用 EXPLAIN 关键字分析为数据表添加 index_cou_name 索引后查询效率提升情况。例如，检索国家名称中包含“国”字的数据信息。

参考语句：

```
EXPLAIN SELECT * FROM country WHERE cou_name LIKE '%国%';
```

（8）创建一个名为 view_cou_sup 的视图，该视图包含洲名称、国家名称和供应商名称等信息。

参考语句：

```
CREATE VIEW view_cou_sup
AS SELECT S.sta_name,C.cou_name, U.sup_name
FROM state S,country C, supplier U
WHERE S.sta_id=C.cou_stateid AND U.sup_countryid=C.cou_id;
```

(9) 创建一个名为 view_goods 的视图,该视图包含商品编号和商品名称。

参考语句:

```
CREATE VIEW view_goods AS SELECT goo_id,goo_name FROM goods;
```

(10) 查看 view_goods 视图中的所有信息。

参考语句:

```
SELECT * FROM view_goods;
```

(11) 利用 view_goods 视图向 goods 表添加信息。例如,商品编号为 000000000004、商品名称为"惠普打印机"。

参考语句:

```
INSERT INTO view_goods(goo_id,goo_name)
VALUES('000000000004','惠普打印机');
```

(12) 利用 view_goods 视图修改 goods 表中的信息。例如,将商品名称由"惠普打印机"改变为"惠普复印机"。

参考语句:

```
UPDATE view_goods SET goo_name='惠普复印机'
WHERE goo_id='000000000004';
```

(13) 利用 view_goods 视图删除 goods 表中指定的信息。例如,将商品编号为 000000000004 的商品记录删除。

参考语句:

```
DELETE FROM view_goods WHERE goo_id='000000000004';
```

(14) 修改 view_goods 视图的定义。例如,为该视图添加一个零售价格 goo_price 新字段,同时该视图只显示价格在 3000 元以上的商品。

参考语句:

```
ALTER VIEW view_goods AS SELECT goo_id,goo_name,goo_price
FROM goods WHERE goo_price>=3000;
```

(15) 删除 view_goods 视图。

参考语句:

```
DROP VIEW view_goods;
```

本章小结

本章主要介绍对数据库系统进行优化的两种主要技术，即索引操作和视图操作。通过对索引和视图的基本概念与优势的介绍，使读者了解对数据库系统实施优化的内涵与作用，借助实例讲解，使读者掌握创建、使用与维护索引和视图的操作方法，为在实践中设计出优质的数据库系统打下坚实的基础。

课后习题

1. 单选题

（1）在 MySQL 系统中，定义唯一索引的关键字是（　　）。

A. ONLY INDEX　　B. INDEX　　C. UNIQUE INDEX　　D. FULLTEXT INDEX

（2）索引可以提高（　　）操作的效率。

A. INSERT　　B. UPDATE　　C. DELETE　　D. SELECT

（3）在 SQL 中，视图 VIEW 是数据库的（　　）。

A. 外模式　　B. 内模式　　C. 模式　　D. 存储模式

（4）不可以对视图执行的操作是（　　）。

A. SELECT　　B. DELETE　　C. INSERT　　D. CREATE INDEX

（5）MySQL 中只有（　　）支持全文索引。

A. InnoDB　　B. MyISAM　　C. 默认存储引擎　　D. MEMORY

2. 简答题

（1）简述创建索引的作用。

（2）简述视图与基本表之间的异同点。

第 8 章　编程实现对电子学校系统数据表的管理

任务描述

为了提高电子学校系统的处理速度，增强数据库的可重用性，在数据库应用系统的开发中充分运用存储过程、自定义函数和触发器，可以减少数据库开发人员的工作量。

学习目标

（1）掌握 SQL 编程的基础知识。
（2）掌握创建与使用存储过程的方法。
（3）理解创建与调用自定义函数的方法。
（4）掌握创建和使用触发器的方法。
（5）理解建立与使用事务的操作。
（6）理解锁机制与死锁处理方法。

学习导航

本章主要介绍数据库应用系统的拓展，在掌握 SQL 编程的常量与变量、运算符与表达式、流程控制语句的基础上，利用存储过程、自定义函数、触发器等知识增强数据库的健壮性、可重用性，使数据库更加完整。管理操作学习导航如图 8.1 所示。

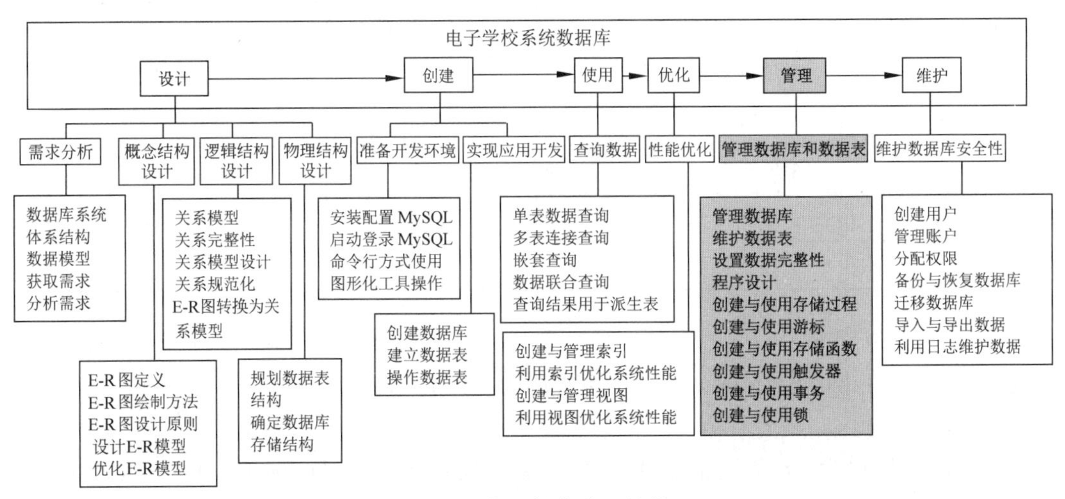

图 8.1　管理操作学习导航

任务 8.1 SQL 编程基础知识

任务说明:SQL 语句本身没有流程控制,因而无法实现复杂的应用。PL/SQL(Procedural Language/SQL)作为一种结构化的过程语言,将结构化查询与数据库过程控制相结合,不但支持更多的数据类型,拥有变量声明、运算符与表达式,而且有选择、循环等流程控制语句,能够更好地实现复杂的应用。

8.1.1 常量与变量的概念

1. 常量

常量也称为文字值或标量值,是表示一个特定数据值的符号,是指在存储过程中值始终不变的量。常量的格式取决于它所表示的值的数据类型。MySQL 中的常量主要有以下几种类型。

1)字符串常量

字符串常量是用单引号或双引号引起来的一串字符序列,分为 ASCII 字符串常量和 Unicode 字符串常量。其中,ASCII 字符串常量是用单引号引起来的、由 ASCII 字符构成的符号串,其字符可以是字母、数字或特殊字符,如'Hi'、'Hello'等。Unicode 字符串常量与 ASCII 字符串常量相似,但它前面有一个 N 标识符(N 代表 SQL-92 标准中的区域语言),N 前缀必须是大写字母。例如,'Beijing'是 ASCII 字符串常量,而 N 'Beijing'是 Unicode 字符串常量。在字符串中不仅可以使用普通的字符,也可使用转义字符,用来表示特殊的字符。每个转义字符以一个"\"开始,指出后面的字符使用转义字符来解释,而不是普通字符。常用的转义字符如表 8.1 所示。

表 8.1 转义字符的含义

转义字符	含义	转义字符	含义
\0	一个 ASCII 0 (NUL)字符	\'	一个单引号
\n	一个换行符	\"	一个双引号
\r	一个回车符	\\	一个反斜线
\t	一个定位符	\%	一个百分号
\b	一个退格符	_	一个"_"

例如,'MySQL Server':单引号中的内容是一个字符串常量,共有 12 个字符。'Xi'an':单引号中的字符串内容为 Xi'an。'':单引号中为空字符串。

2)数值常量

数值常量可以分为整型常量和小数常量。其中,整型常量,即 INTEGER(INT)常量,以没有用引号引起来并且不包含小数点的数字字符串表示。整型常量必须都是数字,不能包含小数，如 369、90 等。小数常量，即使用小数点的数值常量，如 3.89、−90.78、5E-3 等。

3）十六进制常量

MySQL 支持十六进制值，一个十六进制值通常指定为一个字符串常量。十六进制常量以大写字母 X 或小写字母 x 作为前缀，在引号中可以使用数字 0～9 及字母 a～f 或 A～F，每个十六进制常量可以被转换为一个字符。十六进制数值不区分大小写，其前缀 X 或 x 可以被 0x 取代而且不用引号，即 X '41'可以替换为 0x41，注意 0x 中“x”一定要小写。

4）日期时间常量

日期时间常量是由单引号将表示日期时间的字符串引起来构成的。日期型常量包括年、月、日，数据类型为 DATE，例如 2019-01-01。时间型常量包括时、分、秒，数据类型为 TIME，例如 10:20:30。MySQL 还支持日期/时间的组合，数据类型为 DATETIME 或 TIMESTAMP，如“2018-02-14 10:08:20”。DATETIME 和 TIMESTAMP 的区别在于，DATETIME 的年份在 1000—9999 间，而 TIMESTAMP 的年份在 1970—2037 间，并且 TIMESTAMP 在插入带微秒的日期时间时会将微秒省略。

在 MySQL 中，日期是按“年-月-日”的顺序表示的。例如，“2020-05-01 12:12:20”是一个日期时间常量。中间的间隔符“-”也可以替换为“\”或@等特殊符号。需要注意的是，日期时间常量的值必须符合日期和时间的标准，例如 2020-02-30 是错误的。

5）布尔值

布尔值只包括两个可能的值：TRUE 和 FALSE。其中，TRUE 的数字值为 1，FALSE 的数字值为 0。在 MySQL 中，使用下列语句来获取 TRUE 和 FALSE 的值。

```
SELECT TRUE, FALSE;
```

6）NULL 值

NULL 通常用来表示“没有值”或“没数据”等含义，可适用于各种数据列类型，并且不同于数字类型的 0 或字符串类型的空字符串。

2. 变量

1）局部变量

局部变量一般是在 SQL 语句块中定义的，例如存储过程中的 BEGIN/END。其作用域从定义开始，直到语句块结束，即在该语句块执行完毕后，局部变量就消失。局部变量用 DECLARE 进行声明，其语法格式如下。

```
DECLARE <变量名称><数据类型> [DEFAULT <默认值>];
```

说明：

(1) DEFAULT 子句为变量指定默认值，如果不指定则默认为 NULL。

(2) 变量名称必须符合 MySQL 标识符的命名规则。例如：

```
DECLARE num int DEFAULT 0;        -- 定义整型变量 num,默认值为 0
DEFAULT name varchar(20);         -- 定义字符串变量 name,长度为 20
```

2）用户变量

用户变量是指用户自己定义的变量，其作用域比局部变量要广。用户变量可以在整个连接中使用，但是当前连接断开后，其所定义的用户变量就会消失。定义和初始化一个用户变量可以使用 SET 语句，其语法格式如下。

```
SET @<变量名 1>=<表达式 1>[,@<变量名 2>=<表达式 2>,…];
```

说明：

（1）用户变量以@开始，形式为"@变量名"，以便将用户变量和字段名予以区别。变量名必须符合 MySQL 标识符的命名规则，即变量可以由当前字符集的字母、数字、"."、"_"和$组成，默认字符集是 cp1252(Latin1)。

（2）<表达式>可以为整数、实数、字符串或者 NULL 值，例如：

```
SET @name="apple";
```

（3）在 MySQL 中，用户变量还可以通过以下方法进行定义并赋值。

```
SELECT @变量名[:=表达式]
```

例如：

```
SELECT @num;
SELECT @sum := a + b;
```

3）会话变量

会话变量是服务器为每个连接的客户端维护的一系列会话变量。会话变量的作用域仅限于当前连接，即连接断开后，会话变量便消失，每个连接的会话变量是独立的。

4）全局变量

当 MySQL 启动时，全局变量就被初始化，它们可以应用于每个打开的会话中，服务器会将所有全局变量初始化为默认值，可以通过命令行或选项文件中指定的选项更改这些默认值。

8.1.2 运算符与表达式的含义

1. 运算符

MySQL 支持 4 种类型的运算符：算术运算符、比较运算符、逻辑运算符及位运算符。

1）算术运算符

算术运算符是 MySQL 中最常用的一类运算符，用来执行算术运算。MySQL 支持 5

种算术运算符，即加(＋)、减(－)、乘(＊)、除(/)、求余(%)。

5种算术运算符的使用方法如表8.2所示。

表8.2 算术运算符

运 算 符	作 用	示 例
＋	加法运算，返回两操作数之和	5＋2，结果为7
－	减法运算，返回两操作数之差	8－5，结果为3
＊	乘法运算，返回两操作数之积	7＊2，结果为14
/(或DIV)	除法运算，返回两操作数之商	7/3，结果为2
%(或MOD)	求余运算，返回两操作数之余数	7/3，结果为1

注：在除法运算及求余运算中，如果除数为0，则非法，返回结果为NULL。

2) 比较运算符

比较运算符是查询数据时最常用的一类运算符，用于对两个表达式进行比较，如果比较结果为真，则返回1，否则返回0。比较运算符常应用于SELECT语句的WHERE子句或HAVING子句中。通过比较运算符，可以获取表中符合条件的数据记录。MySQL中常用的比较运算符有＝(等于)、＞(大于)、＜(小于)、＞＝(大于或等于)、＜＝(小于或等于)、!＝(不等于)、＜＞(不等于)、BETWEEN…AND(在两值之间)、NOT BETWEEN…AND(不在两值之间)、IN(在集合中)、NOT IN(不在集合中)、IS NULL(为空)、IS NOT NULL(不为空)。

3) 逻辑运算符

逻辑运算符用来判断表达式的真假，如果表达式为真，则结果返回1，否则返回0。MySQL中的逻辑运算符有AND(逻辑与)、OR(逻辑或)、NOT(逻辑非)、!(逻辑非)、XOR(逻辑异或)。

4) 位运算符

位运算符用于对两个表达式进行二进制位操作。在进行位运算时，会先将操作数变成二进制数，进行位运算，然后再将计算结果从二进制数转换为十进制数。MySQL中的位运算符有&(按位与)、|(按位或)、^(按位异或)、～(取反)、＞＞(右移)、＜＜(左移)。

5) 运算符的优先级

当一个复杂的表达式中含有多个运算符时，运算符的优先级决定了执行运算的先后次序。不同的执行次序会得到不同的运算结果。MySQL中的运算符优先级如表8.3所示。

表8.3 MySQL中的运算符优先级

优 先 级	运 算 符
1(最高)	!
2	－(负号)、～(按位取反)
3	^(按位异或)
4	＊、/(DIV)、%(MOD)

续表

<table>
<tr><th>优先级</th><th>运算符</th></tr>
<tr><td>5</td><td>+、-</td></tr>
<tr><td>6</td><td>>>、<<</td></tr>
<tr><td>7</td><td>&</td></tr>
<tr><td>8</td><td>|</td></tr>
<tr><td>9</td><td>=、<=>、>=、<=、>、<、<>、!=、IN、IS、LIKE</td></tr>
<tr><td>10</td><td>BETWEEN…AND、CASE、WHEN、THEN、ELSE</td></tr>
<tr><td>11</td><td>NOT</td></tr>
<tr><td>12</td><td>&&、AND</td></tr>
<tr><td>13</td><td>||、OR、XOR</td></tr>
<tr><td>14(最低)</td><td>:=</td></tr>
</table>

当一个表达式中的两个运算符有相同的优先级时,根据它们在表达式中的位置,一般而言,一元运算符按从右向左结合(即右结合性)的顺序运算,二元运算符按从左到右(即左结合性)的顺序运算。

2. 表达式

表达式是由操作数、运算符、列名、分组符合(括号)和函数构成的组合。MySQL 可以对表达式进行运算以获取结果,一般一个表达式可以得到一个值。与常量和变量一样,表达式的值同样具有数据类型。表达式的值的数据类型一般有数值类型、字符类型、日期时间类型。因此,根据表达式的值的类型,表达式可以分为数值型表达式、字符型表达式和日期时间型表达式。

根据表达式的形式不同,表达式还可以分为单一表达式和复合表达式。单一表达式是指一个单一的值,如常量、列名;复合表达式是由运算符将多个单一表达式连接而成的表达式,如 3*5、a+8、'2020-05-01'等。表达式一般用在 SELECT 语句及 SELECT 语句的 WHERE 子句中。

8.1.3 系统常用函数的功能

MySQL 提供了很多内置函数,可以快速解决开发中的一些业务需求,大概包括数值函数、字符串函数、日期时间函数、聚合函数等。以下列出了这些分类中常用的函数。

1. 常用字符串函数

(1) CHAR_LENGTH():用来返回字符串的长度,包括空格。例如:

```
SELECT CHAR_LENGTH();
```

(2) CONCAT(str1,…)：用来拼接串联字符串。例如：

```
SELECT CONCAT('My', 'S', 'ql');
```

(3) FORMAT(X, D)：用来格式化数字类型。例如：

```
SELECT FORMAT(3.1455,2) ;                          -- 四舍五入保留两位
SELECT TRUNCATE(3.1455,2);                         -- 直接截取两位
```

(4) TRIM(str)：用来清空字符串空格。

2. 数值函数

(1) FLOOR(X)：用来返回不大于 X 的最大整数值。例如：

```
SELECT FLOOR(1.23);                                --返回 1
SELECT FLOOR(-1.23);                               --返回-2
```

(2) MOD(N,M)：求模,返回 N 被 M 除后的余数。例如：

```
SELECT MOD(29,9);                                  --返回 2
SELECT 29 MOD 9;                                   --返回 2
```

(3) RAND()：返回一个随机浮点数,范围在 0～1。例如：

```
SELECT RAND();                                      --返回一个 0~1 的随机小数
```

3. 日期时间函数

(1) DATE_ADD(date,INTERVAL expr type)：对指定日期按照指定类型进行运算。例如：

```
SELECT DATE_ADD('2019-12-29', INTERVAL 3 DAY);  --返回 2020-01-01
```

(2) CURDATE()：将当前日期按照'YYYY-MM-DD'或 YYYYMMDD 格式的值返回,具体格式根据函数用在字符串或是数字语境中确定。例如：

```
SELECT CURDATE();                                --返回'2019-12-29'
```

(3)DATE_FORMAT(date,format)：将 date 值转换为 format 指定的格式。

4. 聚合函数

(1) AVG([distinct] expr)：求平均值。
(2) COUNT({ * |[distinct] } expr)：统计行的数量。
(3) MAX([distinct] expr)：求最大值。

（4）MIN([distinct] expr)：求最小值。

（5）SUM([distinct] expr)：求累加和。

8.1.4 流程控制语句的使用

1. BEGIN…END 语句

MySQL 中使用 BEGIN…END 语句用于将多条 SQL 语句组成一个语句块，相当于一个整体，从而达到一起执行的目的。BEGIN…END 语句的语法格式如下。

```
BEGIN
    语句 1;
    语句 2;
    …
END;
```

MySQL 中允许嵌套使用 BEGIN…END 语句。

2. IF…THEN…ELSE…语句

IF…THEN…ELSE…语句用于进行条件判断，从而实现程序的选择结构。根据是否满足条件，将执行不同的语句。IF…THEN…ELSE…语句的语法格式如下。

```
IF <条件>  THEN
    <语句块 1>;
[ELSE
    <语句块 2>;]
END IF;
```

3. CASE 语句

CASE 语句是条件判断语句的一种，用于计算列表并返回多个可能结果表达式中的一个，从而可以实现程序的多分支结构。虽然使用 IF…THEN…ELSE…语句也可以实现多分支结构，但是程序的可读性不如 CASE 语句强。MySQL 中 CASE 语句的常用格式如下。

```
CASE <测试表达式>
    WHEN <表达式 1> THEN <SQL 语句 1>
    WHEN <表达式 2> THEN <SQL 语句 2>
    …
    WHEN <表达式 n> THEN <SQL 语句 n>
    [ELSE <SQL 语句 n+1>]
END CASE;
```

4. WHILE 语句

WHILE 语句用于实现循环结构，当满足循环条件时执行循环体内的语句。WHILE 语句的语法格式如下。

```
WHILE <条件>  DO
    <语句块>
END WHILE;
```

WHILE 语句的执行过程：首先判断 WHILE 语句中的条件是否成立，如果成立则条件为 TRUE，执行语句块；然后再判断条件，若条件为 TRUE 则继续执行循环，若条件为 FALSE 则结束循环。

5. LOOP 语句

LOOP 语句用于实现循环结构，但是 LOOP 语句自身没有停止循环的机制，只有在碰到 LEAVE 语句时才能停止循环。LOOP 语句的语法格式如下。

```
LOOP
    <语句块>
END LOOP;
```

LOOP 循环语句允许语句块执行多次，实现简单的循环。在循环体内的语句一直重复执行直到循环被强迫停止。终止时一般使用 LEAVE 语句。

6. LEAVE 语句

LEAVE 语句通常用于循环结构中，用于跳出循环。其语法格式如下。

```
LEAVE <标签>;
```

使用 LEAVE 语句可以退出被标注的循环语句，标签是自定义的。

7. ITERATE 语句

ITERATE 语句用于跳出本次循环，随后直接进入下一次循环。其语法格式如下。

```
ITERATE <标签>;
```

ITERATE 语句和 LEAVE 语句都用来跳出循环语句，但是两者的功能不同。LEAVE 语句用于跳出整个循环，然后执行循环结构后面的语句；ITERATE 语句用于跳出本次循环，然后进入下一次循环。

8.1.5 游标的概念及应用

MySQL 中的游标起到了指针的作用，用于对查询结果集进行遍历，以便处理结果集中的数据。实际上,游标是一种能从包括多条数据记录的结果集中每次提取一条记录的机制。

1. 声明游标

声明游标的语法格式如下。

```
DECLARE <游标名> CURSOR FOR <SELECT 语句>;
```

说明:游标名必须符合 MySQL 中标识符的命名规范,SELECT 语句可以返回一行或多行数据记录。

2. 打开游标

打开游标的语法格式如下。

```
OPEN <游标名>;
```

说明:这里的游标名必须是已经声明过的。

3. 读取游标

读取游标的语法格式如下。

```
FETCH <游标名> INTO 变量名 1[, 变量名 2]…;
```

说明:利用已打开的游标读取一行数据并赋给对应的变量,然后游标指针下移,指向结果集的下一行。

4. 关闭游标

关闭游标的语法格式如下。

```
CLOSE <游标名>;
```

说明:关闭一个已经打开的游标。

任务 8.2　创建与使用存储过程

任务说明:数据库开发过程中,经常会遇到同一个功能模块多次调用的情况,如果每次都编写代码会浪费大量时间。为了避免这类问题,MySQL 从 5.0 版本开始就引入了存储过程。存储过程可以提高代码的可重用性,提高数据库开发人员的工作效率。

存储过程概述

8.2.1　存储过程概述

存储过程是一组为了完成特定功能的 SQL 语句块,经编译后存储在数据库中,用户通过指定存储过程的名称并给定参数(如果该存储过程带有参数)来调用并执行它。存储过程可以重复使用,从而大大减少数据库开发人员的工作量。

存储过程主要有以下优点。

(1) 效率高。存储过程是预编译的,存储在数据库服务器端,可以直接调用,从而提高了 SQL 语句的执行效率。

(2) 灵活性。存储过程使用结构化语句编写,可以完成较复杂的运算和判断。

(3) 可重用性。存储过程创建后,可以被多次调用,而不必重新编写该存储过程。

(4) 安全性。存储过程可以作为一种安全机制来充分利用。系统管理员通过对某一存储过程执行权限的限制,能够实现对相应数据访问权限的限制,从而避免非授权用户对数据的访问,保证数据的安全。

(5) 减少网络流量。在客户机上调用存储过程时,网络中传送的只是该调用语句,而不是全部代码,从而降低了网络负载。

8.2.2 创建存储过程

1. DELIMITER 命令

MySQL 中默认以“;”作为分隔符,如果没有声明分隔符,则编译器遇见“;”即认为语句结束。DELIMITER 命令用来修改 MySQL 中的分隔符,避免与 SQL 语句的默认结束符“;”相冲突,其语法格式如下。

```
DELIMITER <自定义结束符>
```

例如:

```
DELIMITER $$        --表示用$$作为 MySQL 语句的结束符
DELIMITER ;         --表示恢复使用 MySQL 语句的默认结束符“;”
```

2. 创建存储过程

MySQL 中创建存储过程的语法格式如下。

```
CREATE PROCEDURE 存储过程名(参数列表)
BEGIN
    <存储过程体>
END
```

说明:

(1) 当存储过程不需要参数时,参数列表为空,即存储过程名后面为一对空括号。

(2) 当存储过程需要参数时,参数列表的格式如下。

```
[IN]|OUT|INOUT 参数名数据类型[,[IN]|OUT|INOUT 参数名数据类型…]
```

存储过程根据需要可能会有 3 种类型的参数：输入参数（IN）、输出参数（OUT）、输入输出参数（INOUT），当存储过程中需要多个参数时，参数之间用半角逗号分隔开。

IN 参数：IN 参数的值必须在调用存储过程时指定，在存储过程执行过程中该参数的值不会改变。IN 可以省略，即默认状态下参数为输入参数。

OUT 参数：OUT 参数的值在存储过程中可以改变，并可以返回。

INOUT 参数：INOUT 参数既作为输入参数，又作为输出参数，该参数的值在调用时指定，在存储过程执行过程中可以改变并返回。

（3）存储过程体放在 BEGIN…END 中。

创建不带参数的存储过程

【例 8.1】 创建存储过程 proc_801，其功能是显示考试成绩大于或等于 90 分的学生的学号、姓名、课程名称及分数。

创建存储过程 proc_801 的语句如下。

```
DELIMITER $$
CREATE PROCEDURE proc_801()
BEGIN
    SELECT s.stu_no, s.stu_name, c.cou_name, g.gra_score
    FROM student s, course c, grade g
    WHERE s.stu_no = g.gra_stuid AND c.cou_no = g.gra_couno AND g.gra_
score>= 90;
END$$
DELIMITER ;
```

输入完成后，执行查询，即可完成创建。

创建带输入参数的存储过程

【例 8.2】 创建存储过程 proc_802，其功能是通过输入学生的学号，显示该学生的学号、姓名、所在系部及联系电话。

创建存储过程 proc_802 的语句如下。

```
DELIMITER $$
CREATE PROCEDURE proc_802(IN in_stu_no CHAR(12))
BEGIN
    SELECT stu_no, stu_name,stu_speciality, stu_telephone
    FROM student
    WHERE stu_no = in_stu_no;
END$$
DELIMITER ;
```

输入完成后，执行查询，即可成功创建存储过程 proc_802。

创建带输入输出参数的存储过程

【例 8.3】 创建存储过程 proc_803，其功能是通过输入学生的学号，输出其所学专业。

创建存储过程 proc_803 的语句如下。

```
DELIMITER $$
CREATE PROCEDURE proc_803(IN in_stu_no CHAR(12), OUT stu_spec VARCHAR(40))
```

```
BEGIN
    SELECT stu_speciality INTO stu_spec
    FROM student
    WHERE stu_no = in_stu_no;
END$$
DELIMITER;
```

输入完成后,执行查询,即可成功创建存储过程 proc_803。

【例 8.4】 创建存储过程 proc_804,其功能是利用游标逐行浏览 student 数据表中的学号、姓名、性别、政治面貌信息。

创建存储过程 proc_804 的语句如下。

```
DELIMITER $$
CREATE PROCEDURE proc_804()
BEGIN
    DECLARE stu_no CHAR(12);
    DECLARE stu_name CHAR(20);
    DECLARE stu_sex CHAR(2);
    DECLARE stu_politicalstatus VARCHAR(20);
    DECLARE FOUND BOOLEAN DEFAULT TRUE;   -- 初始化游标循环变量
    DECLARE stu_cursor CURSOR FOR
    SELECT stu_no,stu_name,stu_sex,stu_politicalstatus FROM student;
    DECLARE CONTINUE HANDLER FOR NOT FOUND
SET FOUND=FALSE;                    -- 若无数据返回,程序继续,并将变量 FOUND 设为 FALSE
    OPEN stu_cursor;
    FETCH stu_cursor
INTO stu_no,stu_name,stu_sex,stu_politicalstatus;
    WHILE FOUND DO
        SELECT stu_no,stu_name,stu_sex,stu_politicalstatus;
        FETCH stu_cursor
INTO stu_no,stu_name,stu_sex,stu_politicalstatus;
    END WHILE;
    CLOSE stu_cursor;
END$$
DELIMITER;
```

8.2.3 调用存储过程

调用存储过程

存储过程创建完成后,可以在程序、触发器或其他的存储过程中被调用,调用存储过程的语法格式如下。

```
CALL 存储过程名([实参列表]);
```

说明：如果在定义存储过程时没有使用参数，那么在调用该存储过程时，实参列表为空，即直接使用“CALL 存储过程名();”，如果定义存储过程时使用了参数，那么在调用该存储过程时，必须使用参数，即实参列表不能为空，而且实参列表中的参数个数和顺序必须同形参列表一一对应。

【例 8.5】 调用存储过程 proc_801。

输入下面语句调用存储过程：

```
CALL proc_801();
```

执行上述调用存储过程的语句，显示结果如图 8.2 所示。

stu_no	stu_name	cou_name	gra_score
201901010001	张晓辉	JAVA语言程序设计	90
201903020001	王丽莉	PHOTOSHOP技术应用	91

图 8.2　调用存储过程 proc_801 的结果

【例 8.6】 调用存储过程 proc_802，查询学号为 201803010001 的学生的学号、姓名、所在系部及联系电话。

输入下面语句调用存储过程：

```
CALL proc_802('201803010001');
```

执行上述调用存储过程的语句，显示结果如图 8.3 所示。

stu_no	stu_name	stu_speciality	stu_telephone
201803010001	靳锦东	数字艺术	15638763904

图 8.3　调用存储过程 proc_802 的结果

【例 8.7】 调用存储过程 proc_803，查询学号为 201803010001 的学生的所在院系，并将所在院系输出。

输入下面语句调用存储过程：

```
CALL proc_803('201803010001', @spec);
SELECT '201803010001',@spec;
```

执行上述调用存储过程的语句，显示结果如图 8.4 所示。

201803010001	@spec
201803010001	数字艺术

图 8.4　调用存储过程 proc_803 的结果

8.2.4 查看、修改与删除存储过程

1. 查看存储过程

查看存储过程的语法格式如下。

查看存储过程

```
SHOW PROCEDURE STATUS [LIKE <存储过程模糊名>];
```

【例 8.8】 查看电子学校系统数据库中的存储过程信息。

```
SHOW PROCEDURE STATUS;
```

执行上述语句,可以看到电子学校系统数据库中存储过程信息如图 8.5 所示。

Db	Name	Type	Definer	Modified	Created	Security_type	Comment	character_set_client	collation_connection	Database Collation
eleccollege	proc_801	PROCEDURE	root@localhost	2020-06-01 14:28:29	2020-06-01 14:28:29	DEFINER	0B	utf8	utf8_general_ci	utf8_general_ci
eleccollege	proc_802	PROCEDURE	root@localhost	2020-06-01 15:05:26	2020-06-01 15:05:26	DEFINER	0B	utf8	utf8_general_ci	utf8_general_ci
eleccollege	proc_803	PROCEDURE	root@localhost	2020-06-02 11:09:34	2020-06-02 11:09:34	DEFINER	0B	utf8	utf8_general_ci	utf8_general_ci
shop	proc601	PROCEDURE	root@localhost	2020-05-20 14:22:23	2020-05-20 14:22:23	DEFINER	0B	utf8	utf8_general_ci	utf8_general_ci
shop	proc602	PROCEDURE	root@localhost	2020-05-27 23:12:24	2020-05-20 14:19:48	INVOKER	0B	utf8	utf8_general_ci	utf8_general_ci
shop	proc603	PROCEDURE	root@localhost	2020-05-21 14:33:45	2020-05-21 14:33:45	DEFINER	0B	utf8	utf8_general_ci	utf8_general_ci
shop	proc605	PROCEDURE	root@localhost	2020-05-21 15:11:33	2020-05-21 15:11:33	DEFINER	0B	utf8	utf8_general_ci	utf8_general_ci
shop	proc609	PROCEDURE	root@localhost	2020-05-22 08:44:19	2020-05-22 08:44:19	DEFINER	0B	utf8	utf8_general_ci	utf8_general_ci
shop	proc613	PROCEDURE	root@localhost	2020-05-22 09:01:08	2020-05-22 09:01:08	DEFINER	0B	utf8	utf8_general_ci	utf8_general_ci
shop	proc615	PROCEDURE	root@localhost	2020-05-22 09:32:41	2020-05-22 09:32:41	DEFINER	0B	utf8	utf8_general_ci	utf8_general_ci
shop	proc623	PROCEDURE	root@localhost	2020-05-22 10:43:31	2020-05-22 10:43:31	DEFINER	0B	utf8	utf8_general_ci	utf8_general_ci
shop	proc625	PROCEDURE	root@localhost	2020-05-22 10:55:10	2020-05-22 10:55:10	DEFINER	0B	utf8	utf8_general_ci	utf8_general_ci

SHOW PROCEDURE STATUS

图 8.5 电子学校系统数据库中的存储过程信息图

【例 8.9】 查看电子学校系统数据库中名为 proc_801 的存储过程的信息。

```
SHOW PROCEDURE STATUS LIKE 'proc_801';
```

执行上述语句,结果如图 8.6 所示。

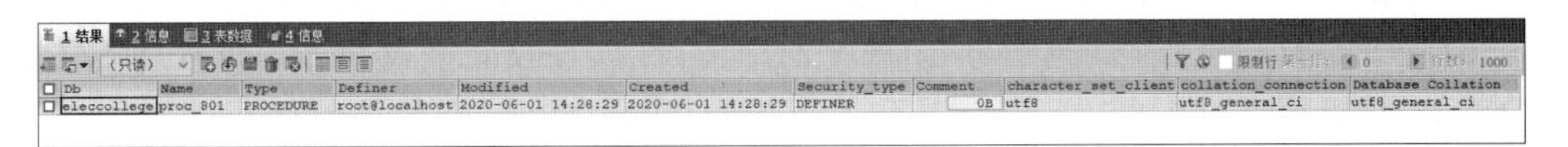

Db	Name	Type	Definer	Modified	Created	Security_type	Comment	character_set_client	collation_connection	Database Collation
eleccollege	proc_801	PROCEDURE	root@localhost	2020-06-01 14:28:29	2020-06-01 14:28:29	DEFINER	0B	utf8	utf8_general_ci	utf8_general_ci

图 8.6 proc_801 的存储过程的信息

MySQL 中存储过程的信息存储在 information_schema 数据库下的 routines 表中,可以通过查询该数据表中的数据记录来查看相应存储过程的信息,其基本的语法格式如下。

```
SELECT * FROM information_schema.ROUTINES
WHERE ROUTINE_NAME = <存储过程名>;
```

其中,ROUTINE_NAME 字段中存储的是存储过程的名字。使用 SELECT 语句查询 routines 表中存储过程和函数的定义时,一定要使用 ROUTINE_NAME 字段指定存储过程的名称;否则,将查询出所有的存储过程的信息。

【例 8.10】 查看电子学校系统数据库中名为 proc_802 的存储过程的信息。

```
SELECT * FROM information_schema.ROUTINES WHERE ROUTINE_NAME = 'proc_802';
```

执行上述语句,结果如图 8.7 所示。

specific_name	sql_data_access	security_type
proc_802	MODIFIES SQL DATA	INVOKER

图 8.7 proc_802 的存储过程信息

修改和删除存储过程

2. 修改存储过程

在实际开发过程中,会时常出现修改业务需求的情况,因此,就要求修改存储过程的特性。在 MySQL 中,通过 ALTER 语句可以修改存储过程的特性。修改存储过程的语法格式如下。

```
ALTER PROCEDURE <存储过程名> [CHARACTERISTIC…]
```

其中,CHARACTERISTIC 表示要修改的存储过程的哪个部分。通常,CHARACTERISTIC 的取值如下。

(1) CONTAINS SQL,表示子程序包含 SQL 语句,但是不包含读或写数据的语句。

(2) NO SQL,表示子程序中不包含 SQL 语句。

(3) READS SQL DATA,表示子程序中包含读数据的语句。

(4) MODIFIES SQL DATA,表示子程序中包含写数据的语句。

(5) SQL SECURITY {DEFINER | INVOKER},指明谁有权限来执行,其中,DEFINER 表示只有定义者自己才能够执行,INVOKER 表示调用者可以执行。

【例 8.11】 修改存储过程 proc_802 的定义,将读写权限修改为 MODIFIES SQL DATA,并指明调用者可以执行。

```
ALTER PROCEDURE proc_802
MODIFIES SQL DATA
SQL SECURITY INVOKER;
```

执行上述语句,即可完成对存储过程 proc_802 的修改。

【例 8.12】 查看存储过程 proc_802 修改后的信息。

```
SELECT specific_name,sql_data_access, security_type
FROM information_schema.ROUTINES
WHERE ROUTINE_NAME = 'proc_802';
```

执行上述语句,可以查看存储过程 proc_802 修改后的信息,如图 8.8 所示。

SPECIFIC_NAME	ROUTINE_CATALOG	ROUTINE_...	ROUTINE_NAME	ROUTINE_TYPE	DATA_TYPE	CHARACTER_MAXIMUM_LENGTH	CHARACTER_OCTET_LENGTH	NUMERIC_PRECISION	NUMERIC_SCALE
proc_802	def	eleccollege	proc_802	PROCEDURE		(NULL)	(NULL)	(NULL)	(NULL)

图 8.8 proc_802 的存储过程信息

目前,MySQL 还不支持对已有的存储过程的代码进行修改。如果一定要修改存储过程的代码,那么必须先将当前存储过程删除,重新编写代码,创建一个新的存储过程。

3. 删除存储过程

删除存储过程可以使用 DROP 语句,其语法格式如下。

```
DROP PROCEDURE [IF EXISTS]存储过程 1[,存储过程 2… ] ;
```

表示删除一个或多个存储过程。其中,IF EXISTS 的作用在于如果不存在该存储过程,可以避免发生错误,产生一个警告,该警告可以使用 SHOW WARNINGS 进行查询。

【例 8.13】 删除存储过程 proc_802。

```
DROP PROCEDURE proc_802;
```

执行上述语句,结果如图 8.9 所示。

```
1 queries executed, 1 success, 0 errors, 0 warnings

查询: DROP PROCEDURE proc_802

共 0 行受到影响

执行耗时     : 0.077 sec
传送时间     : 1.007 sec
总耗时       : 1.084 sec
```

图 8.9 删除存储过程 proc_802 的结果信息

任务 8.3 创建与调用自定义函数

任务说明:在使用 MySQL 的过程中,有时候 MySQL 自带的函数满足不了项目的业务需求,这时候就需要自定义函数。

8.3.1 自定义函数概述

创建自定义函数

自定义函数是一种与存储过程十分相似的过程化数据库对象,与存储过程一样,都是使用 SQL 语句和过程化语句组成的代码片段,并且可以被应用程序和其他 SQL 语句调用。

自定义函数和存储过程都是持久性存储模块,但两者间有如下区别。

(1) 自定义函数不能有输出参数,因为自定义函数本身就是输出参数,而存储过程可以有输出参数。

（2）自定义函数只会返回一个值，不允许返回一个结果集，而存储过程返回的是一个结果集。

（3）自定义函数可以直接被调用执行而不需要使用 CALL 语句，而存储过程在调用时必须使用 CALL 语句。

8.3.2 创建自定义函数

创建自定义函数的语法格式如下。

```
CREATE FUNCTION <函数名>([参数列表]) RETURNS 数据类型
BEGIN
    函数体;
END
```

说明：

（1）函数名指自定义函数的名称，且函数名在当前数据库中必须是唯一的。

（2）当函数不需要输入参数时，参数列表为空，即函数名后面为一对空括号。

（3）当函数需要输入参数时，参数列表的格式如下。

```
参数名数据类型[, 参数名数据类型…]
```

函数中的参数都是输入参数，只有名称和数据类型，不能指定关键字 IN、OUT、INOUT。

（4）RETURNS 类型：用来声明自定义函数返回值的数据类型，其中类型用来指定返回值的数据类型。

（5）函数体：自定义函数的主体部分，所有在存储过程中可以使用的 SQL 语句在自定义函数中同样适用，包括局部变量、SET 语句、流程控制语句、游标等。

（6）RETURN 值：自定义函数的函数体中必须包含一个“RETURN 值”语句，其中值用于指定自定义函数的返回值。

【例 8.14】 创建不带参数的自定义函数 selSnameById，其功能是返回学号为 201901010001 的学生姓名。

自定义函数 selSnameById 的代码如下。

```
DELIMITER $$
CREATE FUNCTION selSnameById()
RETURNS CHAR(20)
BEGIN
    RETURN
    (SELECT stu_name FROM student WHERE stu_no = '201901010001');
END$$
DELIMITER ;
```

执行上述语句,可以成功创建 selSnameById 函数。

【例 8.15】 创建带参数的自定义函数 selSnameById2,其功能是根据输入的学号返回学生姓名。

自定义函数 selSnameById2 的代码如下。

```
DELIMITER $$
CREATE FUNCTION selSnameById2(stuno CHAR(12))
RETURNS CHAR(20)
BEGIN
    RETURN
    (SELECT stu_name FROM student WHERE stu_no = stuno);
END$$
DELIMITER ;
```

执行上述语句,即可成功创建 selSnameById2 函数。

8.3.3 调用自定义函数

调用自定义函数

成功创建完自定义函数后,就可以像调用系统内置函数一样,使用关键字 SELECT 调用自定义函数。调用自定义函数的语法格式如下。

```
SELECT <自定义函数名> ([<参数> [,…]])
```

说明:如果在创建自定义函数时参数列表为空,那么在调用该函数时,实参列表为空,即直接使用 SELECT <自定义函数名> ();如果定义函数时使用了参数,那么在调用该函数时,必须使用参数,即实参列表不能为空,而且实参列表中的参数个数和顺序必须同形参列表一一对应。

【例 8.16】 调用自定义函数 selSnameById。

调用语句如下。

```
SELECT selSnameById();
```

执行上述语句,结果如图 8.10 所示。

图 8.10 调用自定义函数 selSnameById 的结果信息

【例 8.17】 调用自定义函数 selSnameById2,查询学号为 201901010001 的学生姓名。

调用语句如下。

```
SELECT selSnameById2('201901010001');
```

执行上述语句,结果如图 8.11 所示。

图 8.11　调用自定义函数 selSnameById2 的结果

查看、修改与删除自定义函数

8.3.4　查看、修改与删除自定义函数

1. 查看自定义函数

查看数据库中某个自定义函数的创建语句的语法格式如下。

```
SHOWCREATE FUNCTION <自定义函数名>;
```

【例 8.18】　查看自定义函数 selSnameById 的创建语句。

```
SHOW CREATE FUNCTION selSnameById;
```

执行上述语句,可以看到自定义函数 selSnameById 的信息如图 8.12 所示。

图 8.12　自定义函数 selSnameById 的信息

2. 修改自定义函数

可以使用 ALTER FUNCTION 语句来修改自定义函数的某些相关特征。修改自定义函数的语法格式如下。

```
ALTER FUNCTION <函数名>([参数列表])
RETURNS 数据类型
BEGIN
    函数体;
END
```

修改自定义函数语句中的参数和创建自定义函数中的参数用法相同。若要修改自定义函数的内容,则需要先删除该自定义函数,然后重新创建。

3. 删除自定义函数

当自定义函数不再需要或要修改自定义函数的内容时，需要删除自定义函数。删除自定义函数的语法格式如下。

```
DROP FUNCTION <函数名>;
```

【例 8.19】 删除自定义函数 selSnameById。

```
DROP FUNCTION selSnameById;
```

任务 8.4 创建和使用触发器

任务说明：触发器是与表有关的数据库对象，在满足定义条件时触发，并执行触发器中定义的语句集合。触发器的这种特性可以协助应用在数据库端确保数据的完整性。

8.4.1 触发器概述

触发器是一种特殊的存储过程，是提供给程序员和数据分析员来保证数据完整性的一种方法，用来监视某种情况，并触发某一种操作，是与表事件相关的特殊的存储过程。

一般的存储过程需要通过 CALL 命令调用，而触发器不同，它的执行不是由程序调用，也不需要手动启动，而是由数据库中的特定事件触发，一般在对数据表进行插入(INSERT)、修改(UPDATE)、删除(DELETE)数据时会触发执行，从而实现数据的自动维护。

数据库中创建触发器有以下作用。

(1) 安全性。触发器可以使用户具有操作数据库的特定权利。例如，修改 student 表中学生的专业信息时，可以通过触发器实现对 studentbrief 表中学生的专业信息的更新，而不需要将 studentbrief 表中的数据展现在用户面前。

(2) 实现复杂的数据完整性。触发器可实现比约束更复杂的限制。

(3) 实现复杂的非标准数据库相关完整性。触发器可以对数据库中相关的表进行级联更新。例如，修改 student 表中学生的专业信息时，可以通过触发器实现对 studentbrief 表中学生的专业信息的级联更新。

8.4.2 NEW 和 OLD 关键字的功能

MySQL 的触发器动作中可以使用 NEW 和 OLD 两个关键字，用来表示触发器所在表中，触发了触发器的那一行数据。

(1) 当插入数据时，在触发动作中可以使用 NEW 关键字表示新记录，当需要访问新记录的某个字段值时，可以使用“NEW.字段名”的方式访问。

（2）当删除数据时，在触发动作中可以使用 OLD 关键字表示旧记录，当需要访问旧记录的某个字段值时，可以使用“OLD.字段名”的方式访问。

（3）当更新数据时，在触发程序中可以使用 OLD 关键字表示更新前的旧记录，使用 NEW 关键字表示更新后的新记录。

创建触发器

8.4.3 创建触发器

创建触发器使用 CREATE TRIGGER 语句，其语法格式如下。

```
CREATE TRIGGER 触发器名 触发时刻 触发事件 ON 表名
FOR EACH ROW
触发器动作;
```

说明：

（1）触发程序。触发程序是与数据表有关的数据库对象，当表上出现特定事件时，将激活该对象。

（2）触发器名。触发器名在当前数据库中必须具有唯一性。如果在某个特定的数据库中创建，在触发器名前加上数据库的名字。

（3）触发时刻。触发时刻有两个选择：BEFORE 和 AFTER，以表示触发器在激活它的语句之前触发或之后触发。

（4）触发事件。触发事件是指激活触发器执行的语句类型，可以是 INSERT、UPDATE、DELETE。INSERT 表示插入数据时触发程序，UPDATE 表示更新数据时触发程序，DELETE 表示从表中删除数据时触发程序。

（5）表名。与触发器相关的数据表的名称，在该数据表上发送触发事件时激活触发器。

（6）FOR EACH ROW。行级触发器，指受触发事件每影响一行都会执行一次触发程序。

（7）触发器动作。触发器激活时将要执行的语句，如果要执行多条语句，可以使用 BEGIN…END 语句块。

【例 8.20】 创建触发器 trig_801，当向“学生表”插入 1 条记录时，将用户变量 strIn 的值设置为“已插入一条学生记录”。

创建触发器 trig_801 的语句如下。

```
DELIMITER $$
CREATE TRIGGER trig_801 AFTER INSERT ON student FOR EACH ROW
BEGIN
    SET  @strIn= "已插入一条学生记录";
END$$
DELIMITER ;
```

执行上述语句，可以成功创建触发器 trig_801。

注意：在 MySQL 触发器中不能直接在客户端界面返回结果，所以在触发器动作中不能使用 SELECT 语句。对于具有相同触发程序动作时间和事件的给定表，不能有两个触发程序。例如，在一个数据表中，不能有两个 AFTER UPDATE 触发程序，但可以有一个 AFTER UPDATE 触发程序和一个 BEFORE UPDATE 触发程序，或者一个 AFTER UPDATE 触发程序和一个 AFTER INSERT 触发程序。因此，在一个数据表上最多可以创建 6 个触发器。

【例 8.21】 创建触发器 trig_802，如果要删除 student 表中的一条学生信息，需要先删除 studentbrief 表中对应的该学生的信息。

创建触发器 trig_802 的语句如下。

```
DELIMITER $$
CREATE TRIGGER trig_802 BEFORE DELETE ON student FOR EACH ROW
BEGIN
  DELETE FROM studentbrief WHERE stu_no=OLD.stu_no;
END$$
DELIMITER ;
```

【例 8.22】 创建触发器 trig_803，当在 student 表中插入一条学生记录时，对应 studentbrief 数据表中的信息也同步添加。

```
DELIMITER $$
CREATE TRIGGER trig_803 AFTER INSERT ON student FOR EACH ROW
BEGIN
  INSERT INTO studentbrief VALUES (new. stu _ no, new. stu _ name, new. stu _
politicalstatus, new.stu_speciality);
END$$
DELIMITER ;
```

8.4.4 查看与删除触发器

查看与删除触发器

1. 查看触发器

对于已创建的触发器，可以通过语句查看触发器的信息。查看触发器可以使用 SHOW TRIGGERS 语句和 SELECT 语句两种方法。

1）利用 SHOW TRIGGERS 语句查询

```
SHOW TRIGGERS [FROM 数据库名];
```

【例 8.23】 查看全部触发器。

```
SHOW TRIGGERS;
```

可以查看全部触发器，执行结果如图 8.13 所示。

TRIGGER_CATALOG	TRIGGER_SCHEMA	TRIGGER_NAME	EVENT_MANIPULATION	EVENT_OBJECT_CATALOG	EVENT_OBJECT_SCHEMA	EVENT_OBJECT_TABLE	ACTION_ORDER	ACTION_CONDITION		ACTION_S
def	eleccollege	trig_801	INSERT	def	eleccollege	student	0	(NULL)	0K	BEGIN S

图 8.13　全部触发器信息

【例 8.24】 查看电子学校系统数据库中的触发器。

```
SHOW TRIGGERS FROM eleccollege;
```

执行结果如图 8.14 所示。

TRIGGER_CATALOG	TRIGGER_SCHEMA	TRIGGER_NAME	EVENT_MANIPULATION	EVENT_OBJECT_CATALOG	EVENT_OBJECT_SCHEMA	EVENT_OBJECT_TABLE	ACTION_ORDER	ACTION_CONDITION		ACTION_S
def	eleccollege	trig_801	INSERT	def	eleccollege	student	0	(NULL)	0K	BEGIN S

图 8.14　电子学校系统数据库中的触发器信息

2）利用 SELECT 语句查询

```
SELECT * FROM information_schema.Triggers
WHERE Trigger_Name = <触发器名>;
```

MySQL 中,触发器信息存储在 information_schema 数据库的 Triggers 表中,因此可以从该表中查看触发器的详细信息。

【例 8.25】 查看电子学校系统数据库中的触发器。

```
SELECT * FROM information_schema.Triggers
WHERE Trigger_Name = 'trig_801';
```

执行结果如图 8.15 所示。

Trigger	Event	Table	Statement		Timing	Created	sql_mode	Definer	character_set_client	collation_connection	Database Collati
trig_801	INSERT	student	BEGIN SET @strIn= "已插入一条员工...	56B	AFTER	(NULL)		root@localhost	utf8	utf8_general_ci	utf8_general_ci

图 8.15　电子学校系统数据库中的触发器信息

2. 删除触发器

删除触发器使用 DROP TRIGGER 语句,其语法格式如下。

```
DROP TRIGGER [IF EXISTS] [数据库名.]触发器名;
```

其中,IF EXISTS 用于判断该触发器如果存在,那么执行此删除语句。

【例 8.26】 删除触发器 trig_801。

```
DROP TRIGGER trig_801;
```

执行上述语句,可以成功删除触发器 trig_801。

任务 8.5 建立与使用事务

任务说明：事务处理机制在程序开发过程中有着非常重要的作用，它可以使整个系统更加安全。例如在银行处理转账业务时，如果 A 账户中的金额刚被发出，而 B 账户还没来得及接收就发生停电，这会给银行和个人带来很大的经济损失。采用事务处理机制，一旦在转账过程中发生意外，则程序将回滚，不做任何处理。

8.5.1 事务的概念与特性

在 MySQL 中，事务(Transaction)是一个最小的不可分割的工作单元，主要用于处理操作量大、复杂度高的数据。通常一个事务对应一个完整的业务，例如，银行账户转账业务，该业务就是一个最小的工作单元。

通常，简单的业务逻辑或中小型程序不需要使用事务。但是对于复杂的情况，如果需要多项业务并行执行，就必须保证命令执行的同步性，即事务处理可以用来维护数据库的完整性，保证成批有关联的 SQL 语句要么全部执行成功，要么全部返回初始状态。

一般，事务必须满足原子性(Atomicity)、一致性(Consistency)、隔离性(Isolation)、持久性(Durability)4 个条件。

(1) 原子性。事务是最小的工作单元，不可再分。一个事务中的所有操作，要么全部执行，要么全部不执行。

(2) 一致性。在事务开始之前和事务结束以后，数据库的完整性没有被破坏。事务的操纵应该使数据库从一个一致状态转变到另一个一致状态。

(3) 隔离性。当多个事务并发执行时，就像各个事务独立执行一样，避免由于交叉执行而导致数据的不一致。

(4) 持久性。事务成功执行后，对数据库的修改是永久的。即使系统出现故障也不受影响。

8.5.2 事务机制操作流程和提交模式

1. 事务机制操作流程

事务的操作分为 4 个阶段。

(1) 开始事务。其语法格式如下。

```
START TRANSACTION;
```

用来显式地启动一个事务。

(2) 提交事务。其语法格式如下。

```
COMMIT;
```

用来提交事务,将事务对数据所做的修改进行保存。

(3) 设置保存点。其语法格式如下。

```
SAVEPOINT <保存点名称>;
```

用来在事务内设置保存点。

(4) 撤销事务。其语法格式如下。

```
ROLLBACK;
```

或

```
ROLLBACK TO SAVEPOINT <保存点名称>;
```

撤销事务又称为事务回滚。事务执行后,如果执行的 SQL 语句导致业务逻辑不符或数据库操作错误,可以使用 ROLLBACK 语句撤销事务中所有的执行语句。ROLLBACK TO SAVEPOINT 语句会撤销事务中保存点之后的执行语句,也就是说,数据库会恢复到保存点时的状态。

2. 事务提交模式

MySQL 中的事务处理有以下两种方法。

(1) 用 START、ROLLBACK、COMMIT 来实现。其中,START 也可以用 BEGIN 代替。

(2) 直接用 SET 语句来改变 MySQL 的自动提交模式。

MySQL 中,默认情况下事务是自动提交的,即每提交一个请求,事务就直接执行。通过语句可以改变事务的提交模式,实现事务的处理。

SET ANTOCOMMIT =0 禁止自动提交。

SET ANTOCOMMIT =1 开启自动提交。

8.5.3 并发操作的问题与事务隔离级别

1. 并发操作的问题

当多个用户同时对数据进行更新操作时,很可能就会产生并发问题。

(1) 脏读。一个事务读到了另一个事务尚未提交的数据。例如,事务 A 读取了事务 B 更新的数据,然后 B 回滚操作,那么事务 A 读取到的数据即是脏数据。

(2) 不可重复读。同一个事务中多次读取数据发生改变,这种改变是由另一个事务修改了对应记录引起的。例如,事务 A 多次读取同一数据,事务 B 在事务 A 多次读取的过程中,对数据进行了更新并提交,导致事务 A 多次读取同一数据时,结果不一致。

(3) 幻读。在同一事务中,同一查询多次进行时,由于其他更新操作的事务提交,导致每次返回不同的结果集(查询到的数据增多或减少)。例如,管理员 A 将数据库中所有学生的成绩从具体分数修改为 A、B、C、D、E 等级,就在这时,管理员 B 插入了一条具体分数的记录,当管理员 A 修改完后,发现还有一条记录没有改过来,就像产生了幻觉一样,这就叫作幻读。

说明:不可重复读和幻读很容易混淆,不可重复读侧重于修改数据,幻读侧重于新增或删除数据。解决不可重复读的问题只需要锁住满足条件的行即可,而要解决幻读问题需要锁定表。

2. 事务隔离级别

MySQL 中包含了 4 种不同的隔离级别(见表 8.4),并在 4 种隔离级别上分别解决对应的并发操作问题。

(1) 读未提交,3 种问题均未解决。

(2) 不可重复读,解决脏读问题。

(3) 可重复读,解决脏读和不可重复读问题。

(4) 串行化,解决脏读、不可重复读和幻读问题。

表 8.4 事务隔离级别

事务隔离级别	脏　　读	不可重复读	幻　　读
读未提交	是	是	是
不可重复读	否	是	是
可重复读	否	否	是
串行化	否	否	否

8.5.4 事务的使用

事务的使用

【例 8.27】 删除"学生表"中所有数据,利用 ROLLBACK 来撤销此删除语句。

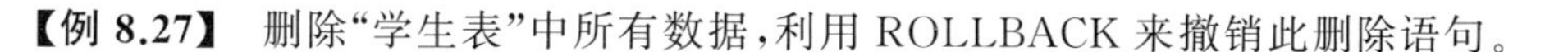

```
START TRANSACTION;
DELETE FROM student;
ROLLBACK;
```

【例 8.28】 在 course 表中插入一条课程记录,课程号: c0000004;课程名称: 高等数学;任课教师编号: t10000000001;学分: 4.5;课程类型: 公共基础;授课学期: 1,然后同步将对应信息添加到 coursebrief 表中的课程号、课程名称、学分。利用事务实现以上操作。

```
START TRANSACTION;
INSERT INTO
course(cou_no,cou_name,cou_teacher,cou_credit,cou_type,cou_term)
VALUES('c0000004', '高等数学', 't10000000001', 4.5, '公共基础', 1);
INSERT INTO coursebrief
VALUES('c0000004', '高等数学',4.5);
COMMIT;
```

任务 8.6 锁机制与死锁的处理

任务说明：简单来说，数据库锁机制就是数据库为了保证数据的一致性，使各种共享资源在被并发访问时变得有序所设计的一种规则。对于任何一种数据库来说都需要有相应的锁机制，MySQL 也不例外。

锁机制的内涵与锁的类型

8.6.1 锁机制的内涵与锁的类型

锁机制是计算机协调多个进程或纯线程并发访问某一资源的机制。在数据库中，除传统计算资源（CPU、RAM、I/O）的争用以外，数据也是一种供许多用户共享的资源。

MySQL 数据库根据其自身架构的特点，设计了多种数据存储引擎，每种存储引擎所针对应用场景的特点都不太一样，其锁机制都是为各自所面对的特定场景进行了优化设计，所以有较大区别。MySQL 各存储引擎的锁机制可以分为表级锁、行级锁和页级锁 3 种。

1. 表级锁

表级锁是 MySQL 各存储引擎中最大颗粒度的锁机制，最大的特点是实现逻辑简单，对系统负面影响最小，获取锁和释放锁的速度很快。由于表级锁一次会将整张表锁定，因此可以较好地避免死锁问题。不过，锁定颗粒度大带来的负面影响就是出现锁定资源争用的概率最大，即发生锁冲突的概率最高。

2. 行级锁

行级锁最大的特点是锁定的颗粒度很小，是目前各大数据库管理软件所实现的锁定颗粒度最小的。由于锁定颗粒度很小，所以发生锁定资源争用的概率最低，可以给予应用程序尽可能大的并发处理能力，从而提高高并发应用系统的整体性能。由于行级锁锁定资源的颗粒度很小，因而每次获取锁和释放锁需要做的事情较多，带来的消耗也较大。此外，行级锁最容易发生死锁。

3. 页级锁

页级锁是 MySQL 中比较独特的一种锁定级别，在其他数据库管理软件中并不常见。

页级锁的特点是，锁定颗粒度介于行级锁和表级锁之间，所以获取锁定所需要的资源开销及所能提供的并发处理能力也是介于行级锁和表级锁之间。

此外，页级锁和行级锁一样，会发生死锁。

MySQL 中 3 种锁的特点归纳如表 8.5 所示。

表 8.5　MySQL 中 3 种锁的特点

锁	特　点
表级锁	开销小，加锁快；不会出现死锁；锁定粒度最大，发生锁冲突的概率最高，并发度最低
行级锁	开销大，加锁慢；会出现死锁；锁定粒度最小，发生锁冲突的概率最低，并发度最高
页级锁	开销和加锁时间介于表级锁和行级锁之间；会出现死锁；锁定粒度介于表级锁和行级锁之间，并发度一般

从锁的角度来说，表级锁更适合以查询为主、只有少量按索引条件更新数据的应用，如 Web 应用；而行级锁更适合有大量按索引条件并发更新少量不同数据，同时又有并发查询的应用，如在线事务处理系统。

8.6.2　死锁的产生及解除条件

死锁是指两个或两个以上的进程在执行过程中，因争夺资源而造成的一种互相等待的现象，若无外力作用，它们将无法推进下去，此时称系统处于死锁状态或系统产生了死锁，这些永远在互相等待的进程称为死锁进程。

死锁只有在特定条件下才会产生，死锁的产生需要满足以下 4 个条件。

(1) 互斥条件，指进程对所分配的资源进行排他性使用，即在一段时间内某资源只由一个进程占用。如果此时还有其他进程请求资源，则请求者只能等待，直到占有资源的进程用完才释放。

(2) 请求和保持条件，指进程已经保持至少一个资源，但同时又提出新的资源请求，而该资源已被其他进程占用，此时请求进程阻塞，但又对自己已获得的其他资源保持不放。

(3) 不剥夺条件，指进程已获得的资源，在未使用完之前，不能被剥夺，只能在使用完时由自己释放。

(4) 环路等待条件，指在发生死锁时，必然存在一个进程——资源的环形链，例如，进程集合{P0，P1，P2，P3，…，Pn}，其中 P0 正在等待 P1 占用的资源，P1 正在等待 P2 占用的资源，……，Pn 正在等待 P0 占用的资源。

这 4 个条件是死锁产生的必要条件，只要系统发生死锁，这些条件必然成立，一旦上述条件之一不满足，就不会发生死锁。

死锁产生后，系统无法再执行下去，因此发生死锁后，必须采取必要的措施解除死锁。通常解决死锁可以通过以下两种方法。

(1) 终止进程(或撤销进程)。终止系统中的一个或多个死锁进程，直至打破循环环路，使系统从死锁状态中解除。

（2）抢占资源。从一个或多个进程中抢占足够数量的资源，分配给死锁进程，以打破死锁状态。

8.6.3 锁机制的应用

【例 8.29】 以读方式锁定电子学校系统数据库中的用户数据表 elec_user。

具体操作步骤如下。

（1）在电子学校系统数据库中，创建一个采用 MyISAM 存储引擎的用户表 elec_user，具体代码如下。

```
CREATE TABLE elec_user(
id INT(10) UNSIGNED NOT NULL AUTO_INCREMENT PRIMARY KEY,
username VARCHAR(30),
pwd VARCHAR(30)
)ENGINE=MYISAM;
```

（2）在 elec_user 表中插入 3 条用户信息，具体代码如下。

```
INSERT INTO elec_user(username, pwd) VALUES
('andi', '111111'),
('nancy', '111111'),
('yahu', '111111');
```

（3）输入以读方式锁定用户表 elec_user，具体代码如下。

```
LOCK TABLE elec_user READ;
```

运行结果如图 8.16 所示。

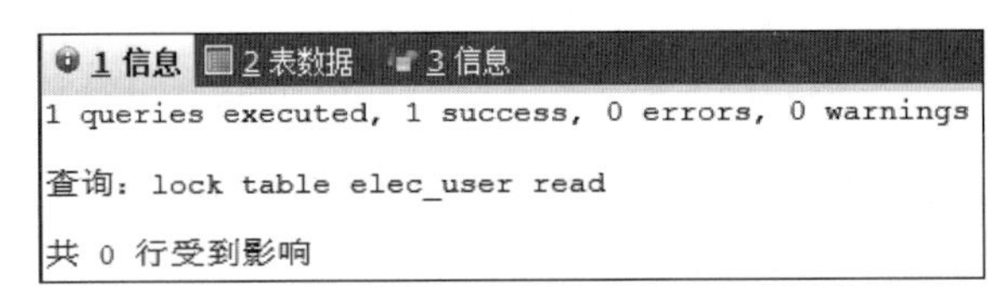

图 8.16　以读方式锁定数据表 elec_user

（4）应用 SELECT 语句查看数据表 elec_user 中的信息，具体代码如下。

```
SELECT * FROM elec_user;
```

运行结果如图 8.17 所示。

（5）尝试向数据表 elec_user 中插入一条数据，代码如下。

id	username	pwd
1	andi	111111
2	nancy	111111
3	yahu	111111

图 8.17　查看以读方式锁定的 elec_user 表

```
INSERT INTO elec_user(username, pwd) VALUES
('zero', '111111');
```

运行结果如图 8.18 所示。

```
1 queries executed, 0 success, 1 errors, 0 warnings

查询：INSERT INTO elec_user(username, pwd) VALUES ('zero', '111111')

错误代码： 1099
Table 'elec user' was locked with a READ lock and can't be updated
```

图 8.18　向以读方式锁定的表中插入数据

从上述结果可见，当用户向 elec_user 表中插入数据时，将会返回失败信息。用户将锁定的表解锁，再次执行插入操作，代码如下。

```
UNLOCK TABLES;
INSERT INTO elec_user(username, pwd) VALUES
('zero', '111111');
```

运行结果如图 8.19 所示。

```
1 queries executed, 1 success, 0 errors, 0 warnings

查询：INSERT INTO elec_user(username, pwd) VALUES ('zero', '111111')

共 1 行受到影响
```

图 8.19　向解锁后的表中插入数据

锁定被释放后，用户可以对数据库执行添加、删除、更新等操作。

【例 8.30】 以写方式锁定电子学校系统数据库中的用户数据表 elec_user。

具体操作步骤如下。

(1) 输入以写方式锁定电子学校系统数据库中的用户表 elec_user 的代码如下。

```
LOCK TABLE elec_user WRITE;
```

运行结果如图 8.20 所示。

因为 elec_user 表为写锁定，所以用户可以对数据库的数据执行修改、添加、删除等操作。

(2) 若输入 SELECT 语句查看数据表 elec_user 中的信息，执行下面代码。

```
1 queries executed, 1 success, 0 errors, 0 warnings
查询：LOCK TABLE elec_user WRITE
共 0 行受到影响
```

图 8.20　以写方式锁定数据表

```
SELECT * FROM elec_user;
```

运行结果如图 8.21 所示。

id	username	pwd
1	andi	111111
2	nancy	111111
3	yahu	111111
4	zero	111111

图 8.21　查看以写方式锁定的 elec_user 表

可见，当前用户仍然可以应用 SELECT 语句查看数据表 elec_user 中的数据，并没有限制用户对数据表的读操作。这是因为，以写方式锁定数据表并不能限制当前锁定用户的查询操作。

拓展实训：电子商务网站数据表的深度编程

1. 实训任务

根据项目开发的实际需求，对"电子商务网站数据表进行深度编程操作(注：本书以"电子商务网站数据库"为实训案例，如果没有特殊说明，该实训数据库贯穿本书始终)。

2. 实训目的

(1) 掌握存储过程的创建操作。
(2) 掌握存储过程的使用及维护操作。
(3) 掌握自定义函数的创建操作。
(4) 掌握触发器的创建操作。
(5) 掌握触发器的维护操作。

3. 实训内容

(1) 创建存储过程 proc_exc1，其功能是统计数据库中亚洲的国家总数。
参考语句：

```
DELIMITER $$
CREATE PROCEDURE proc_exc1()
```

```
BEGIN
  SELECT COUNT(*) FROM COUNTRY WHERE cou_stateid = (SELECT sta_id FROM state
WHERE sta_name = '亚洲');
END$$
DELIMITER ;
```

(2) 创建存储过程 proc_exc2,要求输入消费者名称后,可以获取该消费者的详细信息。

参考语句:

```
DELIMITER $$
CREATE PROCEDURE proc_exc2(IN customer_name VARCHAR(30))
BEGIN
  SELECT * FROM customer WHERE cus_name = customer_name;
END$$
DELIMITER ;
```

(3) 创建存储过程 proc_exc3,其功能是根据输入的国家名称,可以返回该国注册的供应商数量,将供应商数量存储在输出参数中。

参考语句:

```
DELIMITER $$
CREATE PROCEDURE proc_exc3(IN country_name VARCHAR(50), OUT scount INT)
BEGIN
  SELECT COUNT(*) INTO scount FROM supplier WHERE sup_countryid = (SELECT cou_
id FROM country WHERE cou_name = country_name);
END$$
DELIMITER ;
```

(4) 调用存储过程 proc_exc4,获取中国的供应商数量。

参考语句:

```
DELIMITER $$
CREATE PROCEDURE proc_exc4(OUT scount INT)
BEGIN
  SELECT COUNT(*) INTO scount FROM supplier WHERE sup_countryid = (SELECT cou_
id FROM country WHERE cou_name = '中国');
END$$
DELIMITER ;
```

(5) 删除存储过程 proc_exc3。

参考语句:

```
DROP PROCEDURE proc_exc3;
```

（6）创建带参数的自定义函数 fun_exc1，其功能是根据输入的消费者编号，返回该消费者的姓名。

参考语句：

```
DELIMITER $$
CREATE FUNCTION fun_exc1(customer_id CHAR(18))
RETURNS VARCHAR(30)
BEGIN
  RETURN
  (SELECT cus_name FROM customer WHERE cus_id = customer_id);
END$$
DELIMITER ;
```

（7）通过自定义函数 fun_exc1，获取编号为 c00000000001 的消费者姓名。

参考语句：

```
SELECT fun_exc1('c00000000001');
```

（8）查看自定义函数 fun_exc1 的内容。

参考语句：

```
SHOW CREATE FUNCTION fun_exc1;
```

（9）删除自定义函数 fun_exc1。

参考语句：

```
DROP FUNCTION fun_exc1;
```

（10）创建触发器 trig_exc1，当向 customer 表中插入一条记录时，将用户变量 strIn 的值设置为"已插入一条消费者记录"。

参考语句：

```
DELIMITER $$
CREATE TRIGGER trig_exc1 AFTER INSERT ON customer FOR EACH ROW
BEGIN
  SET  @strIn= "已插入一条消费者记录";
END$$
DELIMITER ;
```

（11）创建触发器 trig_exc2，在 goods 表中添加一条商品数据，将该商品的信息也添加到 goodsbrief 表中。

参考语句：

```
DELIMITER $$
```

```
CREATE TRIGGER trig_exc2 AFTER INSERT ON goods FOR EACH ROW
BEGIN
  INSERT INTO goodsbriefVALUES(new.goo_id, new.goo_name);
END$$
DELIMITER ;
```

(12) 创建触发器 trig_exc3,当删除 goods 表中的一条商品信息时,goodsbrief 表中该商品的信息也一并删除。

参考语句:

```
DELIMITER $$
CREATE TRIGGER trig_exc3 BEFORE DELETE ON goods FOR EACH ROW
BEGIN
  DELETE FROM goodsbrief WHERE goo_id = old.goo_id;
END$$
DELIMITER ;
```

(13) 查看触发器 trig_exc2 的信息。

参考语句:

```
SELECT * FROM information_schema.Triggers
WHERE Trigger_Name = 'trig_exc2';
```

(14) 删除触发器 trig_exc2。

参考语句:

```
DROP TRIGGER trig_exc2;
```

(15) 删除 customer 表中的所有数据,利用 ROLLBACK 来撤销此删除语句。

参考语句:

```
START TRANSACTION;
DELETE FROM customer;
ROLLBACK;
```

本章小结

本章主要介绍 MySQL 数据库系统编程相关技术,包括常量和变量、运算符和表达式、常用函数、流程控制语句、存储过程、自定义函数、触发器、事务和锁的操作。通过对 MySQL 编程技术的介绍及例题的讲解,使读者掌握如何使用存储过程、自定义函数、触发器、事务及锁。

课后习题

1. 单选题

(1) 在 MySQL 中，属于一元运算符的是(　　)。

A. +　　B. *　　C. /　　D. %

(2) 调用存储过程用(　　)命令。

A. INSERT　　B. UPDATE　　C. ALTER　　D. CALL

(3) 在 MySQL 中，不能作为触发事件的是(　　)。

A. INSERT　　B. UPDATE　　C. SELECT　　D. DELETE

(4) MySQL 中提交事务用(　　)命令。

A. COMMIT　　B. START　　C. SAVEPOINT　　D. ROLLBACK

(5) (　　)命令可以用来调用自定义函数。

A. CREATE　　B. REPLACE　　C. SELECT　　D. CALL

2. 简答题

(1) 简述创建存储过程的作用。

(2) 简述触发器与存储过程的相同点和不同点。

第9章　维护电子学校系统数据库的安全性

任务描述

为了提高电子学校系统数据库的安全性和完整性，免遭非法入侵，数据库管理员应当积极采取措施保证数据信息的准确、有效，这是数据库管理员的职责。在进行数据信息管理与维护时，既要防微杜渐，也要有预案措施，数据信息一旦遭受破坏，把损失降到最低。

学习目标

(1) 了解 MySQL 的权限系统。
(2) 掌握 MySQL 的用户管理和权限管理。
(3) 掌握数据备份和数据恢复操作。
(4) 掌握数据库迁移的方法。
(5) 理解数据表导入与导出操作。
(6) 理解 MySQL 日志的概念。
(7) 掌握利用 MySQL 日志维护数据的操作。

学习导航

本章主要通过讲解 MySQL 的用户管理和权限管理、数据的备份与恢复、数据库的迁移、数据信息的导入与导出以及利用日志文件对数据信息的维护等内容，使读者掌握保证数据库安全性和完整性的有效措施。维护操作学习导航如图 9.1 所示。

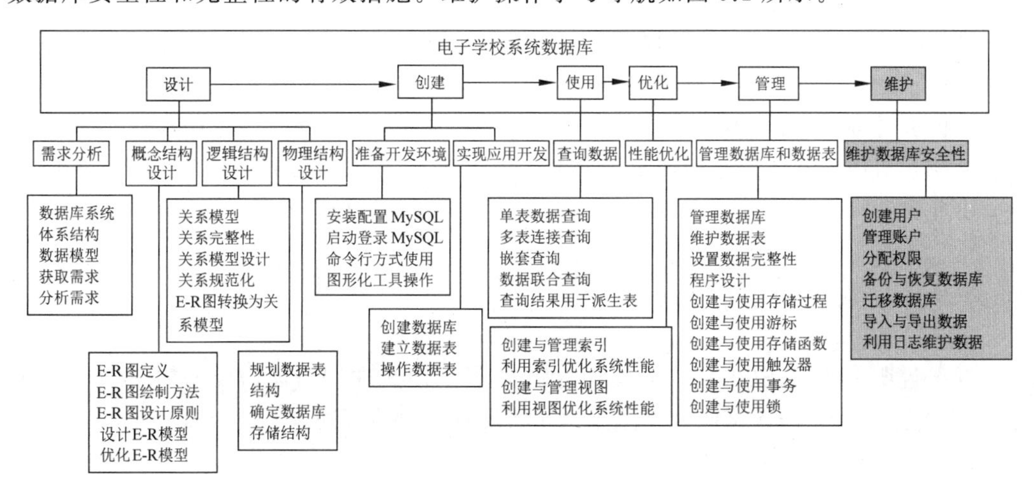

图 9.1　维护操作学习导航

任务 9.1　MySQL 的权限系统

任务说明：权限，是对使用者的使用范围根据级别进行限制。MySQL 数据库提供了完备的权限系统，对拥有不同权限的用户进行了不同的限制，从而保证数据访问的安全，防止数据被非法用户修改、删除或泄露。

9.1.1　MySQL 权限表的结构和作用

MySQL 服务器通过 MySQL 权限表来控制用户对数据库的访问，MySQL 权限表存放在 MySQL 数据库里，由 mysql_install_db 脚本初始化。这些 MySQL 权限表分别为 user 表、db 表、table_priv 表、columns_priv 表、proc_priv 表和 host 表。

MySQL 权限表结构内容及作用介绍如下。

（1）user 权限表：记录允许连接到服务器上的用户账号信息，其中的权限是全局级的。

（2）db 权限表：记录各个账号在各个数据库上的操作权限。

（3）table_priv 权限表：记录数据库表级的操作权限。

（4）columns_priv 权限表：记录数据列级的操作权限。

（5）proc_priv 权限表：存储过程和存储函数的操作权限。

（6）host 权限表：配合 db 权限表对给定主机上数据库级操作权限实施更细致的控制，这个权限不受 GRANT 和 REVOKE 语句的影响。

9.1.2　MySQL 权限系统的操作过程

MySQL 权限表的操作过程为两步。

（1）先从 user 表中的 Host、User、Password 这 3 个字段中判断连接的 IP、用户名、密码是否存在，存在则通过验证。

（2）通过身份认证后，进行权限分配，按照 user、db、tables_priv、columns_priv 的顺序进行验证。即先检查全局权限表 user，如果 user 中对应的权限为 Y，则此用户对所有数据库的权限都为 Y，将不再检查 db、tables_priv、columns_priv；如果为 N，则到 db 表中检查此用户对应的具体数据库，并得到 db 中为 Y 的权限；如果 db 中为 N，则检查 tables_priv 中此数据库对应的具体表，取得表中的权限 Y，以此类推。

任务 9.2　数据库用户管理

任务说明：在 MySQL 的实际使用过程中，因为各种原因可能需要添加用户，或者对已有用户进行改名、修改密码或删除用户来实现对用户的管理。

9.2.1 MySQL 用户管理机制

新安装的 MySQL 中只有一个名称为 root 的用户。这个用户是安装服务器时由系统创建并赋予了 MySQL 的所有权限。在对 MySQL 的实际操作中，通常需要创建不同层次要求的用户来确保数据的安全访问。

9.2.2 创建与删除用户

1. 创建用户

创建用户可以通过 CREATE USER、INSERT 语句来实现。

1) CREATE USER 语句

使用 CREATE USER 语句创建用户的语法格式如下。

```
CREATE USER<'用户名'>@<'主机'> IDENTIFIED BY PASSWORD <'密码'>;
```

说明：

(1) 使用 CREATE USER 语句可以创建一个或多个用户，用户之间用逗号分隔。

(2) “主机”可以是主机名或 IP 地址，本地主机名可以使用 localhost，“%”表示一组主机。

(3) IDENTIFIED BY 关键字用于设置用户的密码，若指定用户登录不需要密码，则可以省略该选项。

(4) PASSWORD 关键字指定使用哈希值设置密码。密码的哈希值可以使用 PASSWORD()函数来获取。

【例 9.1】 使用 CREATE USER 语句创建用户 admin，密码为 123456。

使用 CREATE USER 语句创建用户

(1) 查看 123456 的哈希值(见图 9-2)。

```
SELECT PASSWORD('123456');
```

图 9.2 查看 123456 的哈希值

(2) 输入以下语句创建用户。

```
CREATE USER 'admin'@'localhost' IDENTIFIED BY
PASSWORD '*6BB4837EB74329105EE4568DDA7DC67ED2CA2AD9';
```

运行以上语句，完成 admin 用户的创建，可以在 user 权限表中看到添加的用户。

2）INSERT 语句

使用 INSERT 语句创建用户的语法格式如下。

```
INSERT INTO mysql.user(User,Host,Password)
  VALUES(<'用户名'>,<'主机'>,PASSWORD(<'密码'>));
```

说明：通常语句只能添加 Host、User、Password 这 3 个字段的值，分别表示 user 数据表中的主机名字段、用户名字段和密码字段。

使用 INSERT 语句创建用户

【例 9.2】 使用 INSERT 语句创建用户 admin1，密码为 abc。

（1）查看 abc 的哈希值（见图 9.3）：

```
SELECT PASSWORD('abc');
```

图 9.3 查看 abc 的哈希值

（2）输入以下语句创建用户。

```
INSERT INTO mysql.user(User,Host,Password)
VALUES(<'admin1'>,<'localhost'>,PASSWORD(<'*
0D3CED9BEC10A777AEC23CCC353A8C08A633045E'>));
```

运行以上语句，完成 admin1 用户的创建，可以在 user 权限表中看到添加的用户。

2. 删除用户

当管理员在 MySQL 中添加了用户后，由于各种原因可能需要删除用户来实现对用户的管理。删除用户可以通过两种方式实现：DROP USER 语句和 DELETE 语句。

1）DROP USER 语句

使用 DROP USER 语句删除用户的语法格式如下。

```
DROP USER <'用户名'>@<'主机'>;
```

说明：DROP USER 语句可以删除一个或多个普通用户，各用户之间用逗号分隔。如果删除用户已经创建数据库对象那么该用户将继续保留。使用者必须拥有 DROP USER 权限。

使用 DROP USER 语句删除用户

【例 9.3】 使用 DROP USER 语句删除 admin1 用户。

```
DROP USER 'admin1'@'localhost';
```

运行以上语句，成功删除 admin1 用户。

2）DELETE 语句

使用 DELETE 语句删除用户的语法格式如下。

```
DELETE FROM mysql.user WHERE USER=<'用户名'> AND HOST=<'主机'>;
```

说明：DELETE 语句删除用户使用者必须拥有 mysql.user 表的 DELETE 权限。

【例 9.4】 使用 DELETE 语句删除 admin 用户。

使用 DELETE 语句删除用户

```
DELETE FROM mysql.user WHERE USER='admin' AND HOST='localhost';
```

运行以上语句，成功删除 admin 用户。

9.2.3 修改用户名与登录密码

MySQL 中允许管理员对用户的用户名或密码进行修改操作。

1. 修改用户名

修改用户名的语法格式如下。

```
RENAME USER <'旧的用户名'>@<'主机'> TO <'新的用户名'>@<'主机'>;
```

说明：RENAME USER 语句可以对用户进行重命名，该语句可以同时对多个已存在的用户进行重命名，各个用户之间使用逗号分隔，重命名时“旧用户名”必须已经存在并且“新的用户名”还不存在。要实现修改用户名操作，使用者必须拥有 RENAME USER 权限。

【例 9.5】 将 admin 用户的用户名修改为 myadmin。

修改用户名

```
RENAME USER 'admin'@'localhost' TO 'myadmin'@'localhost';
```

运行以上语句，可以成功将 admin 用户的用户名修改为 myadmin。

2. 修改登录密码

MySQL 中可以通过 3 种方式来修改登录密码：mysqladmin 命令、SET PASSWORD 语句和 UPDATE 语句。

（1）mysqladmin 命令修改用户密码的命令格式如下。

```
mysqladmin -u <用户名> [-h <主机>] -p PASSWORD [<新密码>];
```

说明：mysqladmin 是一条外部命令，必须在服务器端的命令提示符下执行。

修改登录密码

【例 9.6】 将 myadmin 用户的密码修改为 012345。

```
mysqladmin -u myadmin -h 'localhost' -p PASSWORD '012345';
```

在服务器端的命令提示符下执行上述语句,即可成功修改密码。

(2) SET PASSWORD 语句的语法格式如下。

```
SET PASSWORD [FOR <'用户名'>@<'主机'>]=PASSWORD(<'新密码'>);
```

说明:SET PASSWORD 语句可以修改用户的密码,语句中如果不加“[FOR <'用户名'>@<'主机'>]”可选项则修改当前用户密码。

【例 9.7】 将 myadmin 用户的密码修改为 012345。

```
SET PASSWORD FOR 'myadmin'@'localhost'=PASSWORD('012345');
```

执行上述语句,即可将 myadmin 用户的密码成功修改为 012345。

(3) UPDATE 语句修改用户密码的语法格式如下。

```
UPDATE mysql.user SET PASSWORD=PASSWORD(<'新密码'>)
            WHERE USER=<'用户名'> AND HOST=<'主机'>;
```

说明:“新密码”需要用 PASSWORD()函数来加密。

【例 9.8】 使用 UPDATE 语句将 myadmin 用户的密码修改为 012345。

```
UPDATE mysql.user SET PASSWORD=PASSWORD('012345')
    WHERE USER='myadmin' AND HOST='localhost';
```

执行上述 UPDATE 语句,可以将 myadmin 用户的密码成功修改为 012345。

任务 9.3 用户权限管理

任务说明:新添加的数据库用户不允许访问其他用户的数据库,也不能创建自己的数据库,只有在授予了相应的权限以后才能访问或创建数据库。

9.3.1 用户权限名称和权限级别

1. 权限名称

MySQL 中通过权限名称来限定用户可以完成的操作种类,常用的权限名称如下。

ALL/ALL PRIVILEGES 权限:代表全局或者全数据库对象级别的所有权限。

ALTER 权限:代表允许修改表结构的权限,但必须要求有 CREATE 和 INSERT 权限配合。如果是 RENAME 表名,则要求有 ALTER 和 DROP 原表、CREATE 和

INSERT 新表的权限。

ALTER ROUTINE 权限：代表允许修改或者删除存储过程、函数的权限。

CREATE 权限：代表允许创建新的数据库和表的权限。

CREATE ROUTINE 权限：代表允许创建存储过程、函数的权限。

CREATE TABLESPACE 权限：代表允许创建、修改、删除表空间和日志组的权限。

CREATE TEMPORARY TABLES 权限：代表允许创建临时表的权限。

CREATE USER 权限：代表允许创建、修改、删除、重命名 user 的权限。

CREATE VIEW 权限：代表允许创建视图的权限。

DELETE 权限：代表允许删除行数据的权限。

DROP 权限：代表允许删除数据库、表、视图的权限，包括 TRUNCATE TABLE 命令。

EVENT 权限：代表允许查询、创建、修改、删除 MySQL 事件。

EXECUTE 权限：代表允许执行存储过程和函数的权限。

FILE 权限：代表允许在 MySQL 可以访问的目录进行读写磁盘文件操作，可使用的命令包括 LOAD data infile，SELECT … INTO outfile，LOAD file()函数。

GRANT OPTION 权限：代表是否允许此用户授权或者收回给予其他用户的权限，重新赋给管理员时需要加上这个权限。

INDEX 权限：代表是否允许创建和删除索引。

INSERT 权限：代表是否允许在表里插入数据，同时在执行 ANALYZE table，OPTIMIZE table，REPAIR table 语句时也需要 INSERT 权限。

LOCK 权限：代表允许对拥有 SELECT 权限的表进行锁定，以防止其他连接对此表的读或写。

PROCESS 权限：代表允许查看 MySQL 中的进程信息，例如执行 SHOW processlist，mysqladmin processlist，SHOW engine 等命令。

REFERENCE 权限：在 MySQL 5.7.6 版本之后引入，代表是否允许创建外键。

RELOAD 权限：代表允许执行 flush 命令，指明重新加载权限表到系统内存中，REFRESH 命令代表关闭和重新开启日志文件并刷新所有的表。

REPLICATION CLIENT 权限：代表允许执行 SHOW master status，SHOW slave status，SHOW binary logs 命令。

REPLICATION SLAVE 权限：代表允许 slave 主机通过此用户连接 master 以便建立主从复制关系。

SELECT 权限：代表允许从表中查看数据，某些不查询表数据的 SELECT 执行则不需要此权限，如 SELECT 1+1，SELECT PI()+2；而且 Select 权限在执行含有 WHERE 条件的 UPDATE/DELETE 语句时也是需要的。

SHOW DATABASES 权限：代表通过执行 SHOW databases 命令查看所有的数据库名。

SHOW VIEW 权限：代表通过执行 SHOW CREATE view 命令查看视图创建的语句。

SHUTDOWN 权限：代表允许关闭数据库实例，执行语句包括 mysqladmin shutdown。

SUPER 权限：代表允许执行一系列数据库管理命令。

TRIGGER 权限：代表允许创建、删除、执行、显示触发器的权限。

UPDATE 权限：代表允许修改表中的数据的权限。

USAGE 权限：是创建一个用户之后的默认权限，其本身代表连接登录权限。

2. 权限级别

MySQL 中的权限级别主要分为全局权限、数据库权限、数据表权限、数据列权限、子程序权限 5 种。

(1) 全局权限(Global Level)：所有权限信息都保存在 mysql.user 表中。Global Level 的所有权限对所有的数据库下的所有表及所有字段都有效，可以用“*.*”来表示。

(2) 数据库权限(Database Level)：作用域即为所指定整个数据库中的所有对象，可以用“数据库名.*”来表示。

(3) 数据表权限(Table Level)：作用域是授权语句中所指定数据库的指定表，可以用“数据库名.数据表名”来表示。Table Level 的权限由于其作用域仅限于某个特定的表，所以权限种类也比较少，仅有 ALTER、CREATE、DELETE、DROP、INDEX、INSERT、SELECT、UPDATE 这 8 种权限。

(4) 数据列权限(Column Level)：作用域就更小了，仅仅是某张表的指定的某个(或某些)列。Column Level 级别的权限仅有 INSERT、SELECT 和 UPDATE 这 3 种。

(5) 子程序权限(Routine Level)：主要针对的对象是 procedure 和 function 这两种对象，在授予 Routine Level 权限时，需要指定数据库和相关对象。Routine Level 的权限只有 EXECUTE 和 ALTER ROUTINE 这 2 种。

授权语句 GRANT 的使用

9.3.2 授权语句 GRANT 的使用

GRANT 语句不仅是授权语句，还可以达到添加新用户或修改用户密码的作用。

GRANT 语句的语法格式如下。

```
GRANT <权限名称>[(字段列表)] ON <对象名> TO <'用户名'>@<'主机'>
[IDENTIFIED BY [PASSWORD] <'新密码'>] [WITH GRANT OPTION];
```

说明：

(1) “权限名称”用来指定授权的权限种类。

(2) “对象名”用来指定授予的权限级别。

(3) “<'用户名'>@<'主机'>”中如果“用户名”不存在则添加用户。

(4) “[IDENTIFIED BY [PASSWORD] <'新密码'>]”为可选项，可以设置新用户的密码，如果“用户名”已经存在则此可选项可以修改用户的密码。

(5) [WITH GRANT OPTION]为可选项，表示允许用户将获得的权限授予其他用户。

【例 9.9】 使用 GRANT 语句授予用户 myadmin 对电子学校系统数据库的 course 数据表中 cou_name 字段的 UPDATE 权限、修改密码为 012345，并允许将权限授予其他用户。

```
GRANT UPDATE (cou_name) ON eleccollege.`course` TO 'myadmin'@'localhost'
IDENTIFIED BY '012345' WITH GRANT OPTION;
```

执行上述语句,可以成功授予 myadmin 用户相应的权限。

9.3.3 收回权限语句 REVOKE 的使用

收回权限语句 REVOKE 的使用

MySQL 数据库可以收回用户已有的权限,使用 REVOKE 语句回收用户权限的语法格式如下。

```
REVOKE <权限名称>[(字段列表)] ON <对象名>
FROM <'用户名'>@<'主机'>;
```

说明:该 REVOKE 语句用来取消指定用户的某些指定权限,与 GRANT 语句的语法格式类似。

【例 9.10】 收回 admin1 用户对电子学校系统数据库的 UPDATE 权限。

```
REVOKE UPDATE ON eleccollege.* FROM 'admin1'@'localhost';
```

9.3.4 查看权限语句 SHOW GRANTS 的使用

查看权限语句 SHOW GRANTS 的使用

使用 SHOW GRANTS 语句可以查看授权信息,其语法格式如下。

```
SHOW GRANTS FOR <'用户名'>@<'主机'>
```

【例 9.11】 查看 myadmin 用户的权限。

```
SHOW GRANTS FOR 'myadmin'@'localhost';
```

执行上面语句,可以查看到 myadmin 用户的权限,如图 9.4 所示。

1 结果　2 信息　3 表数据　4 信息

(只读)

Grants for myadmin@localhost
GRANT USAGE ON *.* TO 'myadmin'@'localhost' IDENTIFIED BY PASSWORD '*EE5A3559C9900FBDF5448B0421B3B1BCF7C06C16'
GRANT UPDATE (cou_name) ON `eleccollege`.`course` TO 'myadmin'@'localhost' WITH GRANT OPTION

图 9.4 myadmin 用户的权限

任务 9.4 数据库备份与恢复操作

任务说明:MySQL 数据库管理系统通常会采用有效的措施来维护数据库的可靠性和完整性。但是在数据库的实际使用过程中,仍存在着一些不可预估的因素,会造成数据库运行事务的异常中断，从而影响数据的正确性，甚至会破坏数据库，导致数据库中的数据部分或全部丢失。MySQL 数据库系统提供了备份和恢复策略来保证数据库中数据的可靠性和完整性。

9.4.1 造成数据异常的原因

在数据库的使用过程中，经常会出现数据异常的情况。一般地，数据异常由以下几种情况导致。

1. 数据冗余

如果数据库中两张表都放了用户的地址，在用户的地址发生改变时，如果只更新了一张表的数据，那么两张表就有了不一致的数据。

2. 并发控制不当

在飞机票订票系统中，当两个购票点同时查询某张机票的订购情况，并且分别订购了这张机票时，如果并发控制不当，就会造成同一张机票卖给两个用户的情况。由于系统没有进行并发控制或者并发控制不当，造成数据不一致。

3. 故障和错误

如果软硬件出现故障或者操作错误，会导致数据丢失或数据损坏，引起数据不一致。因此我们需要提供数据库维护和数据库数据恢复的一些措施。

要采用各种数据库维护手段（如转存、日志等）和数据恢复措施，将数据库恢复到某个正确、完整、一致的状态。

9.4.2 备份方式与恢复

在日常运维工作中，对于 MySQL 数据库的备份是至关重要的。数据库使用者可以通过多种方法对所用数据库进行备份。

1. 备份方式

按照备份内容的不同，可以将备份分为完全备份、事务日志备份、差异备份、文件备份 4 种方式，分别应用于不同场合。

（1）完全备份。完全备份是最常用的备份方式，它可以备份整个数据库，包括用户表、系统表、索引、视图和存储过程等所有数据库对象。它需要花费的时间和空间最多，所以，一般推荐一周做一次完全备份。

（2）事务日志备份。事务日志是一个单独的文件，它记录数据库的改变，备份的时候只需要复制自上次备份以来对数据库所做的改变，所以只需要很少的时间。为了使数据库具有较强的稳定性，推荐每小时甚至更频繁地备份事务日志。

(3) 差异备份。差异备份也称为增量备份，也是用来备份数据库的一部分，它不使用事务日志；相反，它使用整个数据库的一种新映像。它比最初的完全备份小，因为它只包含自上次完全备份以来所改变的数据库。它的优点是存储和恢复速度快。推荐每天做一次差异备份。

(4) 文件备份。数据库可以由硬盘上的许多文件构成。如果这个数据库非常大，并且一个晚上也不能将它备份完，那么可以使用文件备份每晚备份数据库的一部分。由于一般情况下数据库不会大到必须使用多个文件存储，所以这种备份不是很常用。

按照备份时数据库状态的不同，可以将备份分为冷备份、热备份、文件备份 3 种。

(1) 冷备份。冷备份时，数据库处于关闭状态，能够较好地保证数据库的完整性。

(2) 热备份。热备份时，数据库正处于运行状态，这种方法依赖于数据库的日志文件进行备份。

(3) 文件备份。文件备份时，使用软件从数据库中提取数据并将结果写到一个文件上。

2. 恢复

数据库开发或维护过程中，由于使用人员的误操作或其他原因，经常需要对数据库进行恢复操作。在 MySQL 中，一般使用 mysqldump 命令对数据库进行恢复。

9.4.3 数据库备份操作

数据库备份操作

1. 使用 mysqldump 命令备份

mysqldump 命令将数据库中的数据备份成一个文本文件，表的结构和表中的数据将存储在生成的文本文件中。

mysqldump 命令的工作原理很简单：先查出需要备份的表的结构，根据表结构在文本文件中生成一个 CREATE 语句，然后，将表中的所有数据记录转换成一条 INSERT 语句，通过这些语句，就能够创建表并插入数据。

1) 备份一个数据库

使用 mysqldump 命令备份一个数据库的语法格式如下。

```
mysqldump -u username -p dbname table1 table2 …->BackupName.sql
```

说明：

(1) dbname 参数，表示数据库的名称。

(2) table1 和 table2 参数，表示需要备份的数据表的名称，当数据表名为空时，则备份整个数据库。

(3) BackupName.sql 参数，表示生成的备份文件的名称，文件名前面可以加上一个绝对路径，通常将数据库备份成一个扩展名为 sql 的文件。

【例 9.12】 使用 root 用户备份 test 数据库下的 person 表。

```
mysqldump -u root -p test person > D:\backup.sql
```

2）备份多个数据库

使用 mysqldump 命令备份多个数据库的语法格式如下。

```
mysqldump -u username -p --databases dbname1 dbname2>backup.sql
```

加上了--databases 选项，然后后面可以跟多个数据库。

【例 9.13】 使用 root 用户备份 test、mysql 数据库。

```
mysqldump -u root -p --databases test mysql> D:\backup.sql
```

3）备份所有数据库

使用 mysqldump 命令备份所有数据库的语法格式如下。

```
mysqldump -u username -p -all-databases >BackupName.sql
```

【例 9.14】 使用 root 用户备份所有数据库。

```
mysqldump -u -root -p -all-databases > D:\all.sql
```

2. 直接复制整个数据库目录

MySQL 有一种非常简单的备份方法，就是将 MySQL 中的数据库文件直接复制出来。这是最简单、速度最快的方法。

不过在此之前，要先将服务器停止，这样才可以保证在复制期间数据库的数据不会发生变化。如果在复制数据库的过程中还有数据写入，就会造成数据不一致。这种情况在开发环境中可以，但是在生产环境中很难允许。

注意：这种方法不适用于 InnoDB 存储引擎的表，而对于 MyISAM 存储引擎的表很方便。同时，还原时 MySQL 的版本最好相同。

数据库恢复操作

9.4.4 数据库恢复操作

1. 恢复使用 mysqldump 命令备份的数据库

恢复使用 mysqldump 命令备份的数据库的语法格式如下。

```
mysql-u root -p [dbname] <backup.sq
```

【例 9.15】 使用 root 用户恢复使用 mysqldump 命令备份的所有数据库。

```
mysql -u root -p < C:\backup.sql
```

2. 恢复直接复制目录的备份

通过这种方式恢复数据库时，必须保证两个 MySQL 数据库的版本号是相同的。

MyISAM 类型的表有效，对于 InnoDB 类型的表不可用，InnoDB 表的表空间不能直接复制。

9.4.5 数据库迁移操作

在数据库的使用过程中，由于机房搬迁等一些原因，需要对后台数据库服务器进行迁移，同时要保证在数据迁移过程中，对线上业务不造成影响，并能够做到秒级切换。如果采用普通的数据库备份方法，如使用 mysqldump 命令会存在锁表的情况，显然不可取，这时就可以使用数据库迁移。

数据库迁移操作的具体步骤如下。

（1）先找到迁移服务器上的 data 文件夹，默认安装路径为 C:\ProgramData\MySQL 文件夹，如图 9.5 所示。由于 ProgramData 是一个隐藏文件夹，因此需要先把隐藏文件显示出来。

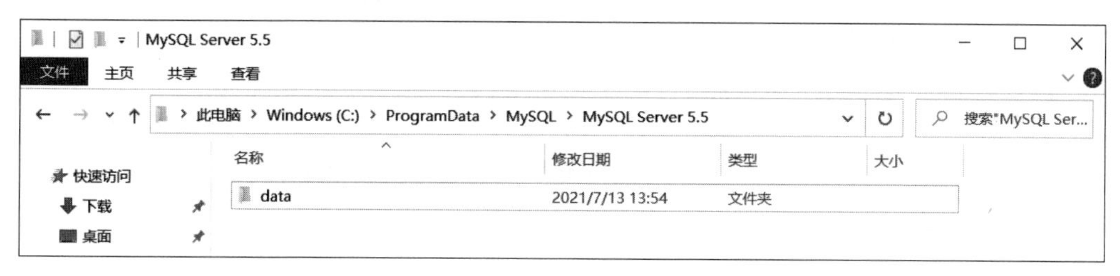

图 9-5 data 文件夹位置

（2）这个 data 文件夹是 MySQL 的数据文件，将要迁移的数据库文件放到这里，如图 9.6 所示。

本地磁盘 (C:) › Program Files › MySQL › MySQL Server 5.5 › data

名称	修改日期	类型	大小
code_editor	2019/9/18 15:20	XML 文档	25 KB
data	2019/9/18 15:20	Data Base File	3 KB
db_datatype_groups	2019/9/18 15:20	XML 文档	3 KB
dbquery_toolbar	2019/9/18 15:20	XML 文档	13 KB
default_toolbar	2019/9/18 15:20	XML 文档	3 KB
main_menu	2019/9/18 15:20	XML 文档	205 KB

图 9-6 MySQL 的数据文件

（3）打开 my.ini：找到 datadir，然后将 data 文件路径复制到下面，要启动哪一个 data 文件就用哪个文件的地址，只能存在一个，如图 9.7 所示。

（4）重启 MySQL 服务，如图 9.8 所示。

（5）最后打开数据库连接工具，连接迁移数据库，密码是迁移之前的密码，即可使用该数据库。

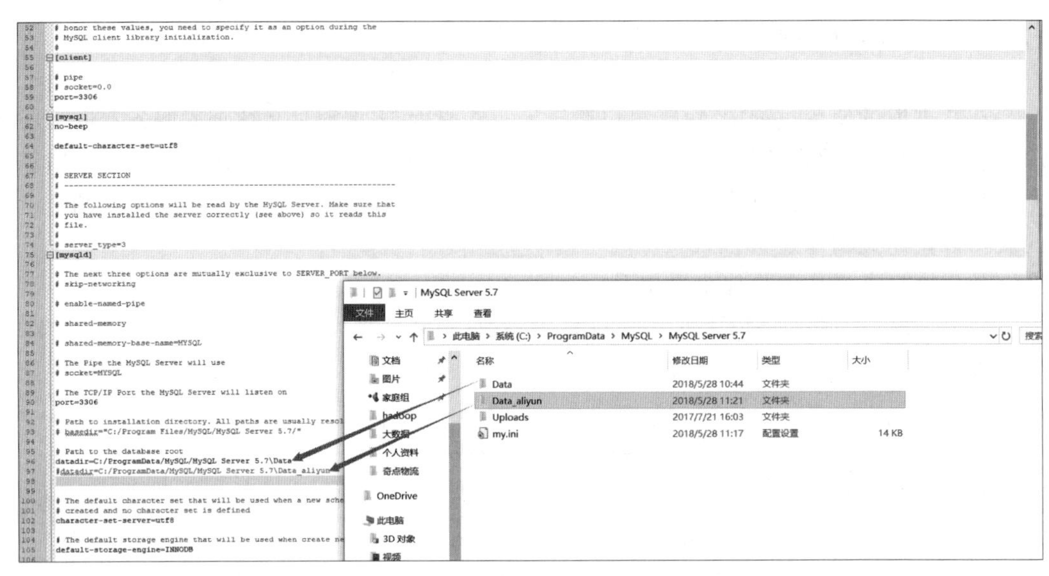

图 9-7　MySQL 的 my.ini 文件

图 9-8　重启 MySQL 服务

9.4.6 数据表导入与导出操作

有时会需要将 MySQL 数据库中的数据导出到外部存储文件中，MySQL 数据库中的数据可以导出为 sql 文本文件、xml 文件或者 html 文件，同样这些导出的数据文件也可以导入 MySQL 数据库中。

1. 表的导出

1）用 SELECT…INTO OUTFILE 导出文本文件

在 MySQL 数据库中导出数据时，允许使用包含导出定义的 SELECT 语句进行数据的导出操作。该文件在服务器主机上创建，因此必须拥有文件写入权限，才能使用此语法。

SELECT…INTO OUTFILE 'filename'形式的 SELECT 语句可以把被选择的行写入一个文件中，filename 不能是一个已经存在的文件。

SELECT…INTO OUTFILE 语句的语法格式如下。

```
SELECT columnlist FROM table
WHERE condition INTO OUTFILE 'filename' [OPTIONS]
```

SELECT columnlist FROM table WHERE condition 为查询语句，查询结果返回满足指定条件的一条或多条记录；INTO OUTFILE 语句的作用就是把 SELECT 语句查询出来的结果导出到名为 filename 的外部文件中，[OPTIONS] 为可选参数选项，OPTIONS 部分的语法包括 FIELDS 和 LINES 子句。

其中，OPTIONS 选项可以为以下几种形式。

```
FIELDS TERMINATED BY 'value'
FIELDS [OPTIONALLY] ENCLOSED BY 'value'
FIELDS ESCAPED BY 'value'
LINES STARTING BY 'value'
LINES TERMINATED BY 'value'
```

FIELDS TERMINATED BY 'value'，用来设置字段之间的分隔符可以为单个或多个字符，默认情况下为制表符“\t”。

FIELDS [OPTIONALLY] ENCLOSED BY 'value'：用来设置字段的包围字符，只能为单个字符，如果使用了 OPTIONALLY，则只包括 CHAR 和 VARCHAR 等字符数据字段。

FIELDS ESCAPED BY 'value'：用来设置如何写入或读取特殊字符，只能为单个字符，即设置转义字符，默认值为“\”。

LINES STARTING BY 'value'：用来设置每行数据开头的字符，可以为单个或多个字符，默认情况下不使用任何字符。

LINES TERMINATED BY 'value'：用来设置每行数据结尾的字符，可以为单个或多个字符，默认值为“\n”。

FIELDS 和 LINES 两个子句都是自选的，但是如果两个都被指定了，FIELDS 必须位于 LINES 的前面。

SELECT…INTO OUTFILE 语句可以非常快速地把一张表转存到服务器上。如果想要在服务器主机之外的部分客户主机上创建结果文件，不能使用 SELECT…INTO OUTFILE 语句。在这种情况下，应该在客户主机上使用 mysql -e"SELECT … ">file_name 这样的命令，来生成文件。

使用 SELECT …INTO OUTFILE 导出文本文件

【例 9.16】 使用 SELECT…INTO OUTFILE 语句将电子学校系统数据库 course 表中的记录导出到文本文件。输入的语句如下。

```
SELECT * FROM course INTO OUTFILE "D:/elecourse.txt";
```

可以看到，默认情况下 MySQL 使用制表符“\t”分隔不同的字段，字段没有用其他字符括起来。Windows 系统下的回车换行为“\r\n”，默认换行符为“\n”。

如果遇到 NULL 值，将会返回“\N”代表空值，反斜线“\”表示转义字符。如果使用 ESCAPED BY 选项，则 N 前面为指定的转义字符。

用 mysqldump 命令导出文本文件

【例 9.17】 使用 SELECT…INTO OUTFILE 语句将电子学校系统数据库 course 表中的记录导出到文本文件，使用 FIELDS 和 LINES 选项，要求字段之间使用逗号隔开，所有字段值用双引号引起来，定义转义字符为单引号“\'”。

```
SELECT * FROM course INTO OUTFILE " D:/elecourse2.txt "
  FIELDS TERMINATED BY ','ENCLOSED BY '\"'ESCAPED BY '\''
  LINES TERMINATED BY '\r\n';
```

2）用 mysqldump 命令导出文本文件

使用 mysqldump 命令不仅可以将数据导出为包含 CREATE、INSERT 的 sql 文件，也可以导出为纯文本文件。使用 mysqldump 命令后，MySQL 将创建一个包含 CREATE TABLE 语句的.sql 文件和一个包含其数据的.txt 文件。

使用 mysqldump 命令导出文本文件的语法格式如下。

```
mysqldump -T path -u root -p dbname [tables][OPTIONS]
```

只有指定了-T 参数才可以导出纯文本文件，path 表示导出数据的目录，tables 为指定要导出的表名，如果不指定，将导出指定数据库中所有的表，[OPTIONS]为可选参数选项，这些选项需要结合-T 选项使用。

OPTIONS 常见的取值如下。

fields-terminated-by=value：设置字段之间的分隔符，可以为单个或多个字符，默认情况下为制表符“\t”。

fields-enclosed-by=value：设置字段的包围字符。

fields-optionally-enclosed-by=value：设置字段的包围字符，只能为单个字符，包括

CHAR 和 VARCHAR 等字符数据字段。

fields-escaped-by=value：控制如何写入或读取特殊字符，只能为单个字符，即设置转义字符，默认值为“\”。

lines-terminated-by=value：设置每行数据结尾的字符，可以为单个或多个字符，默认值为“\n”。

【例 9.18】 使用 mysqldump 命令将电子学校系统数据库 course 表中的记录导出到文本文件。使用 FIELDS 选项，要求字段之间使用逗号间隔，所有字符类型字段值用双引号引起来，定义转义字符为问号，每行记录以回车换行符“\r\n”结尾。

```
mysqldump -T "D:/" -u root -p eleccollege course
--fields-TERMINATED-BY=,
--fields-OPTIONALLY-ENCLOSED-BY=\"
--fields-ESCAPED-BY=?
--lines-TERMINATED-BY=\r\n
```

3）用 mysql 命令导出文本文件

相比 mysqldump 命令，mysql 命令导出的结果可读性更强。使用 mysql 命令导出数据文本文件语句的语法格式如下。

```
mysql -u root -p --execute= "SELECT 语句" dbname>filename.txt
```

execute 选项表示执行该选项后面的语句并退出，后面的语句必须用双引号引起来，dbname 为要导出的数据库名称，导出的文件中不同列之间使用制表符分隔，第 1 行包含各字段的名称。

【例 9.19】 使用 mysql 命令将电子学校系统数据库 course 表中的记录导出到文本文件。

执行的命令如下：

用 mysql 命令导出文本文件

```
mysql -u root -p --execute="SELECT * FROM course;" eleccollege > "D:/
elecourse3.txt"
```

【例 9.20】 使用 mysql 命令将电子学校系统数据库 course 表中的记录导出到 xml 文件。

执行的命令如下：

```
mysql -u root -p --xml --execute="SELECT * FROM course;" eleccollege >"D:/
elecourse3.xml"
```

2. 表的导入

1）用 LOAD DATA INFILE 导入文本文件

语法格式如下。

```
LOAD DATA INFILE 'filename.txt' INTO TABLE tablename [OPTIONS][IGNORE number
LINES]
```

其中，OPTIONS 选项可以为以下几种形式。

FIELDS TERMINATED BY 'value'：设置字段之间的分隔符，可以为单个或多个字符，默认为'\t'。

FIELDS [OPTIONALLY] ENCLOSEED BY 'value'：设置字段的包围字符，只能为单个字符。

FIELDS ESCAPED BY 'value'：设置如何写入或读取特殊字符，只能为单个字符。

LINES STARTING BY 'value'：设置每行数据开头的字符，可以为单个或多个字符。

LINES TERMINATED BY 'value'：设置每行数据结尾的字符，可以为单个或多个字符。

用 LOAD DATA INFILE 导入文本文件

【例 9.21】 使用 LOAD DATA INFILE 语句将 D：/elecourse.txt 文件中的数据导入电子学校系统数据库中的 course 表。使用 FIELDS 和 LINES 选项，要求字段之间使用逗号隔开，所有字段值用双引号引起来，定义转义字符为单引号“\”。

还原之前将 course 表中的数据全部删除：

```
DELETE FROM course;
```

从 elecourse.txt 文件中还原数据：

```
LOAD DATA INFILE 'D:/elecourse.txt' INTO TABLE eleccollege.course
  FIELDS
  TERMINATED BY ','
  ENCLOSED BY '\"'
  ESCAPED BY '\''
  LINES
  TERMINATED BY '\r\n';
```

2）用 mysqlimport 命令导入文本文件

使用 mysqlimport 命令可以导入文本文件，并且不需要登录 MySQL 客户端。mysqlimport 命令提供了许多与 LOAD DATA INFILE 语句相同的功能。使用 mysqlimport 语句需要指定所需的选项、导入的数据库名称以及导入的数据文件的路径和名称。

语法格式如下。

```
mysqlimport -u root -p dbname filename.txt [OPTIONS]
```

其中 dbname 为导入的表所在的数据库名称。mysqlimport 命令不指定导入数据库的表名称，数据表的名称由导入文件的名称确定，即文件名作为表名，导入数据之前该表必须存在。

OPTIONS 为可选参数选项，其常见的取值如下。

fields-terminated-by=value：设置字段之间的分隔符，可以为单个或多个字符，默认情况下为制表符“\t”。

fields-enclosed-by=value：设置字段的包围字符。

fields-optionally-enclosed-by=value：设置字段的包围字符，只能为单个字符，只包括 CHAR 和 VARCHAR 等字符数据字段。

fields-escaped-by=value：控制如何写入或读取特殊字符，只能为单个字符，即设置转义字符，默认值为“\”。

lines-terminated-by=value：设置每行数据结尾的字符，可以为单个或多个字符，默认值为“\n”。

ignore-lines=n：忽视数据文件的前 n 行。

【例 9.22】 使用 mysqlimport 命令将 D：/elecourse.txt 文件内容导入电子学校系统数据库中，字段之间使用逗号隔开，所有字段值用双引号引起来，定义转义字符为问号，每行记录以回车换行符“\r\n”结尾。

用 mysqlimport 命令导入文本文件

还原之前将 course 表中数据全部删除：

```
DELETE FROM course;
```

从 elecourse.txt 文件中还原数据：

```
mysqlimport -u root -p eleccollege D:/elecourse.txt
FIELDS-TERMINATED-BY=,
FIELDS-OPTIONALLY-ENCLOSED-BY=\"
fields-escaped-by=?
lines-terminated-by=\r\n
```

任务 9.5 利用 MySQL 日志维护数据

任务说明：不论哪种数据库产品，一定会有日志文件。当数据库遭遇意外损失时，可以通过日志文件查看出错的原因，并且可以通过日志文件进行数据恢复。

9.5.1 MySQL 日志概述

日志是 MySQL 数据库的重要组成部分。日志文件中记录着 MySQL 数据库运行期间发生的变化，也就是说用来记录 MySQL 数据库的客户端连接状况、SQL 语句的执行情况和错误信息等。在 MySQL 中，主要有 4 种日志文件：二进制日志、错误日志、查询日志、慢查询日志。

二进制日志：-log-bin，记录所有更改数据的语句，并用于复制、恢复数据库。

错误日志：-log-err，记录启动、运行、停止 MySQL 时出现的信息。

查询日志：-log，记录建立的客户端连接和执行的语句。

慢查询日志：-log-slow-queries，记录所有执行超过 long_query_time 秒的所有查询。

9.5.2 二进制日志

二进制日志包含了引起或可能引起数据库改变(如 DELETE 语句,但没有匹配行)的事件信息,但绝不会包括 SELECT 和 SHOW 这样的查询语句。语句以“事件”的形式保存,所以包含了时间、事件开始和结束位置等信息。

二进制日志是以事件形式记录的,不是事务日志(但可能是基于事务来记录二进制日志),不代表它只记录 InnoDB 日志,MyISAM 表也一样有二进制日志。

对于事务表的操作,二进制日志只在事务提交时一次性写入(基于事务的 InnoDB 二进制日志),提交前的每个二进制日志记录都先放入缓存,提交时写入。对于非事务表的操作,每次执行完语句就直接写入。

参数“-log-bin=[/path_to/file_name]”用来指定二进制日志存放位置。

启动 MySQL 二进制日志的步骤如下。

(1) 在配置 MySQL 的 my.ini 中添加:

```
log-bin=D:\ProgramFiles\MySQL\logbin
```

上面是配置 MySQL 二进制日志存放的目录,在指定路径时要注意以下两点。

① 在目录的文件夹命名中不能有空格,空格会使访问日志时报错。

② 指定目录时一定要以文件名结尾,即不能仅仅指定到文件夹的级别,上面配置 logbin,生成的日志文件的名称就是 logbin.000001,logbin.000002,…,否则不会有日志文件产生。

(2) 在修改保存 mysql.ini 后,重启 MySQL 服务。

重启后服务器将在 D:\ProgramFiles\MySQL 目录下产生 logbin.000001 和 logbin.index 两个文件。

MySQL 中,可以通过语句查看数据库的二进制日志文件名字。

① 首先确认日志是否启用了:

```
SHOW VARIABLES LIKE 'log_bin';
```

② 查看二进制日志文件名:

```
SHOW BINARY logs;
```

二进制日志文件比较大,可以在 my.cnf 中设置二进制日志文件的过期时间,这样 MySQL 就会自动删除到期的日志文件,节省磁盘空间。例如,设置二进制日志文件的过期时间为 5 天:

```
expire_logs_days=5
```

9.5.3 错误日志

错误日志是最重要的日志之一，它记录了 MySQL 服务启动和停止时正确及错误的信息，还记录了 MySQL 实例运行过程中发生的错误事件信息。

在默认情况下，系统记录错误日志的功能是关闭的，错误信息被输出到标准错误输出。需要在启动时开启 log-error 选项，如果没有指定文件名，默认的错误日志文件为 datadir 目录下的 hostname.err 文件，其中，hostname 表示当前的主机名。

如果需要指定错误日志路径，可以通过两种方法实现。

(1) 编辑 my.cnf。

在 my.cnf 文件中加入：

```
log-error=[path]
```

(2) 通过命令参数设置错误日志。

```
mysqld_safe --user=mysql --log-error=[path]
```

如果不知道错误日志的位置，可以通过变量 log_error 来查看。

【例 9.23】 查看错误日志信息。

```
SHOW VARIABLES LIKE 'log_error';
```

在 MySQL 5.5.7 之前，刷新日志操作(如 flush logs)会备份旧的错误日志(以_old 结尾)，以及创建一个新的错误日志文件并打开。在 MySQL 5.5.7 之后，执行刷新日志的操作时，错误日志会关闭并重新打开，如果错误日志不存在，则会先创建。

当 MySQL 正在运行状态下删除错误日志后，不会自动创建错误日志，只有在刷新日志时才会创建一个新的错误日志文件。

9.5.4 通用查询日志

查询日志分为通用查询日志和慢查询日志，它们是通过查询是否超出变量 long_query_time 指定的时间值来区分的。在指定时间内完成的查询是通用查询，可以将其记录到通用查询日志中。默认情况下，通用查询日志是关闭的。超出指定时间的查询是慢查询，可以将其记录到慢查询日志中。

使用--general_log={0|1}来决定是否启用通用查询日志，使用--general_log_file=file_name 来指定通用查询日志的路径。不给定路径时默认的文件名以[hostname].log 命名。

在查询日志中，需要指定两个变量的值。

(1) long_query_time = 10

指定慢查询超时时长，超出此时长的属于慢查询，会记录到慢查询日志中；没超出此时长的属于通用查询，记录到通用查询日志中。

（2）log_output={TABLE|FILE|NONE}

定义通用查询日志和慢查询日志的输出格式，TABLE 表示记录日志到表中，FILE 表示记录日志到文件中，NONE 表示不记录日志。只要这里指定为 NONE，即使开启了通用查询日志和慢查询日志，也都不会有任何记录。

不指定时默认为 FILE。

和通用查询日志相关的变量有 3 个。

（1）general_log=off

用来指定是否启用通用查询日志，为全局变量，必须在 global 上修改。

（2）_log_off=off

在 session 级别控制是否启用通用查询日志，默认为 off，即启用。

（3）general_log_file=/mydata/data/hostname.log

general_log_file 的值默认是库文件路径下主机名加上".log"，在 MySQL 5.6 以前的版本有一个 log 变量，决定是否开启通用查询日志。从 5.6 版本开始废弃了该选项。

默认情况下，没有开启通用查询日志，也不建议开启通用查询日志。

9.5.5 慢查询日志

查询超出变量 long_query_time 指定的时间值为慢查询。MySQL 记录慢查询日志是在查询执行完毕且已经完全释放锁之后才记录的，因此慢查询日志记录的顺序和执行的 SQL 查询语句的顺序可能会不一致。例如语句 1 先执行，查询速度慢；语句 2 后执行，但查询速度快，因此先记录语句 2，再记录语句 1。

在 MySQL 5.1 之后支持微秒级的慢查询超时时长，对于 DBA 来说，一个查询运行 0.5s 和运行 0.05s 是完全不同的，前者可能索引使用错误，后者可能索引使用正确。而且，指定的慢查询超时时长表示的是超出这个时间的才算是慢查询，等于这个时间的不会记录。

MySQL 中，和慢查询有关的变量如下。

（1）log_slow_queries={yes|no}

log_slow_queries 用来设定是否启用慢查询日志，默认不启用。

（2）slow_query_log={1|ON|0|OFF}

slow_query_log 也是用来设定是否启用慢查询日志，此变量和 log_slow_queries 修改一个时另一个同时变化。

（3）slow_query_log_file=/mydata/data/hostname-slow.log

默认路径为库文件目录下主机名加上"-slow.log"。

（4）log_queries_not_using_indexes=OFF

查询没有使用索引时是否也记入慢查询日志。

启用慢查询日志的语句：

```
set @@global.slow_query_log=on;
```

拓展实训：电子商务网站数据库的安全性管理

1. 实训任务

根据项目开发的实际需求，在“电子商务网站数据库”interecommerce 中进行系统的安全性操作(注：本书以“电子商务网站数据库”为实训案例，如果没有特殊说明，该实训数据库贯穿本书始终)。

2. 实训目的

(1) 掌握创建、修改、删除用户的操作。
(2) 掌握修改用户密码的操作。
(3) 掌握授权与收回权限的操作。
(4) 掌握数据表的导出与导入操作。
(5) 掌握利用日志维护数据库的操作。

3. 实训内容

(1) 使用 CREATE USER 语句创建用户 zhangsan，密码为 abcabc。
参考语句：

```
SELECT PASSWORD('abcabc');
CREATE USER 'zhangsan'@'localhost' IDENTIFIED BY
PASSWORD '* 3BF184F64D4B52EF240062F6F73405B620FFF8FE';
```

(2) 使用 INSERT 语句创建用户 lisi，密码为 abcabc。
参考语句：

```
SELECT PASSWORD('abcabc');
INSERT INTO mysql.user(USER,HOST,PASSWORD)
VALUES(<'lisi'>,<'localhost'>,PASSWORD
(<'* 3BF184F64D4B52EF240062F6F73405B620FFF8FE'>));
```

(3) 使用 DROP USER 语句删除 lisi 用户。
参考语句：

```
DROP USER 'lisi'@'localhost';
```

(4) 使用 DELETE 语句删除 zhangsan 用户。
参考语句：

```
DELETE FROM mysql.user WHERE USER='zhangsan' AND HOST='localhost';
```

(5) 将 zhangsan 用户的用户名修改为 admin。

参考语句:

```
RENAME USER 'zhangsan'@'localhost' TO 'admin'@'localhost';
```

(6) 使用 mysqladmin 命令将 admin 用户的密码修改为 123456。

参考语句:

```
mysqladmin -u admin -h 'localhost' -p PASSWORD '123456';
```

(7) 使用 SET PASSWORD 命令将 admin 用户的密码修改为 123456。

参考语句:

```
SET PASSWORD FOR 'admin'@'localhost'=PASSWORD('123456');
```

(8) 使用 UPDATE 语句将 admin 用户的密码修改为 123456。

参考语句:

```
UPDATE mysql.user SET PASSWORD=PASSWORD('123456')
            WHERE USER='admin' AND HOST='localhost';
```

(9) 使用 GRANT 语句授予用户 admin 对电子商务网站数据库 goods 数据表中 goo_name 字段的 UPDATE 权限、修改密码为 123456 并允许将权限授予给其他用户。

参考语句:

```
GRANT UPDATE(goo_name) ON interecommerce.`goods` TO 'admin'@'localhost'
            IDENTIFIED BY '123456' WITH GRANT OPTION;
```

(10) 回收 admin 用户对电子商务网站数据库的 UPDATE 权限。

参考语句:

```
REVOKE UPDATE ON interecommerce.* FROM 'admin'@'localhost';
```

(11) 查看 admin 用户的权限。

参考语句:

```
SHOW GRANTS FOR 'admin'@'localhost';
```

(12) 使用 root 用户备份电子商务网站数据库中的 country 表。

参考语句:

```
mysqldump -u root -p interecommerce country > D:\backup.sql
```

(13) 使用 root 用户备份 test、电子商务网站数据库。

参考语句:

```
mysqldump -u root -p --databases test interecommerce> D:\backup.sql
```

(14) 使用 root 用户备份所有数据库。

参考语句:

```
mysqldump -u -root -p -ALL-DATABASES > D:\all.sql
```

(15) 使用 root 用户恢复使用 mysqldump 命令备份的所有数据库。

参考语句:

```
mysql -u root -p < C:\backup.sql
```

(16) 使用 SELECT…INTO OUTFILE 语句将电子商务网站数据库 customer 表中的记录导出到文本文件。

参考语句:

```
SELECT * FROM customer INTO OUTFILE "D:/elecom_customer.txt";
```

(17) 使用 SELECT…INTO OUTFILE 语句将电子商务网站数据库 customer 表中的记录导出到文本文件,使用 FIELDS 和 LINES 选项,要求字段之间使用逗号隔开,所有字段值用双引号引起来,定义转义字符为单引号“\'”。

参考语句:

```
SELECT * FROM customer INTO OUTFILE "D:/elecom_customer2.txt"
  FIELDS TERMINATED BY ',' ENCLOSED BY '\"' ESCAPED BY '\''
  LINES TERMINATED BY '\r\n';
```

(18) 使用 mysqldump 命令将电子商务网站数据库 customer 表中的记录导出到文本文件。使用 FIELDS 选项,要求字段之间使用逗号间隔,所有字符类型字段值用双引号引起来,定义转义字符为问号,每行记录以回车换行符“\r\n”结尾。

参考语句:

```
mysqldump -T "D:/" -u root -p interecommerce customer --fields-TERMINATED-
BY=,  --fields-OPTIONALLY-ENCLOSED-BY=\"" --fields-ESCAPED-BY=?
--lines-TERMINATED-BY=\r\n
```

(19) 使用 mysql 命令,将电子商务网站数据库 customer 表中的记录导出到文本文件。

参考语句:

```
mysql -u root  -p  --execute="SELECT  *  FROM  customer;"  interecommerce>
"D:/elecom_customer3.txt"
```

（20）使用 mysql 命令，将电子商务网站数据库 customer 表中的记录导出到 xml 文件。

参考语句：

```
mysql -u root -p --xml --execute="SELECT * FROM customer;" interecommerce> "
D:/ecom_customer3.xml"
```

（21）使用 LOAD DATA INFILE 语句将 D：/elecom_customer3.txt 文件中的数据导入电子商务网站数据库中的 customer 表。使用 FIELDS 和 LINES 选项，要求字段之间使用逗号隔开，所有字段值用双引号引起来，定义转义字符为单引号“\'”。

参考语句：

```
LOAD DATA INFILE 'D:/elecom_customer3.txt' INTO TABLE interecommerce.
'customer'
   FIELDS
   TERMINATED BY ','
   ENCLOSED BY '\"'
   ESCAPED BY '\''
   LINES
   TERMINATED BY '\r\n';
```

（22）使用 mysqlimport 命令将 D：/elecom_customer3.txt 文件内容导入电子商务网站数据库中，字段之间使用逗号隔开，所有字段值用双引号引起来，定义转义字符为问号，每行记录以回车换行符“\r\n”结尾。

参考语句：

```
mysqlimport -u root -p interecommerce D:/elecom_customer3.txt
FIELDS-TERMINATED-BY=,
FIELDS-OPTIONALLY-ENCLOSED-BY=\""
FIELDS-ESCAPED-BY=?
LINES-TERMINATED-BY=\r\n
```

本章小结

本章主要介绍 MySQL 数据库的安全性管理，包括 MySQL 的权限系统、数据库用户管理、用户权限管理、数据库备份与恢复操作、MySQL 日志。通过对 MySQL 数据库安全性管理的介绍及基于电子学校系统数据库的例题的讲解，使读者了解 MySQL 的权限管理，掌握 MySQL 用户的管理、用户权限、数据库的备份与恢复操作以及 MySQL 的日志管理。

课后习题

1. 单选题

(1) 在 MySQL 中,修改用户名用(　　)命令。

A. UPDATE　　B. REPLACE　　C. RENAME　　D. INSERT

(2) 在 MySQL 中,删除用户用(　　)命令。

A. INSERT　　B. UPDATE　　C. DELETE　　D. CREATE

(3) 在 MySQL 中,授权语句应该用(　　)命令。

A. INSERT　　B. GRANT　　C. REVOKE　　D. DELETE

(4) 在 MySQL 中,收回权限用(　　)命令。

A. COMMIT　　B. GRANT　　C. REVOKE　　D. ROLLBACK

(5) (　　)命令可以用于数据表的导出操作。

A. CREATE　　B. REPLACE　　C. SELECT　　D. CALL

2. 简答题

(1) 简述 MySQL 权限系统的操作过程。

(2) 简述 MySQL 数据库中的权限级别。

(3) MySQL 中的备份有哪些方式?

参 考 文 献

[1] 王英英. MySQL 5.7 从零开始学(视频教学版)[M]. 北京：清华大学出版社，2018.

[2] 武洪萍. MySQL 数据库原理及应用(微课版)[M]. 2 版. 北京：人民邮电出版社，2019.

[3] 郭华. MySQL 数据库原理与应用(微课版)[M]. 北京：清华大学出版社，2020.

[4] 李锡辉. MySQL 数据库技术与项目应用教程[M]. 北京：人民邮电出版社，2018.

[5] 郑阿奇. MySQL 实用教程[M]. 3 版. 北京：电子工业出版社，2018.

[6] 胡同夫. MySQL 8 从零开始学(视频教学版)[M]. 北京：清华大学出版社，2019.

[7] 马洁. MySQL 数据库应用案例教程(含微课)[M]. 北京：航空工业出版社，2018.

图书资源支持

感谢您一直以来对清华版图书的支持和爱护。为了配合本书的使用，本书提供配套的资源，有需求的读者请扫描下方的“书圈”微信公众号二维码，在图书专区下载，也可以拨打电话或发送电子邮件咨询。

如果您在使用本书的过程中遇到了什么问题，或者有相关图书出版计划，也请您发邮件告诉我们，以便我们更好地为您服务。

我们的联系方式：

地　　址：北京市海淀区双清路学研大厦 A 座 714

邮　　编：100084

电　　话：010-83470236　010-83470237

客服邮箱：2301891038@qq.com

QQ：2301891038（请写明您的单位和姓名）

资源下载：关注公众号“书圈”下载配套资源。

资源下载、样书申请

书圈

获取最新书目

观看课程直播